魚学入門

岩井 保 著

恒星社厚生閣

はじめに

　私が恩師松原喜代松先生から指示された最初の手仕事は"Weber, M. and L.F. de Beaufort. 1916. The fishes of the Indo-Australian Archipelago. Ⅲ."に記載されているApodesの全種を大学ノートに転写することだった．この作業を通して私は魚類の種の記載の要領と図の描き方を習得した．1949年のことである．現在では，参照したい文献は簡単にコピーできるし，学術雑誌の電子ジャーナルを検索すれば，居ながらにして外国の最新の研究成果も入手できる．文字通り隔世の感があるが，文献収集が便利になった半面，ともすると，貴重な情報の持ち腐れになる恐れも否定できない．

　もちろん，この半世紀あまりの間に，魚類を対象にした研究は飛躍的に発展し，魚類の遺伝子からサメやマグロの昼夜の行動にいたるまで，多くの謎が次々に解明され，魚類に関する私たちの知識は大幅に増大した．とくに魚類の生理学的および生態学的研究の進歩は目覚しく，日を追っておびただしい情報がもたらされ，これらを完全に把握することは不可能に近いといわれる．

　私は本書を魚類の全体像を要約して紹介する入門書にする目的で執筆に着手したが，各章の内容を整理する過程で，生理学や生態学の分野の解説は，この節，続々と刊行されている良書に譲るのが適当と考えて，ここでは魚類の形態に重点をおき，必要に応じて機能形態学的な研究成果も取り入れて紹介するにとどめた．しかし2万種をはるかに超える多種多様の魚類の形態学的特徴は決して一様ではなく，書き残した項目は少なくない．不備な点が多々ある入門書になったが，高度の専門書への橋渡しになることを私はひそかに願っている．

　本書の取りまとめに当たっては，随所で古今東西の研究者の優れた業績を引用させていただいた．ここに記して原著者に深く感謝の意を表したい．また，ここで使用した学術用語は，主として学術用語動物学編（日本動物学会）および水産学用語辞典（日本水産学会）に従った．

　最後に細心の注意を払って編集の労をとられた佐竹久男さんと片岡一成さんに心より御礼申し上げる．

　　　2005年2月10日

　　　　　　　　　　　　　　　　　　　　　　　　　　　　岩井　保

目　次

第1章　魚　類 …………………………………………………………… *1*
1・1　魚類分類体系の概要 ………………………………………… *1*
1・2　変革期の分類体系 …………………………………………… *5*

第2章　無顎類 …………………………………………………………… *7*
2・1　ヌタウナギの仲間 …………………………………………… *9*
2・2　ヤツメウナギの仲間 ………………………………………… *9*

第3章　軟骨魚類 ……………………………………………………… *12*
3・1　全頭類 ………………………………………………………… *12*
3・2　板鰓類 ………………………………………………………… *13*

第4章　肉鰭類 ………………………………………………………… *19*
4・1　シーラカンスの仲間 ………………………………………… *19*
4・2　ハイギョの仲間 ……………………………………………… *20*

第5章　条鰭類-1（軟質類，ガーの仲間，アミア）……………… *23*
5・1　軟質類 ………………………………………………………… *23*
5・2　ガーの仲間とアミア ………………………………………… *24*

第6章　条鰭類-2（真骨類-1） ……………………………………… *26*
6・1　アロワナの仲間，カライワシの仲間，ニシンの仲間 …… *28*
　　　6・1・1　アロワナの仲間 (*28*)　　6・1・2　カライワシの仲間 (*29*)
　　　6・1・3　ニシンの仲間 (*30*)
6・2　骨鰾類 ………………………………………………………… *30*
6・3　原棘鰭類 ……………………………………………………… *31*
6・4　ワニトカゲギスの仲間・シャチブリの仲間 ……………… *32*
6・5　ヒメの仲間・ハダカイワシの仲間 ………………………… *33*
6・6　アカマンボウの仲間 ………………………………………… *33*

- 6・7　ギンメダイの仲間 ……………………………………………………… 33
- 6・8　側棘鰭類 …………………………………………………………………… 33

第7章　条鰭類-3（真骨類-2） …………………………………………… 37
- 7・1　ボラの仲間 ………………………………………………………………… 37
- 7・2　トウゴロウイワシの仲間 ………………………………………………… 37
- 7・3　クジラウオの仲間，キンメダイの仲間，マトウダイの仲間 ………… 38
- 7・4　トゲウオの仲間，タウナギの仲間 ……………………………………… 38
- 7・5　カサゴの仲間 ……………………………………………………………… 39
- 7・6　スズキ目 Perciformes …………………………………………………… 40
- 7・7　カレイ目 Pleuronectiformes …………………………………………… 46
- 7・8　フグ目 Tetraodontiformes ……………………………………………… 47

第8章　分布と回遊 ………………………………………………………………… 50
- 8・1　魚類の種数 ………………………………………………………………… 50
  - 8・1・1　全世界の魚類の種数 (50)　8・1・2　日本産魚類の種数 (51)
- 8・2　魚類の生息環境 …………………………………………………………… 52
- 8・3　淡水魚とその分布様式 …………………………………………………… 53
- 8・4　海水魚とその分布様式 …………………………………………………… 54
  - 8・4・1　熱帯・温帯 (58)　8・4・2　寒帯 (59)
  - 8・4・3　深海魚 (59)
- 8・5　回　遊 ……………………………………………………………………… 60

第9章　体形と形態測定 …………………………………………………………… 66
- 9・1　体の区分 …………………………………………………………………… 66
- 9・2　尾鰭の構造 ………………………………………………………………… 68
- 9・3　体形と鰭と遊泳運動との関係 …………………………………………… 69
- 9・4　魚類の形態計測 …………………………………………………………… 70
  - 9・4・1　計数形質 (71)　9・4・2　魚体各部の測定 (71)

第10章　体表の構造 ………………………………………………………………… 74
- 10・1　表皮と真皮 ………………………………………………………………… 74

    10・2　鱗 *76*
        10・2・1　楯鱗 (*76*)　　10・2・2　コズミン鱗と硬鱗 (*76*)
        10・2・3　円鱗と櫛鱗 (*77*)
    10・3　体色と斑紋 *78*
    10・4　毒　　腺 *80*

第11章　筋肉系 *83*
    11・1　筋繊維 *83*
    11・2　体側筋と鰭を動かす筋肉 *85*
    11・3　頭部の筋肉 *87*
    11・4　内臓筋 *88*

第12章　骨　格 *90*
    12・1　無顎類の骨格 *92*
    12・2　有顎魚類の骨格 *92*
        12・2・1　神経頭蓋 (*93*)　　12・2・2　内臓頭蓋 (*94*)　　12・2・3　脊柱 (*97*)
        12・2・4　肩帯 (*98*)　　12・2・5　腰帯 (*99*)　　12・2・6　担鰭骨 (*100*)

第13章　摂食・消化系 *102*
    13・1　食　　性 *102*
    13・2　口と口腔 *103*
    13・3　歯 *106*
    13・4　鰓　　耙 *108*
    13・5　消化器 *110*
        13・5・1　食道 (*111*)　　13・5・2　胃 (*111*)　　13・5・3　腸 (*112*)
        13・5・4　幽門垂 (*114*)　　13・5・5　肝臓と胆嚢 (*114*)
        13・5・6　膵臓 (*115*)

第14章　鰾 *118*
    14・1　鰾の構造 *118*
    14・2　鰾と浮力調節 *120*
    14・3　鰾と内耳の連絡機構 *121*

第15章　呼吸器 ……………………………………………………… *123*
15・1　鰓の構造 ………………………………………………………… *123*
15・2　換水機構 ………………………………………………………… *126*
15・3　酸素消費量 ……………………………………………………… *127*
15・4　空気呼吸 ………………………………………………………… *128*
15・5　擬　　鰓 ………………………………………………………… *129*

第16章　循環系と血液 …………………………………………… *131*
16・1　心　　臓 ………………………………………………………… *131*
16・2　血　　管 ………………………………………………………… *132*
16・3　奇　　網 ………………………………………………………… *134*
16・4　血液循環 ………………………………………………………… *135*
16・5　血　　液 ………………………………………………………… *135*
16・6　造血と脾臓 ……………………………………………………… *137*

第17章　腎臓と浸透調節 ………………………………………… *140*
17・1　腎　　臓 ………………………………………………………… *140*
　　17・1・1　ネフロン(*141*)　　17・1・2　傍糸球体装置(*143*)
17・2　浸透調節 ………………………………………………………… *143*
17・3　塩類細胞と直腸腺 ……………………………………………… *144*

第18章　神経系 ……………………………………………………… *147*
18・1　中枢神経系 ……………………………………………………… *147*
　　18・1・1　脳(*147*)　　18・1・2　脊髄(*151*)
18・2　末梢神経系 ……………………………………………………… *151*
　　18・2・1　脳神経(*151*)　　18・2・2　脊髄神経(*152*)
　　18・2・3　自律神経系(*152*)
18・3　脳内神経回路 …………………………………………………… *153*

第19章　感覚器 ……………………………………………………… *155*
19・1　嗅覚器 …………………………………………………………… *155*
19・2　味覚器 …………………………………………………………… *157*

 19・3 単独化学受容器 *158*
 19・4 光受容器 *159*
  19・4・1 眼の構造（*159*） 19・4・2 網膜の形態的特徴（*160*）
  19・4・3 松果体（*162*）
 19・5 内 耳 *162*
 19・6 側線器 *165*
 19・7 呼吸孔器 *166*
 19・8 電気受容器 *167*

第20章 発音，発電，発光 *171*
 20・1 発 音 *171*
 20・2 発電器 *173*
 20・3 発光器 *174*
  20・3・1 発光バクテリアによる発光（*175*） 20・3・2 化学的発光（*175*）

第21章 内分泌系 *178*
 21・1 脳下垂体；下垂体 *179*
  21・1・1 脳下垂体主葉・中葉ホルモン（*179*） 21・1・2 視床下部・神経分泌系（*180*）
 21・2 その他の内分泌器官 *180*
  21・2・1 甲状腺（*180*） 21・2・2 副腎（*181*） 21・2・3 レニン・アンギオテンシン系（*182*） 21・2・4 胃腸膵管系（*182*） 21・2・5 鰓後腺とスタニウス小体（*182*） 21・2・6 生殖腺（*183*） 21・2・7 尾部下垂体（*183*） 21・2・8 松果体（*183*）

第22章 生殖腺と繁殖様式 *185*
 22・1 雌と雄 *185*
  22・1・1 雌雄の生殖腺（*185*） 22・1・2 二次性徴（*186*）
  22・1・3 卵形成（*187*） 22・1・4 精子形成（*190*）
 22・2 産 卵 *192*
  22・2・1 卵の大きさと卵数（*193*） 22・2・2 卵の形態と性質（*193*）
 22・3 胚発生 *195*

 22・4 孵 化 ··· *197*
 22・5 卵・仔稚魚の保護 ··· *198*
 22・6 体内受精と胎生 ··· *199*
  22・6・1 体内受精（*199*） 22・6・2 胎生（*200*）

第23章 仔魚・稚魚 ··· *203*
 23・1 発育段階の区分 ··· *204*
 23・2 仔魚の形態の多様性 ·· *206*
  23・2・1 孵化時の器官形成（*206*） 23・2・2 浮遊仔稚魚の形態的適応（208）
 23・3 変 態 ··· *210*
 23・4 初期減耗 ·· *212*

第1章
魚　類

　魚類 Pisces という名称は，かつて脊椎動物門 Vertebrata に属する上綱の名として使われた．しかし，最近では，脊椎動物は脊索動物門 Chordata の亜門として扱うのが一般的になり，多くの研究者は Nelson [6] の分類体系を参考にして，広義の魚類を無顎上綱 Agnatha と顎口上綱 Gnathostomata に位置づけるようになった．

　無顎類はヌタウナギなどが属するメクラウナギ綱 Myxini，絶滅種のみによって構成される翼甲綱 Pteraspidomorphi，およびヤツメウナギの仲間が属する頭甲綱 Cephalaspidomorphi の3綱に分けられる．メクラウナギ綱については，これが脊椎動物より原始的な分類群であるという説もあり [3]，系統分類上の位置づけはなお流動的であるが，本書では便宜上ヤツメウナギの仲間とともに無顎類にまとめることにする．

　顎口類は残りの脊椎動物のすべてを含む分類群からなるが，それらは三つの階 grade（上綱と綱の間の階級），すなわち板皮階 Placodermiomorphi，軟骨魚階 Chondrichthiomorphi，および真口階 Teleostomi に分類される．したがって，広義の魚類は無顎類と顎口類の両上綱にまたがり，その種数の多いことと合わせて脊椎動物の進化の原点を探るうえで重要な動物群になっている．

1・1　魚類分類体系の概要

　化石などの資料に基づいて魚類の進化の歴史をたどると，現在われわれが食用とする魚類が太古の昔から水界に広く分布していたのではなく，現存の魚類からは，とても想像できないような姿かたちの多種多様の魚類が栄枯盛衰を繰り返してきたことが分かる．

　無顎類は最も原始的な脊椎動物の一群で，その名が示すように顎がない．最古の魚類といわれるこの仲間の祖先の化石はカンブリア紀から記録され[8]，この仲間の出現時期は想像以上に古いことが分かる．

古生代に勢力を広げた無顎類の多くは，体の表面に鱗状または骨板状の外骨格ともいえる外皮をまとっていた．このような構造は体の防御面ではある程度役立ったかもしれないが，活発な運動には不向きで，顎がないこともあって，強い捕食者にはなりえなかったと思われる．それでも，無顎類はオルドビス紀からシルル紀にかけて，しだいに勢力を拡大し，デボン紀を迎えると大いに繁栄した．しかし，その後，その勢いは衰退の一途をたどることになる．

　一方，シルル紀には顎を備えた魚類が出現した．デボン紀になると顎のある魚類は無顎類をはるかに凌ぐほどの大勢力になって水界に君臨し，デボン紀は魚類の時代といわれるほどの繁栄振りを示したのである．しかし，その陰で無顎類は衰退の細道へ追いやられ，デボン紀の末期にはその大半が絶滅してしまった．ただ，腐食性または寄生という特殊な生活様式を獲得したヌタウナギの仲間やヤツメウナギの仲間は，絶滅の危機を克服し，現在なお全世界の淡水域や海洋に生息している．その粘液質の皮膚と，ウナギのようなしなやかな体形には，化石にみられるような強固な外皮に覆われた無顎類の面影は残っていない．

　顎の形成は脊椎動物の摂食機構を画期的に改良することになった．鰓の呼吸ポンプの働きで呼吸水とともに口内へ流入する水底のデトリタスや動物の死骸などを吸い取る摂食方式から，呼吸運動をしながら積極的に摂食活動ができるようになったのである．こうして顎の形成によって魚類の生活力が驚異的に向上したことは疑いない．遊泳動物を捕食するもの，水底に定着する動物を摂食するもの，プランクトンを摂食するもの，デトリタスを摂食するもの，植物を摂食するものなど，魚類の食性は著しく多様化し，魚類は一躍，繁栄の舞台へおどり出ることができた．

　板皮類は，化石の記録によると後期シルル紀に出現し，デボン紀を中心に繁栄した一群である．しかし，繁栄期は長続きせず，石炭紀には絶滅してしまった．この仲間は頭部と胴部が骨板状の装甲で覆われて奇異な体形をしているが，種々の形質の検討結果に基づいて，軟骨魚類と類縁関係があると考えられている（図1・2）．板皮類はその体の構造や摂食機構から類推して，主として水底またはその近くの底層に生息していたと考えられている．

　軟骨魚類すなわち軟骨魚綱Chondrichthyesは，ギンザメなどが属する全頭亜綱Holocephaliと，サメ・エイの仲間が属する板鰓亜綱Elasmobranchiiとに大別される．化石の資料によると，サメの仲間は中期デボン紀に全体像の化石が

出現しているが，鱗の化石はオルドビス紀の地層から発見されている [7]．デボン紀には*Cladoselache*の仲間など，大型のサメの仲間が大いに勢力を拡大したが，三畳紀までに衰退してしまった．中生代になると，現存のサメの仲間に近い一群が入れ替わって繁栄したが，これらもやがて衰退の途をたどった．しかし，広い海洋の生活に適応したサメ・エイの系統は，中期中生代に広く放散し始めて，絶滅することなく現在なお健在である．

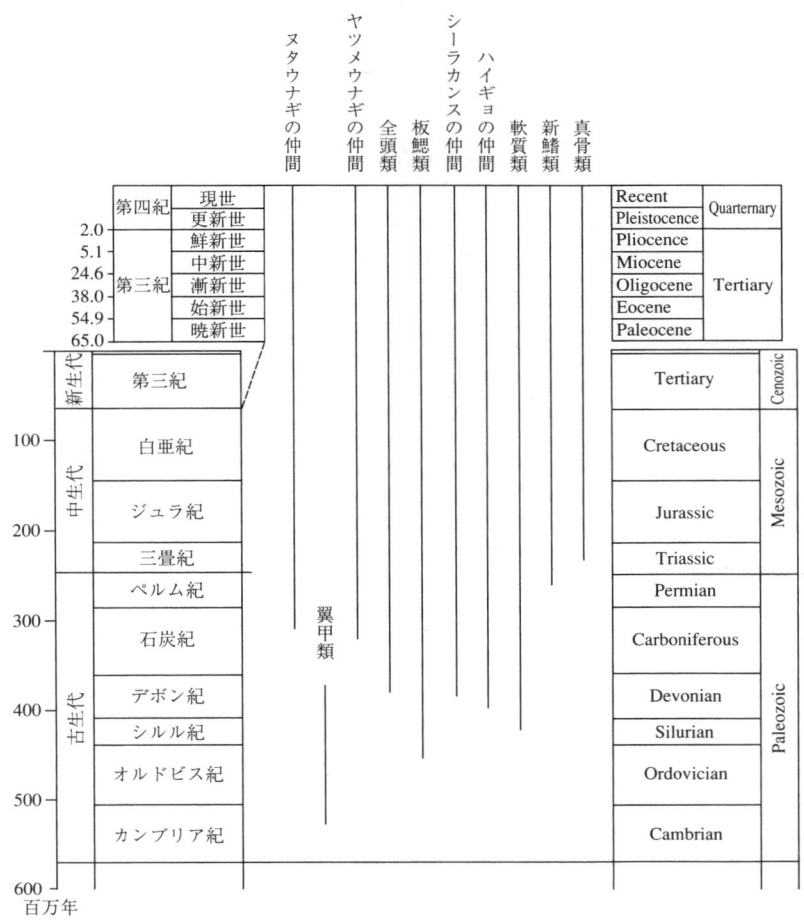

図 1・1　魚類繁栄の歴史 [6, 10] を改変

ギンザメの仲間の祖先は後期デボン紀に出現し，サメ・エイの仲間とは別途の系統を保持した一群と考えられている．

顎口類の真口類に属する魚類は，棘魚綱 Acanthodii，肉鰭綱 Sarcopterygii，および条鰭綱 Actinopterygii の3綱に分けられ，これらは一般に硬骨魚類と総称される．

図1・2　板皮類（A）と棘魚類（B）

棘魚類は顎を備える最古の魚類といわれる．その名が示すように，尾鰭を除くすべての鰭に棘を備え，なかには胸鰭と腹鰭の間に数対の棘を備える種もある（図1・2）．この仲間はシルル紀に出現し，デボン紀には淡水域で繁栄の極に達したが，その後，勢力は衰えてペルム紀の末期には姿を消した．棘魚類の分類上の位置づけについては，体形，上顎の骨と歯の形態，鰓域の形態，鰭などの特徴がサメの仲間に似ているところから，軟骨魚類に近いという説があるが，頭蓋骨，鰓条骨，尾鰭の形態などを重視すると，真口類に入れるのが適当であるという意見が多い．この仲間はいわゆる魚らしい体形で，眼が発達することなどから，遊泳生活をしていたと考えられている．

肉鰭類は四肢動物と関係が深い一群といわれ，空気呼吸に適応した鰾が発達する点で有名である．現生種は少なく，シーラカンス亜綱 Coelacanthimorpha とハイギョ亜綱 Dipnoi に分類される．

シーラカンスの仲間は中期デボン紀に出現し，海洋で生息場所を広げるにしたがって，鰾は空気呼吸の機能を失って退化した．一時はかなりの勢力に達したが，ほとんどが白亜紀に絶滅したと考えられていた．しかし，1938年に南アフリカ沖で *Latimeria chalumnae* が発見され，生きた化石として世界的に有名になった [9]．また，1998年にインドネシアのスラウェシ島北部の近海で新種が発見されるにおよんで [1]，この仲間に対する関心は一段と強くなっている．

ハイギョの仲間はデボン紀に出現し，海洋で勢力を拡大するとともに，淡水域にも生息場所を広げた．鰾で空気呼吸ができる種も増え，強い生活力を発揮

したが，三畳紀以後に，そのほとんどが衰退した．現存のハイギョの仲間はごく少数で，すべての種がオーストラリア，南アメリカ，およびアフリカの3大陸の淡水域に分布するにすぎない．

条鰭類は軟質亜綱Chondrosteiと新鰭亜綱Neopterygiiとからなり，多数の種が含まれる．現存の魚類では最も多くの種に分化し，繁栄をきわめている．

軟質類の祖先はシルル紀の化石で確認されているが，現在ではポリプテルスの仲間*Polypterus*などや，チョウザメの仲間など，少数の種しか生存していない．

新鰭類は現存の魚類のほとんどを含む大分類群である．このうち，原始的な形質を保持し，北アメリカの淡水域に生息するガーの仲間*Lepisosteus*や，アミア*Amia*などは，かつて全骨下綱Holosteiに分類されていた一群である．

このほか，アロワナの仲間，ウナギの仲間，ニシンの仲間，コイの仲間，サケの仲間，タラの仲間，スズキの仲間，サバの仲間，カレイの仲間，フグの仲間などはすべて新鰭類のDivision‐真骨類Teleosteiに属する．この系統は白亜紀に急速に勢力を拡大し，およそ5千万年前の第三紀始新世には，現存の主な分類群は出揃っていたといわれる．

1・2　変革期の分類体系

多種多様に分化した魚類は古くから多くの研究者の研究対象となり，さまざまの分類体系が組み立てられてきた．研究が進むにつれて，分類表の階級は複雑になるとともに，分類体系についても，さまざまな仮説が提起されるようになった．

1950年代以降，魚類の分類体系について根本的な再検討が活発に行われ，分岐分類学の導入と相まって，新しい仮説がつぎつぎに発表されている．もちろん，このような変革期は突然訪れたわけではなく，分類体系の確立に向けた先達の努力は古くから続けられていた．1960年以前の魚類の分類体系の変遷の過程については松原[4, 5]によってその概要が紹介されている．1966年にはGreenwood *et al.* [2]によって真骨類の従来の分類体系を根底から覆すような新説が提起され，これを契機にして，魚類全般にわたって分類学的再検討の機運が高まった．現在でも，魚類の分類体系に関する見解は研究者によって異なることがあり，今後もなお紆余曲折があって，分類体系は大幅に変わることが予想される．

本書に記述する分類群の構成の大部分は，魚類の分類群の代表的な種の原色の写真や挿図が掲載され，進化の過程についての解説もある上野・坂本 [10] の分類表にしたがっている．

　また，本書では魚類の形態的特徴の記述で，項目によっては便宜的に，無顎類，軟骨魚類，および硬骨魚類 bony fish の三つのグループに分けたところがある．

文　献

1) Erdmann, M.V., R.L. Caldwell, and M.K. Moosa. 1998. Indonesian 'king of the sea' discovered. *Nature*, 395: 335.
2) Greenwood, P.H., D.E. Rosen, S.H. Weizman, and G.S. Myers. 1966. Phyletic studies of teleostean fishes, with a provisional classification of living forms. *Bull. Amer. Mus. Nat. Hist.*, 131: 339-456.
3) Janvier, P. 1981. The phylogeny of the Craniata, with particular reference to the significance of fossil "agnathans". *J. Vertebr. Paleontol.*, 1: 121-159.
4) 松原喜代松．1955．魚類の形態と検索．1605 pp．石崎書店，東京．
5) 松原喜代松．1963．"内田亨（監）．動物系統分類学．9．魚類（上・中）．" pp.19-520．中山書店，東京．
6) Nelson, J.S. 1994. Fishes of the world, 3rd ed. 600 pp. John Wiley & Sons, New York.
7) Sansom, I.J., M.M. Smith, and M.P. Smith. 1996. Scales of thelodont and shark-like fishes from the Ordovician of Colorado. *Nature*, 379: 628-630.
8) Shu, D.-G., H.-L. Luo, S. Conway Morris, X.-L. Zhang, S.-X. Hu, L. Chen, J. Han, M. Zhu, Y. Li, and L.-Z. Chen. 1999. Lower Cambrian vertebrates from south China. *Nature*, 402: 42-46.
9) Smith, J.L.B. 1940. A living coelacanthid fish from South Africa. *Trans. Roy. Soc. South Africa*, 28: 1-106.
10) 上野輝彌・坂本一男．1999．魚の分類の図鑑——世界の魚の種類を考える．155 pp．東海大学出版会，東京．

第2章
無顎類

　無顎類の最大の特徴は顎を欠くことである．現存のヌタウナギの仲間やヤツメウナギの仲間は体が細長くてウナギ型で，皮膚が粘液質で滑らかである．鰭の発達は不十分で，対鰭を欠く．鼻孔は1個で対をなさず，鰓は囊状で5〜15対あり，鰓孔は円形である．骨格はすべて軟骨で，脊索は終生円筒状で退縮しない．口腔に舌軟骨が発達し，歯は角質である．このような特徴に基づいて両者は無顎類あるいは円口類 Cyclostomata に分類されてきた．しかし，ヌタウナギの仲間とヤツメウナギの仲間の分類形質には相違点もかなりあって（表2・1），この仲間の類縁関係については多くの研究者が注目してきた．

　化石の資料によると，古生代に繁栄した無顎類の多くは，体表に外骨格のような装甲を備えていたが，現生種にはこのような構造はない．両者のこの隔たりを埋める化石の資料が少ないことも，また，この仲間の系統分類の確立を難しくしている．

表2・1　ヌタウナギの仲間とヤツメウナギの仲間の形態比較

形質	ヌタウナギの仲間	ヤツメウナギの仲間
眼	退化し皮下に埋没	変態後発達
口吸盤	なし	発達
口ひげ	3〜4対	なし
口腔腺	なし	発達
粘液糸	体側に並ぶ粘液腺から分泌	なし
側線	なし	発達
半規管	1本の弧状管	2（水平半規管を欠く）
鰓管	なし	変態後発達
咽皮管	左側後端の鰓囊の後方にあり	なし
鼻孔	吻端に開口	前頭部に開口
鼻咽頭管	咽頭部に開口	盲囊
卵	大型楕円体で付属糸あり	ほぼ球形で小さい
卵割	部分割	全割
変態	なし	アンモーシーテス幼生

ヌタウナギの仲間，ヤツメウナギの仲間，および顎口類の類縁関係をめぐっては，大きく異なる二つの仮説があって議論が続いている．一つはヤツメウナギの仲間が顎口類の姉妹群で，ヌタウナギの仲間とは別の系統をたどって進化したという説である[3, 4, 5]．この説にしたがうと，ヌタウナギの仲間は有頭動物Craniataの最も原始的な一群で，ヤツメウナギの仲間は有頭動物のうちの脊椎動物の最下位に位置する一群ということになる．いま一つの説は，両者の大きく異なる形質は生活様式の違いによるところが大きく，顎を欠くことなどの重要な共有形質に加えて，rDNAなどの分析結果から両者は姉妹群で，最も原始的な脊椎動物の一群に属するというのである[6, 8, 13]．いずれにしても，ヌタウナギの仲間とヤツメウナギの仲間は，古くから生活様式に違いがあり，その相違が形態に現れていると思われるところが少なくない．たとえば，底層の暗所の環境へ適応したヌタウナギの仲間では化学感覚や触覚が発達し，視覚は退化している．一方，流れのある明所の環境へ適応したヤツメウナギの仲間は視覚や内耳・側線感覚が発達している[10]．

　ここでは，ヌタウナギの仲間はメクラウナギ綱Myxiniに，ヤツメウナギの仲間は頭甲綱Cephalaspidomorphiに含め，両者を無顎類として扱うことにする．

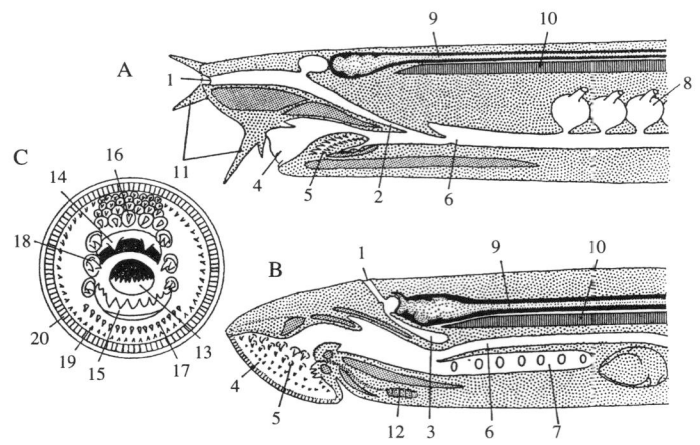

　図2・1　ヌタウナギの仲間（A）とヤツメウナギの仲間（B）の頭部縦断模式図
　　　およびカワヤツメの口吸盤（C）
　　　1：鼻孔　2：鼻咽頭管　3：鼻咽頭盲嚢　4：口　5：歯　6：食道
　　　7：鰓管　8：鰓　9：脊髄　10：脊索　11：ひげ　12：口腔腺　13：
　　　前舌歯板　14：上口歯板　15：下口歯板　16：上唇歯　17：下唇歯
　　　18：内側唇歯　19：周辺歯　20：口縁総状物

2・1　ヌタウナギの仲間

体形はウナギ形で，眼は退化的で皮下に埋没し，水晶体を欠く．網膜は存在するが，種によっては著しく退縮する．眼の退化の度合いは，浅海性のヌタウナギの仲間 *Eptatretus* に比べて深海性のメクラウナギの仲間 *Myxine* が大きい[2]．鰓は5〜15対あり，ほとんどの種で，それぞれ孔状の鰓孔によって体表に開くが，流出管が途中で合流して1個の鰓孔を通して体表へ開く例もある．

この仲間の鰓の構造はヤツメウナギのそれとは異なるようにみえるが，鰓弁の基本構造は同じである[7]．しかし，呼吸水は咽頭部から直接鰓嚢へ流入し，ガス交換後，流出管を経て鰓孔から流出する（図2・1）．

体側に1列に並ぶ大型の粘液腺 slime gland はこの仲間の大きな特徴になっている[12]．粘液腺では長さ数 cm あまりの多数の粘液糸を産生し，摂食時などにクモの糸のような粘液糸を一斉に放出し，水中に粘液網を張る．この仲間の主な特徴を整理すると表2・1のようになる．

この仲間は一般に高塩分海域に生息するが，ヌタウナギのように沿岸海域に来遊する種もある．生息場所は浅海から1,000 m以深の深海にまで広がる．昼間は海底に潜み，夜間に活動する．

摂食器官としての顎はないが，口の入り口に2列に並ぶ鋭い角質の歯を動かして獲物の肉を剥ぎ取って食べる．衰弱した魚，魚やクジラの死体などを摂食するので腐食者といわれる．しかし，胃内容物の調査によると，小型魚類，頭足類，甲殻類などを食べているし，海底の多毛類，貝類など，小型の無脊椎動物なども摂食するという[9]．

2・2　ヤツメウナギの仲間

体形はウナギ形で，口は円く，口吸盤 oral disc を形成し，内面に角質の小歯が多数並ぶ（図2・1）．これらの歯の形態と配列様式は，この仲間の重要な分類形質となる[11]．口吸盤で宿主に吸着し，やすり状の歯で傷つけ，舌軟骨のピストン運動によって宿主の血液や組織を吸い取る．この食性に適応して，咽頭部に1対の豆状の口腔腺 buccal gland が発達する[1]．その分泌液は宿主の血液凝固を阻害し，その組織を溶かす作用がある．

鰓は7対ある．成魚では鰓管と呼ばれる盲管が咽頭部から食道の下方へ分枝し，呼吸水はここへ吸い込まれて各鰓嚢へ流入し，ガス交換が行われた後，それぞれ鰓孔を経て体外へ流出する（図2・1）．この仲間の主な特徴を整理すると

表2・1のようになる．

卵は小さく，孵化後，アンモシーテス ammocoetes と呼ばれる幼生になる．この幼生は，(1) 口は裂孔状で歯を欠き，(2) 眼は皮下に埋没し，(3) 鰓管は未形成で，鰓は内側では直接咽頭部へ開き，(4) 咽頭部腹側に内柱 endostyle があり，その繊毛運動によって微細な餌を摂取することなど，成魚とは著しく異なる形態を示す．幼生は3～数年の間，河川で生活し，昼間は川底に潜み，夜間に活動する．その後，変態して成魚になるが，変態時には形態の変化だけでなく，生理的にも劇的な変化が起こる [15]．たとえば，変態前に神経管背側に沿って縦走する脂肪柱 fat column は変態時に消失する．脂肪柱は変態して寄生生活へ移るまでの摂食休止時に必要なエネルギーの蓄積場所になっているという．

この仲間には，カワヤツメのように，変態後降海して寄生生活をした後，成熟すると川へ遡上して産卵する降海型の種と，スナヤツメ（北方型と南方型の2種がいる）のように，淡水中で生活史を完結する河川型の種とがある [14]．

文　献

1) Baxter, E.W. 1956. Observations on the buccal glands of lampreys (Petromyzonidae). *Proc. Zool. Soc. Lond.*, 127: 95-118.
2) Fernholm, B. and K. Holmberg. 1975. The eyes in three genera of hagfish (*Eptatretus, Paramyxine and Myxine*) —A case of degenerative evolution. *Vision Res.*, 15: 253-259.
3) Forey, P.L. 1984. Yet more reflections on agnathan-gnathostome relationships. *J. Vertebr. Paleontol.*, 4: 330-343.
4) Forey, P.L. 1995. Agnathans recent and fossil, and the origin of jawed vertebrates. *Rev. Fish Biol. Fish.*, 5: 267-303.
5) Janvier, P. 1981. The phylogeny of the Craniata, with particular reference to the significance of fossil "agnathans". *J. Vertebr. Paleontol.*, 1: 121-159.
6) Mallatt, J. 1996. Ventilation and the origin of jawed vertebrates: a new mouth. *Zool. J. Linn. Soc.*, 117: 329-404.
7) Mallatt, J. and C. Paulsen. 1986. Gill ultrastructure of the Pacific hagfish *Eptatretus stouti*. *Amer. J. Anat.*, 177: 243-269.
8) Mallatt, J. and J. Sullivan. 1998. 28S and 18S rDNA sequences support the monophyly of lampreys and hagfishes. *Mol. Biol. Evol.*, 15: 1706-1718.
9) Martini, F.H. 1998. The ecology of hagfishes. *In* "J.M. Jorgensen, J.P. Lomholt, R.E. Weber, and H. Malte, eds. The biology of hagfishes." pp. 57-77. Chapman & Hall, London.
10) Northcutt, R.G. 1996. The agnathan ark: the origin of craniate brains. *Brain Behav. Evol.*, 48: 237-247.
11) Potter, I.C. and R.W. Hilliard. 1987. A proposal for the functional and phylogenetic significance

of differences in the dentition of lampreys (Agnatha: Petromyzontiformes). *J. Zool., Lond.*, **212**: 713-737.
12) Spitzer, R.H. and E.A. Koch. 1998. Hagfish skin and slime glands. *In* "J.M. Jorgensen, J.P. Lomholt, R.E. Weber, and H. Malte, eds. The biology of hagfishes." pp. 109-132. Chapman & Hall, London.
13) Yalden, D.W. 1985. Feeding mechanisms as evidence for cyclostome monophyly. *Zool. J. Linn. Soc.*, **84**: 291-300.
14) 山崎裕治・後藤 晃. 2000. ヤツメウナギ類における系統分類と種分化研究の現状と課題. 魚類学雑誌, **47**: 1-28.
15) Youson, J.H. 1980. Morphology and physiology of lamprey metamorphosis. *Can. J. Fish. Aquat. Sci.*, **37**: 1687-1710.

第3章
軟骨魚類

　軟骨魚類の主要な特徴は内部骨格が軟骨によって構成されることである．ギンザメの仲間や，サメ・エイの仲間がこれに属する．尾鰭は異尾である．鱗は退化消失している場合を除き楯鱗である．各鰭は皮膚に覆われ，角質鰭条によって支えられる．腸には螺旋弁があるが，その形態は種によって異なる[24]．直腸部背側には浸透調節に関与する直腸腺が付属する．鰾はない．心臓には心室の前部に心臓球が発達し，その内壁に弁の列が並ぶ．頭部の皮膚には電気受容器として機能するロレンチーニ瓶器が多数分布する．繁殖は卵生または胎生による．雄の腹鰭には交尾器が付属し，体内受精をする．筋肉や血液中に尿素とトリメチルアミンオキシドを含有する．

　多様な生活様式によって水界に広く適応放散した軟骨魚類は[2]，ギンザメの仲間で代表される全頭亜綱 Holocephali と，サメ・エイの仲間からなる板鰓亜綱 Elasmobranchii に大別されるが，両者の主な相違点は表3・1のとおりである．全頭類は古生代から板鰓類とは分かれていたといわれ，この仲間を独立した綱として扱う研究者もいる[4, 13]．

表3・1　全頭類と板鰓類の形態比較

	全頭類	板鰓類
脊椎骨	未発達，脊索は円柱状	発達，脊索は椎体に囲まれる
上顎と頭蓋の関節	全接型	両接型または舌接型
鰓孔	鰓蓋皮褶があり1対	5～7対
呼吸孔	成魚では退化消失	通常存在する
胃	なし	発達

3・1　全頭類

　鰓腔は鰓蓋皮褶に覆われ，各鰓裂は皮褶の後端で共通の1鰓孔によって体表へ開く点で，サメ・エイの仲間とは大きく違う．側線はよく発達し，とくに頭

部では複雑な側線系を形成する．歯は板状で強固で，この仲間特有の構造になっている[5]．現生種の繁殖様式は卵生で，雄の前頭部には腹鰭の交尾器とは別に1本の棒状の把握器がある（図3・1）．

　ギンザメ目Chimaeriformes　背鰭は2基で，第1背鰭の前端には強固な1棘がある．ギンザメ，テングギンザメなど．海洋の深層に分布する種が多い．

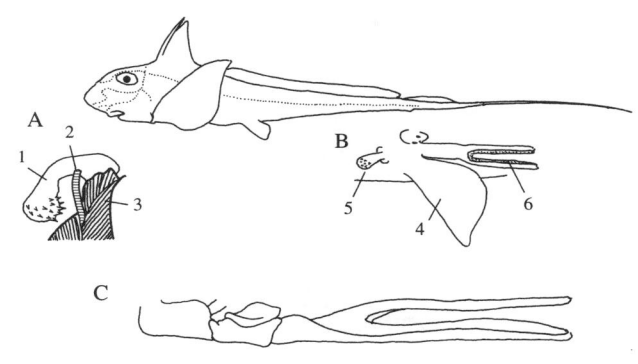

図3・1　ギンザメと雄の交尾器
A：頭部把握器[14]を一部改変　B：交尾器　C：交尾器を構成する軟骨[24]
1：頭部把握器　2：腱　3：筋肉　4：腹鰭　5：前部交尾器　6：交尾器

3・2　板鰓類

　各鰓裂は別々に体表へ開く．歯は板状歯ではない．

　板鰓類はサメの仲間とエイの仲間に大別する分類法が広く踏襲されてきた[15]．鰓孔は通常5対，まれに6～7対で，サメの仲間では頭部側面に開き，エイの仲間では扁平な頭部腹面に開く．しかし，カスザメのように体は平たく，胸鰭が大きく，背鰭が尾部にあって，一見エイの仲間に似ていながら，鰓孔の上端は頭部側面寄りに開き，胸鰭全体が頭部側面と癒合せず，サメの仲間の特徴を示すサメもいて，外部形態で両者を明確に区別しにくい例もある．

　近年，板鰓類の分類体系についても，分岐分類学的手法による再検討が活発に行われ，いくつかの有力な仮説がつぎつぎに発表され，サメの仲間とエイの仲間に大別する方式は否定される傾向にある[1, 3, 17, 18]．谷内[22]はその全容について詳しく紹介している．サメ・エイの仲間はおおよそ次のように分類される．

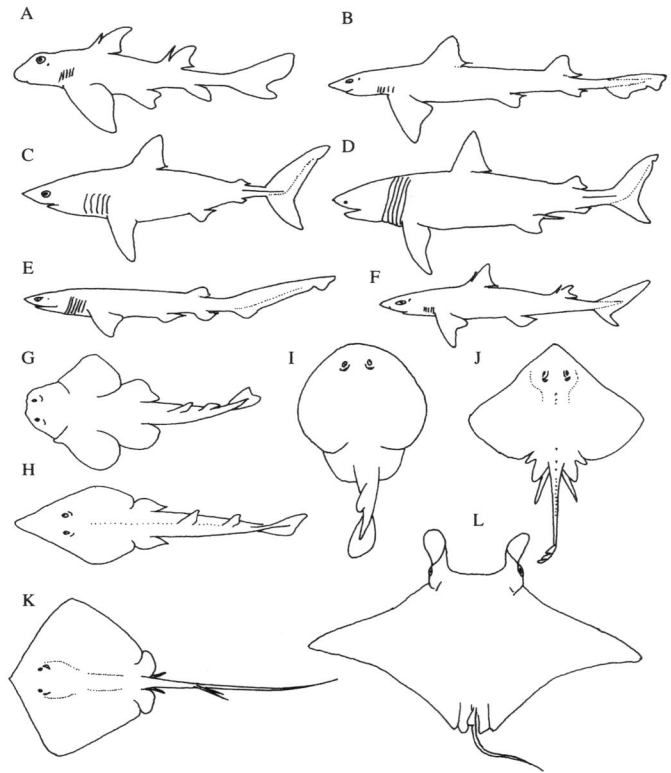

図3・2 板鰓類の体形
A：ネコザメ　B：ホシザメ　C：ネズミザメ　D：ウバザメ　E：カグラザメ
F：アブラツノザメ　G：カスザメ　H：サカタザメ　I：シビレエイ　J：ドブ
カスベ　K：アカエイ　L：オニイトマキエイ

(1) ネコザメ目 Heterodontiformes. 背鰭は2基で，それぞれ前縁に1本の強固な棘を備える．歯は顎の前部では先端が鋭くとがって食物の切断に適し，後部では先端がとがらず硬くて強大で食物の破砕に適している[16]．卵生．

(2) テンジクザメ目 Orectolobiformes. 背鰭は2基で棘はない．オオセのように頭部が扁平な種，クラカケザメのように体が細長い種，ジンベエザメのように超大型種など，体形はさまざまである．卵生または胎生．

ジンベエザメは最大の魚類といわれ，主としてプランクトン，小魚などを摂食する．胎生で，1腹の胎仔は約300尾[8]．

（3）メジロザメ目 Carcharhiniformes．背鰭2基で棘はない．サメの仲間では最大の分類群で，ヘラザメ，トラザメ，ドチザメ，ホシザメなど，底生性の種もいるが，イタチザメ，アカシュモクザメ，オオメジロザメ，ツマグロ，ヨシキリザメなど，遊泳力の強い種が多い．卵生または胎生．

ヨシキリザメは胸鰭が長いのが特徴．鰭はフカひれ，筋肉は食材に活用される有用種で漁獲量は多いが，マグロ延縄にもよくかかり，サメ食いの加害種でもある．

（4）ネズミザメ目 Lamniformes．背鰭は2基で棘はない．体は紡錘形で遊泳力の強い種が多いが，オナガザメの仲間のように尾鰭上葉が著しく長い種や，ミツクリザメとかメガマウス［23, 25］のような珍種もいる．ホオジロザメ，アオザメ，ネズミザメなど，多くは肉食性で歯は鋭い．胎生．

ホオジロザメは人食いザメの異名があるほど凶暴で，魚類はもちろん，アザラシ，アシカ，イルカなど哺乳類まで捕食する［10］．

オナガザメの仲間は延縄漁業で鉤が尾鰭にかかる例が多く，獲物を長い尾鰭で叩いて捕食する習性があると推察されている［9］．

ネズミザメは体が太い紡錘形，尾鰭が三日月形の高速遊泳種で，北太平洋ではサケ・マスの仲間の天敵になっている［11］．

ウバザメはジンベエザメに次ぐプランクトン食性の大型サメで，鰓耙は密生するが，冬の一時期に脱落して生えかわる［12］．鰓孔は大きく，上端は頭部背側近くに達する．

（5）カグラザメ目 Hexanchiformes．背鰭は1基．鰓孔は6対（ラブカ，カグラザメ）または7対（エドアブラザメ，エビスザメ）．胎生．

ラブカは化石種と類似する形質が多く，生きた化石といわれてきたが，各形質を詳しく検討すると，化石種とは系統を異にし，現存のツノザメの仲間に近いといわれる［1］．

（6）ツノザメ目 Squaliformes．背鰭は2基で，それぞれ前端に1本の棘を備える種と，これを欠く種とがある．臀鰭はない．大規模な回遊をし，底引網漁業の対象となるアブラツノザメ，深海に生息し，スクアレンを多量に含有するアイザメやキクザメ，体が小さいのにマグロ・カジキの仲間，クジラの仲間などにかみついて肉を剥ぎ取るダルマザメ［19］など，大きさも生活様式も多様である．

（7）カスザメ目 Squatiniformes．体は縦扁し，エイの仲間に似るが，鰓孔の

上端は頭部側面に届く．背鰭は2基で棘はない．臀鰭はない．呼吸孔は大きい．胎生．カスザメ，コロザメ．

（8）**ノコギリザメ目** Pristiophoriformes．背鰭は2基で棘はない．臀鰭はない．鰓孔は5対または6対で頭部側面に開く．吻は剣状に長く突出し，両側に不揃いの歯が1列に並び，下面に1対のひげがある．胎生．ノコギリザメ．

（9）**エイ目** Rajiformes．体は縦扁し，胸鰭と合体して体盤を形成する．鰓孔は5対（まれに6対）で，頭部腹面に開く．臀鰭はない．尾部は細長く，尾鰭は小さいか退化的である．眼は頭部背面にあり，その直後に大きな呼吸孔が開く．鱗は退化している．卵生または胎生．ここに列挙する分類階級の亜目は目として扱われた分類群で，エイの仲間すべてが目にまとめられた結果，亜目になった．

（9-1）**ノコギリエイ亜目** Pristoidei．背鰭は2基．吻は剣状に突出し，両側面に鋭い同形の歯が1列に並ぶが，ひげはない．胎生．ノコギリエイ．

ノコギリエイもノコギリザメと同様に剣状の吻を備えるが，歯の大きさが揃っているか，不揃いかは歯の形成過程の違いによる[20]．

（9-2）**シビレエイ亜目** Torpedinoidei．体盤は円形で，皮膚は滑らかである．背鰭は1～2基またはこれを欠く．尾部は太く，尾鰭は発達する．体盤中に左右対をなす発電器が発達し，放電して獲物を捕食する．胎生．シビレエイ，ヤマトシビレエイ．

（9-3）**ガンギエイ亜目** Rajoidei．背鰭は2基で，尾鰭もある．体盤が比較的細長く，背鰭と尾鰭が発達するサカタザメの仲間，体盤が円形のウチワザメの仲間，体盤が幅広く，尾鰭が退化的なガンギエイの仲間など，体形は多様である．

ガンギエイの仲間は多数の種に分化し，寒海性の種と暖海性の種とがある．底引網漁業の対象になる種も少なくない．この仲間は卵生で，卵殻の形態は分類形質となる[6]．また，尾部両側に細長い発電器を備え，電気細胞の形態はこの仲間の系統分析の手がかりになる[7]．

（9-4）**トビエイ亜目** Myliobatoidei．背鰭は1基または消失している．尾部はほとんどの種で細長く，尾鰭は退化する．尾部背面に毒棘を備える種が多い．鰓孔は6対のムツエラエイを除き5対．頭部が平たいアカエイの仲間，頭部が背方へ隆起するトビエイの仲間，頭部前端に1対の角状の頭鰭を有するイトマキエイの仲間など，体形は多様である．

トビエイの仲間には貝殻でも割って摂食するトビエイ，マダラトビエイなどと，もっぱらプランクトンを摂食するイトマキエイ，オニイトマキエイなどがいて，食性の違いは歯の構造に現れている [21]．

文　献

1) Compagno, L.J.V. 1977. Phyletic relationships of living sharks and rays. *Amer. Zool.*, 17: 303-322.
2) Compagno, L.J.V. 1990. Alternative life-history styles of cartilaginous fishes in time and space. *Env. Biol. Fish.*, 28: 33-75.
3) Compagno, L.J.V. 1999. Systematics and body form. *In* "W. C. Hamlett, ed. Sharks, skates, and rays. The biology of elasmobranch fishes." pp.1-42. Johns Hopkins Univ. Press, Baltimore.
4) Didier. D. A. 1995. Phylogenetic systematics of extant chimaeroid fishes (Holocephali, Chimaeroidei). *Amer. Mus. Novitates*, (3119) : 1-86.
5) Didier, D.A., B.J. Stahl, and R. Zangerl. 1994. Development and growth of compound tooth plates in *Callorhinchus milii* (Chondrichthyes, Holocephali). *J. Morphol.*, 222: 73-89.
6) Ishiyama, R. 1958. Studies on the rajiid fishes (Rajidae) found in waters around Japan. *J. Shimonoseki Coll. Fish.*, 7: 189-394.
7) Jacob, B.A., J.D. McEachran, and P.L. Lyons. 1994. Electric organs in skates: variation and phylogenetic significance (Chondrichthyes: Rajoidei). *J. Morphol.*, 221: 45-63.
8) Joung, S.-J., C.-T. Chen, E. Clark, S. Uchida, and W.Y.P. Huang. 1996. The whale shark, *Rhincodon typus*, is a livebearer: 300 embryos found in one 'megamamma' supreme. *Env. Biol. Fish.*, 46: 219-223.
9) 北谷佳万・西田清徳．1996．ニタリ *Alopias pelagicus*（オナガザメ科 Alopiidae）の捕食行動について．月刊海洋, 28: 386-389.
10) Long, D.J. and R.E. Jones. 1996. White shark predation and scavenging on cetaceans in the eastern North Pacific Ocean. *In* "A.P. Klimley and D.G. Ainley, eds. Great white sharks.— The biology of *Carcharodon carcharias*." pp. 293-307. Academic Press, San Diego.
11) Nagasawa, K. 1998. Predation by salmon sharks (*Lamna ditropis*) on Pacific salmon (*Oncorhynchus* spp.) in the North Pacific Ocean. *N. Pac. Anadr. Fish. Comm. Bull.*, (1) : 419-433.
12) Parker, H.W. and M. Boeseman. 1954. The basking shark, *Cetorhinus maximus*, in winter. *Proc. Zool. Soc. Lond.*, 124: 185-194.
13) Patterson, C. 1965. The phylogeny of the chimaeroids. *Phil. Trans. Roy. Soc. Lond.*, B, 249: 101-219.
14) Raikow, R.J. and E.V. Swierczewski. 1975. Functional anatomy and sexual dimorphism of the cephalic clasper in the Pacific ratfish (*Chimaera collei*). *J. Morphol.*, 145: 435-440.
15) Regan, C.T. 1906. A classification of the selachian fishes. *Proc. Zool. Soc. Lond.*, 1906: 722-758.
16) Reif, W.-E. 1976. Morphogenesis, pattern formation and function of the dentition of *Heterodontus* (Selachii). *Zoomorphologie*, 83: 1-47.
17) Shirai, S. 1996. Phylogenetic interrelationships of neoselachians (Chondrichthyes: Euselachii).

In "M.L.J. Stiassny, L.R. Parenti, and G.D. Johnson, eds. Interrelationships of fishes." pp.9-34. Academic Press, San Diego.
18) 白井　滋．2000．軟骨魚類．"青木淳一・田近謙一・森岡弘之（編）．動物系統分類学追補版."pp. 363-372．中山書店，東京．
19) Shirai, S. and K. Nakaya. 1992. Functional morphology of feeding apparatus of the cookie-cutter shark, *Isistius brasiliensis* (Elasmobranchii, Dalatiinae). *Zool. Sci.*, 9: 811-821.
20) Slaughter, B.H. and S. Springer. 1968. Replacement of rostral teeth in sawfishes and sawsharks. *Copei*a, 1968: 499-506.
21) Summers, A.P. 2000. Stiffening the stingray skeleton—An investigation of durophagy in myliobatid stingrays (Chondrichthyes, Batoidea, Myliobatidae). *J. Morphol.*, 243: 113-126.
22) 谷内　透．1997．サメの自然史．270 pp．東京大学出版会，東京．
23) Taylor, L. R., L. J. V. Compagno, and P. J. Struhsaker. 1983. Megamouth—a new species, genus, and family of lamnoid shark (*Megachasma pelagios*, family Megachasmidae) from the Hawaiian islands. *Proc. Calif. Acad. Sci.*, 43: 87-110.
24) White, E.G. 1937. Interrelationships of the elasmobranchs with a key to the order Galea. *Bull. Amer. Mus. Nat. Hist.*, 74: 25-138.
25) Yano, K., J.F. Morrissey, Y. Yabumoto, and K. Nakaya, eds. 1997. Biology of the megamouth shark. 195 pp. Tokai Univ. Press, Tokyo.

第4章
肉鰭類

　肉鰭綱Sarcopterygiiに属する現生種にはシーラカンスの仲間とハイギョの仲間がある．これらはともに祖先が古生代に繁栄した魚類で，多数の化石が知られている．その形態的特徴からこの仲間は四肢動物の起源にかかわる動物群として注目され，近年では遺伝的形質に関する情報も加わり，いくつかの説が提起されている [12, 15].

　肉鰭類の化石種については骨格系などの形質が詳しく報告されているが，ここでは現生種を中心に，シーラカンス亜綱Coelacanthimorphaとハイギョ亜綱Dipnoiの概要を記述するにとどめる．

4·1　シーラカンスの仲間

　この仲間の顕著な特徴は頭蓋骨が篩骨・蝶形骨部と，耳殻・後頭骨部の間で前後に二分され，可動的に関節することである．現存のシーラカンスの仲間の尾鰭は両尾である（図4·1）.

　Latimeria chalumnae は1938年に南アフリカ沖で最初の標本が漁獲されたが [13]，現在ではインド洋西部のコモロ諸島近海の溶岩洞窟海域を中心に生息す

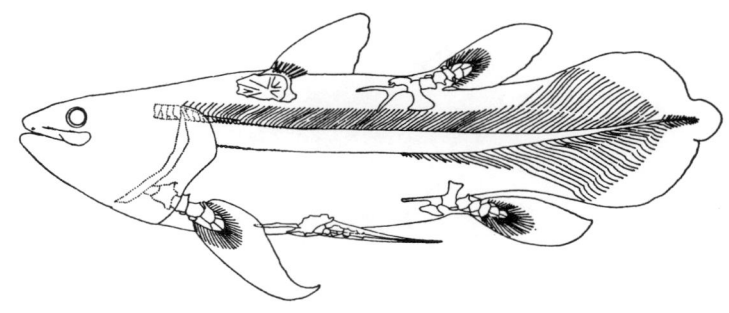

図4·1　*Latimeria chalumnae*の脊索,担鰭骨など [14]

ることが知られている．鱗は退化したコズミン鱗といわれ，外見は円鱗あるいは櫛鱗状である（図10・1）．脊椎骨の椎体は発達せず，脊索は終生くびれることなく円筒状である．鰾には脂質が詰まっていて空気呼吸の機能はない．吻に電気受容器と思われる管状の器官がある[4]．

本種の特徴として，腸に螺旋弁があること，腸の後部に直腸腺が付属すること，体内に尿素を含有すること，胎生で雌の体内から約26尾の胎仔（全長31～36 cm）が記録されていることなど，軟骨魚類と共通する特徴があり，注目されている[1, 7, 10]．

1998年になって，インドネシアのスラウェシ島北部近海で新たに生きたシーラカンスが発見され，形態的特徴とDNAの分析によって *L. menadoensis* と認定された[8, 11]．DNA分析の結果では現生2種の種分化の時期にはかなりの隔たりがあると推察され，また，生息海域は約10,000 kmも離れているので，どこかにまだ未発見の生存種がいる可能性も否定しがたいといわれる[6]．

4・2　ハイギョの仲間

現生種の尾鰭は両尾で，胸鰭と腹鰭は葉状または鞭状である．鱗は円鱗状．消化管の腹側に開口する鰾の内側には多数の肺胞類似の小室があり，空気呼吸が可能である[9]．顎歯は板状で，上顎には前上顎骨と主上顎骨がないので翼状骨に付着し，下顎では前関節骨 prearticular に付着する[3]．脊椎骨には椎体が発達せず，脊索はくびれることなく円筒状である．腸に螺旋弁がある．

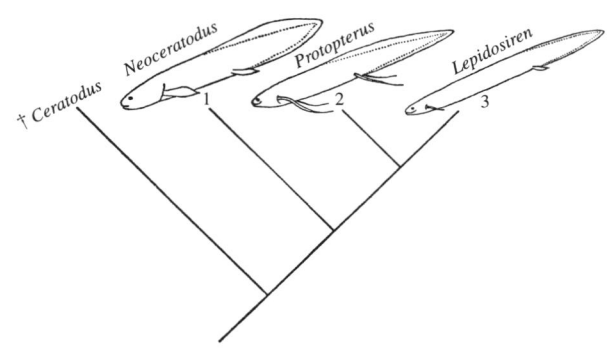

図4・2　現存のハイギョ類の類縁関係と分布域を示す分岐図[2]を改変
†印は絶滅群　1：オーストラリア　2：アフリカ　3：南アメリカ

前鼻孔は頭部腹面に，後鼻孔は口蓋の側縁にそれぞれ開口する．後鼻孔については，古くからこれが真の内鼻孔であるという説と，二次的に口腔へ移動したものであるという説とがあり，四肢動物との類縁関係を論じる際に重要な論点になる．

　現存のハイギョの仲間はオーストラリアハイギョ目Ceratodontiformesと，ミナミアメリカハイギョ目Lepidosireniformesの2目に分類される．前者にはオーストラリアに生息する*Neoceratodus*が属し，後者にはアフリカに生息する*Protopterus*と南アメリカに生息する*Lepidosiren*とが属し（図4・2），分布域はいずれも淡水域に限定されている．

　*Protopterus*と*Lepidosiren*は対鰭が鞭状であること，若魚期に外鰓が発達すること，鰾が左右2室に分かれていて呼吸・循環器系の発達程度が高いこと [5]，乾季になると泥底に穴を掘って夏眠estivationすることなど，*Neoceratodus*と比較していくつかの相違点がある．

文　献

1) Balon, E.K., M.N. Bruton, and H. Fricke. 1988. A fiftieth anniversary reflection on the living coelacanth, *Latimeria chalumnae*: some new interpretations of its natural history and conservation status. *Env. Biol. Fish.*, **23**: 241-280.
2) Bemis, W.E. 1984. Paedomorphosis and the evolution of the Dipnoi. *Paleobiology*, **10**: 293-307.
3) Bemis, W.E. 1987. Feeding systems of living Dipnoi: anatomy and function. *In* "W.E. Bemis, W.W. Burggren, and N.E. Kemp, eds. The biology and evolution of lungfishes. (*J. Morphol.*, 1986 Suppl. 1)." pp. 249-275. Alan R. Liss Inc., New York.
4) Bemis, W.E. and T.E. Hetherrington. 1982. The rostral organ of *Latimeria chalumnae*: morphological evidence of an electroreceptive function. *Cope*ia, 1982: 467-471.
5) Burggren, W.W. and K. Johansen. 1987. Circulation and respiration in lungfishes (Dipnoi). *In* "W.E. Bemis, W.W. Burggren, and N.E. Kemp, eds. The biology and evolution of lungfishes. (*J. Morphol.* 1986 Suppl. 1)." pp. 217-236. Alan R. Liss Inc., New York.
6) Fricke, H., K. Hissmann, J. Schauer, M. Erdmann, M.K. Moosa, and R. Plante. 2000. Biogeography of the Indonesian coelacanths. *Nature*, **403**: 38.
7) Heemstra, P.C. and P.H. Greenwood. 1992. New observations on the visceral anatomy of the late-term fetuses of the living coelacanth fish and the oophagy controversy. *Proc. Roy. Soc. Lond.* B, **249**: 49-55.
8) Holder, M.T., M.V. Erdmann, T.P. Wilcox, R.L. Caldwell, and D.M. Hillis. 1999. Two living species of coelacanths? *Proc. Natl. Acad. Sci.USA*, **96**: 12616-12620.
9) Hughes, G.M. 1973. Ultrastructure of the lung of *Neoceratodus* and *Lepidosiren* in relation to the lung of other vertebrates. *Folia Morphol.*, **21**: 155-161.
10) Lagios, M.D. 1979. The coelacanth and the Chondrichthyes as sister groups: a review of shared

apomorph characters and a cladistic analysis and reinterpretation. *Occ. Pap. Calif. Acad. Sci.*, (134): 25-44.
11) Pouyaud, L., S. Wirjoatmodjo, I. Rachmatika, A. Tjakrawidjaja, R. Hadiaty et W. Hadie. 1999. Une nouvelle espèce de coelacanthe. Preuves génétiques et morphologiques. *C. R. Acad. Sci.Paris, III*, 322: 261-267.
12) Rosen, D.E., P.L. Forey, B.G. Gardiner, and C. Patterson. 1981. Lungfishes, tetrapods, paleontology, and plesiomorphy. *Bull. Amer. Mus. Nat. Hist.*, 167: 159-275.
13) Smith, J.L.B. 1939. A living fish of Mesozoic type. *Nature*, 143: 455-456.
14) Thomson, K.S. 1969. The biology of the lobe-finned fishes. *Biol. Rev.*, 44: 91-154.
15) Zardoya, R. and A. Meyer. 1996. Evolutionary relationships of the coelacanth, lungfishes, and tetrapods based on the 28S ribosomal RNA gene. *Proc. Natl. Acad. Sci. USA*, 93: 5449-5454.

第5章
条鰭類-1
(軟質類,ガーの仲間,アミア)

　条鰭綱 Actinopterygii は肉鰭綱とともに硬骨魚類と呼ばれる大分類群で,原始的な形質を保持する一部の例外を除き,内部骨格は硬骨によって構成される.尾鰭は異尾を備える少数の種を除き,通常,正尾またはその変型である.鱗は一部の分類群では硬鱗で,多くの現生種では円鱗または櫛鱗である.各鰭は基本的には鰭条と鰭膜とからなる.

　鰓腔は鰓蓋によって保護され,1対の鰓孔によって体表へ開口する.鰾はほとんどの種で発生の初期には出現する.心臓では心臓球は退化傾向にあり,大多数の種では心室の前に動脈球が発達する.腸の螺旋弁は少数の種を除くと存在しない.

　条鰭類は多数の種に分化し,特殊化の程度もさまざまであって,それぞれの特徴を簡潔にまとめるのは難しい.上位の分類体系に関する見解は研究者によってかなり違うが,ポリプテルスの仲間とチョウザメの仲間を含む軟質亜綱 Chondrostei と,それ以外のすべてを含む新鰭亜綱 Neopterygii に大別することができる.

5・1　軟質類

　体形はさまざまである.鱗は硬鱗で種によっては退化的.尾鰭は異尾である.鰾は発達し,種によっては空気呼吸ができる.腸に螺旋弁がある.

　(1)　ポリプテルス目 Polypteriformes.鱗は硬鱗で,互いに蝶番連結して遊泳運動に伴う体のねじれを防ぐ(図5・1).背鰭の各鰭条は1本の棘に付属する数本の軟条からなること,鰾は空気呼吸が可能で,気道は消化管腹面に開くこと,幼期に外鰓が発達することなどが大きな特徴である.この仲間はこのような特異な形質を理由に条鰭類の独立した亜綱 Brachiopterygii または下綱 Cladistia として扱われることがある [4, 6].

　アフリカの淡水域に分布する.*Polypterus bichir* など.

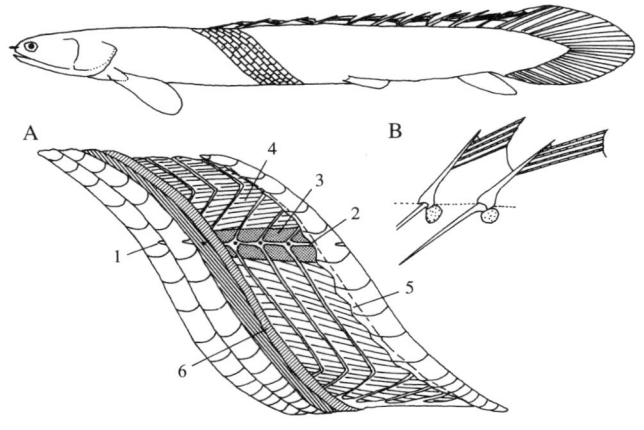

図5・1 ポリプテルスの仲間
A：外皮およびその深部の構造[7]を改変 B：背鰭鰭条の拡大図
1：側線鱗 2：水平隔壁 3：赤色筋（表層血合肉）4：白色筋 5：鱗の被覆部 6：コラーゲン繊維層

（2）チョウザメ目 Acipenseriformes [1, 2]．鱗は硬鱗で退化的．内骨格の骨化は不完全．鰾は単一型で，気道は消化管の背側に開く．

北半球に分布するチョウザメの仲間と，中国と北アメリカの淡水域に分布するヘラチョウザメの仲間がいる．

チョウザメは美味といわれ，卵を塩蔵したキャビア caviar はとくに有名である．

北アメリカのミシシッピー水系に生息するプランクトン食性のヘラチョウザメはオールのように長く突出した吻に電気受容器を備え，濁水中でも餌のプランクトンの群れを探索できる[9]．

5・2 ガーの仲間とアミア

ガーの仲間とアミアの仲間は，体が硬鱗（退化変型した例を含む）に覆われ，尾鰭が略式異尾であることなどの特徴を重視して全骨類 Holostei に分類されていたが，現在では真骨類 Teleostei とともに新鰭亜綱にまとめられることが多い．

（1）ガー目 Semionotiformes [8]．鱗は菱形の硬鱗で，石畳のように並ぶ．両顎は細長く，歯は鋭い（図5・2）．鰾は空気呼吸が可能で，気道は消化管背側に開く．腸の螺旋弁は退化的．主として北アメリカ東部，中央アメリカ，キュー

バの淡水域に分布する.

スポッテッド・ガー，アリゲーター・ガーなど．

(2) アミア目 Amiiformes [3]．鱗は円鱗状．鰾は空気呼吸が可能で，気道は消化管背側に開く（図5・2）．腸の螺旋弁は退化的．現生種は北アメリカの淡水域に分布する *Amia calva* 1種のみ．

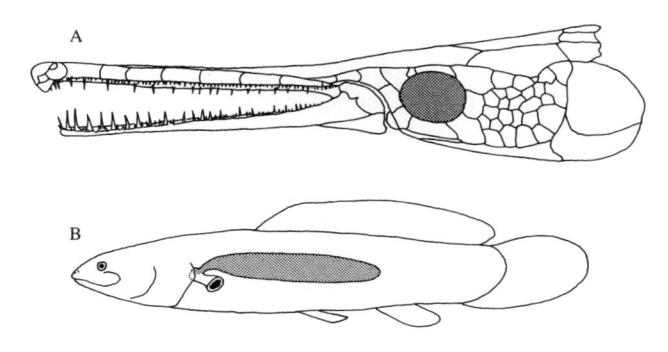

図5・2 スポッテッド・ガーの頭部（A）[8]とアミアの空気呼吸が可能な鰾（B）[5]

文 献

1) Birstein, V.J., R. Hanner, and R. DeSalle. 1997. Phylogeny of the Acipenseriformes: cytogenetic and molecular approaches. *Env. Biol. Fish.*, **48**: 127-155.

2) Grande, L. and W.E. Bemis. 1996. Interrelationships of Acipenseriformes, with comments on "Chondrostei". *In* "M.L.J. Stiassny, L.R. Parenti, and G.D. Johnson, eds. Interrelationships of fishes." pp. 85-115. Academic Press, San Diego.

3) Grande, L. and W.E. Bemis. 1998. A comprehensive phylogenetic study of amiid fishes (Amiidae) based on comparative skeletal anatomy. An empirical search for interconnected patterns of natural history. *J. Vertebr. Paleontol.*, **18**, Suppl. 1: 1-690.

4) Jarvik, E. 1980. Basic structure and evolution of vertebrates. Vol. 1. 575 pp. Academic Press, London.

5) Liem, K.F.1989. Respiretory gas bladders in teleosts: functional conservatism and morphological diversity. *Amer. Zool.*, **29**: 333-352.

6) Patterson, C. 1982. Morphology and interrelationships of primitive actinopterygian fishes. *Amer. Zool.*, **22**: 241-259.

7) Pearson, D.M. 1981. Functional aspects of the integument in polypterid fishes. *Zool. J. Linn. Soc.*, **72**: 93-106.

8) Wiley, E.O. 1976. The phylogeny and biogeography of fossil and recent gars (Actinopterygii: Lepisosteidae). *Mus. Nat. Hist. Univ. Kansas, Misc. Publ.*, **64**: 1-111.

9) Wilkens, L.A., D.F. Russell, X. Pei, and C. Gurgens. 1997. The paddlefish rostrum functions as an electrosensory antenna in plankton feeding. *Proc. Roy. Soc. Lond.* B, **264**: 1723-1729.

第6章
条鰭類-2
（真骨類-1）

　真骨類は多数の種に分化し，魚類の現生種の90％以上を占める．内部骨格は骨化する．鱗は通常円鱗か櫛鱗で，例外的にその変形構造がある．尾鰭は正尾またはその変形である．鰾はふつう空気呼吸の機能をもたない．

　真骨類では多くの形質が多様に特殊化する傾向にあるので，これらを系統的

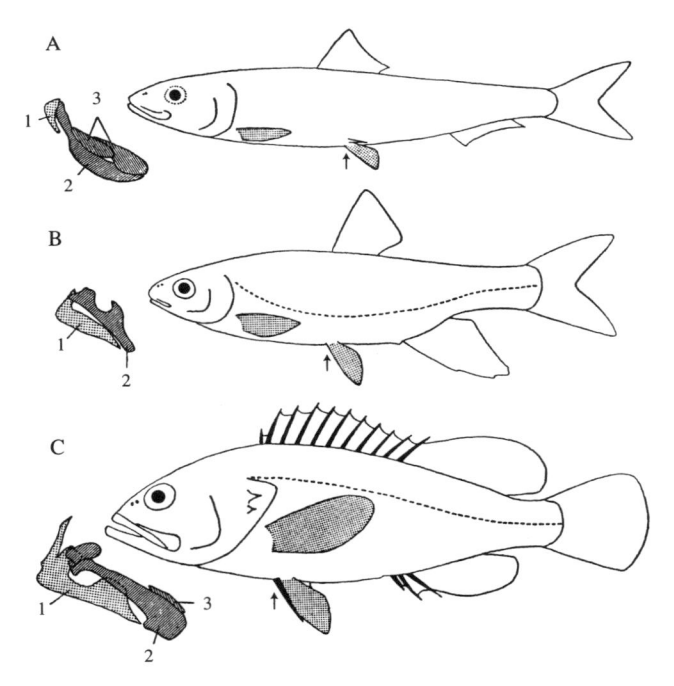

図6・1　真骨類の対鰭の位置関係，鰭の棘（黒色部）の発達状態，および上顎骨の位置関係の比較図
A：マイワシ　B：オイカワ　C：アカハタ
1：前上顎骨　2：主上顎骨　3：上主上顎骨

に整理することは難しいが，一般に原始的といわれる形態的特徴を列挙すると次のようになる．(1) 各鰭に棘がない．(2) 腹鰭は腹位にあり，鰭条数が多い．(3) 胸鰭は腹側寄りにある．(4) 上顎の縁辺は前上顎骨と主上顎骨とによって縁取られる．(5) 鰾は気道を介して消化管に開口する．(6) 頭蓋骨に眼窩蝶形骨がある．(7) 肩帯に中烏口骨がある．

これらの特徴は進化した分類群になるにしたがって，次のように変化する．(1) 背鰭，臀鰭および腹鰭に棘が発達する．(2) 腹鰭の位置は前方へ移動し，腰帯は肩帯と接するようになり，その軟条数は5本以下になる．(3) 胸鰭の位置は体側中央部へ移動する．(4) 上顎の縁辺は前上顎骨のみによって縁取られ，上顎に伸出機構が発達する．(5) 鰾は成魚では気道が消失し，無気管鰾となる．(6) 眼窩蝶形骨と (7) 中烏口骨は退化消失する．このような傾向は例外もあるが，ほぼ平行して進む（図6・1）．

真骨類については種々の分類体系が提唱され，それぞれ，その時代の評価を得てきた [18, 28]．しかし，Greenwood *et al.* [7] による大幅な改編が発表されて以来，真骨類の分類体系の再検討が活発になり，一部の分類群の位置づ

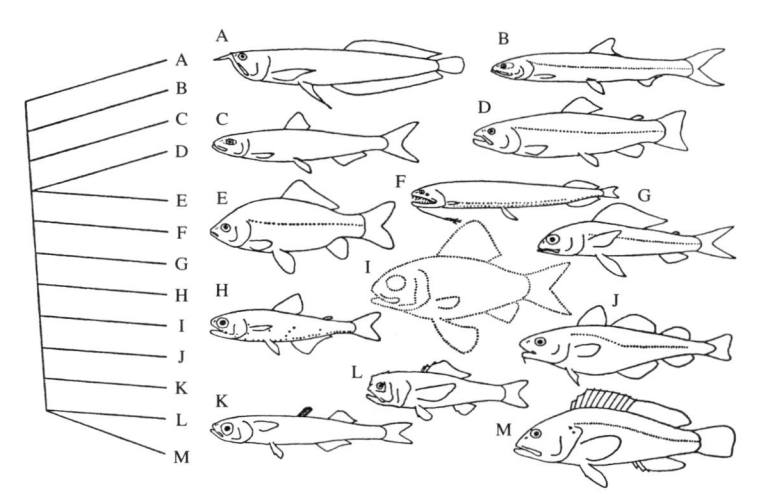

図6・2 胸鰭と腹鰭の位置，鰭の棘，および上顎の型を考慮して作成した真骨類の系統図 [20] を改変
A：アロワナの仲間　B：カライワシの仲間　C：ニシンの仲間　D：サケの仲間　E：骨鰾類　F：ワニトカゲギスの仲間　G：ヒメの仲間　H：ハダカイワシの仲間　I：*Ctenothrissa*(絶滅)　J：側棘鰭類　K：トウゴロウイワシの仲間　L：原始的な棘鰭類　M：進化したスズキの仲間

けは研究者によって見解が異なり，なお流動的である．Rosen [20] は胸鰭の位置，腹鰭の位置，鰭の棘の発達状態，および上顎の伸出機構について，原始的な状態から派生的な状態まで4〜5段階に分け，アロワナ上目から棘鰭上目に至る分類体系を図6・2のように表した．

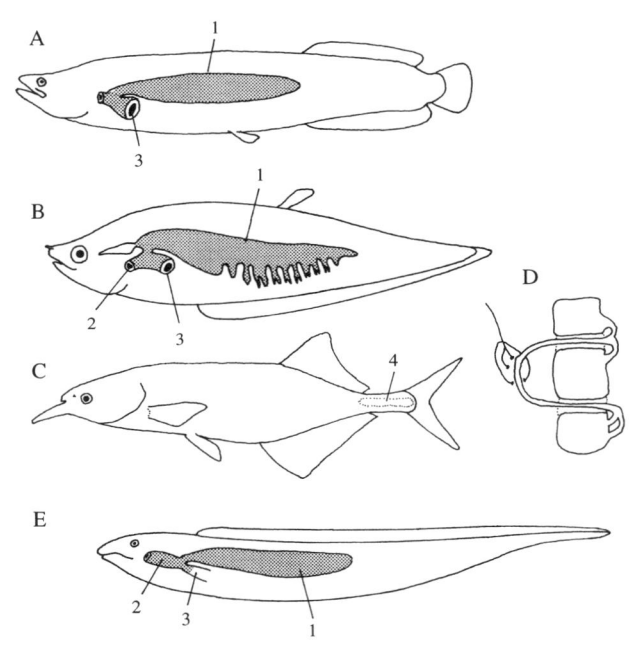

図6・3　アロワナの仲間の空気呼吸が可能な鰾 (A, B, E) [13], モルミュルスの仲間の発電器の位置 (C) と電気細胞の模式図 (D) [25]
A：ピラルクー　B：ナギナタナマズ　E：ギュムナルクス
1：鰾　2：食道　3：胃　4：発電器

以下に真骨類に属する魚類を各目に分けて概説するが，骨格系や筋肉系など，重要な内部形質の紹介を省略しているので，詳細は Lauder and Liem [11] や Nelson [14] などを参照されたい．

6・1　アロワナの仲間，カライワシの仲間，ニシンの仲間

6・1・1　アロワナの仲間

現存の真骨類の中では原始的といわれる形質が多い．体形は多種多様であるが，アロワナ目 Osteoglossiformes 1目にまとめられる [14]．しかし，この仲間

をヒオドン目Hiodontiformesとアロワナ目の2目に分類する研究者もある［12］．

体形は多種多様．多くの種は副蝶形骨の腹面と口床の骨の背面に歯を備え，顎の捕食機能を補強する．ほとんどが淡水魚．南アメリカに生息するアロワナ *Osteoglossum bicirrhosum* や巨大淡水魚ピラルクー *Arapaima gigas*，アフリカから東南アジアに分布するナギナタナマズの仲間，アフリカに分布するモルミュルス（エレファントフィッシュelephantfish）の仲間やギュムナルクスなど．

モルミュルスの仲間とギュムナルクスは，微弱な放電をする発電器を尾柄または尾部に備えるとともに，体表に無数の電気受容器を張りめぐらし，これらをレーダーとして活用するとともに，コミュニケーションにも活用する［25］．

6・1・2 カライワシの仲間

生活史の初期に体が透明なレプトセファルス幼生期［23］を経て変態することと，精子の特異な形態などによってまとめられている［8］．腹鰭は腹位．一部の例外はあるが，副蝶形骨に歯がある．ソコギスの仲間やフウセンウナギの仲間を目として扱うか否かについては研究者によって意見が分かれる［5，14］．

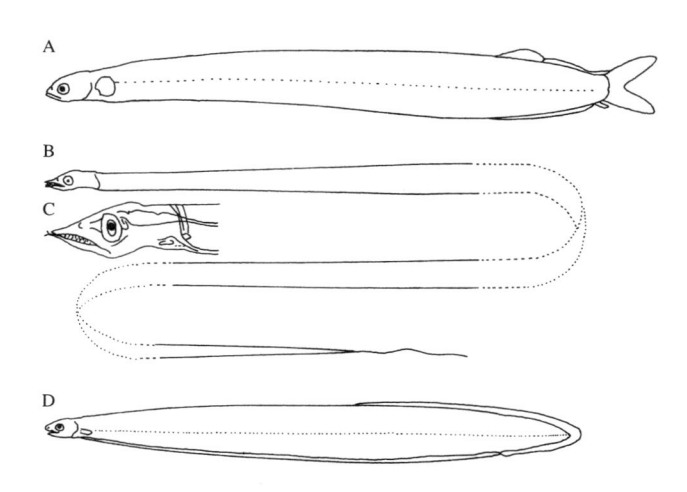

図6・4 ソトイワシの仲間（A），ソコギスの仲間（B，C），およびアナゴの仲間（D）のレプトセファルス幼生［23］を改変

（1）カライワシ目Elopiformes．尾鰭は成魚でも幼生でも二叉する．カライワシ，イセゴイなど．

（2）ソトイワシ目Albuliformes．尾鰭は成魚でも幼生でも二叉するか（ソト

イワシの仲間)，不明瞭 (ソコギスの仲間)．口は前下方へ開く．腹鰭は腹位．体形がニシン型のソトイワシ，ギスと，ウナギ型で臀鰭基底が長いソコギス，トカゲギスなど．

(3) **ウナギ目** Anguilliformes．腹鰭がない．ウツボの仲間には胸鰭もない．尾鰭は成魚でも幼生でも二叉しない．ウツボ，ウナギ，特殊な食性に適応して針状に突出する両顎が特徴的なシギウナギ [16]，マアナゴ，ハモ，尾鰭が退化したウミヘビの仲間など．

ウナギ科の魚類は15種に分類され [27]，太平洋，インド洋，大西洋に分布するが，大部分は西南太平洋に分布し，北アメリカ西岸，南アメリカ，アフリカ西岸は天然の分布域になっていない．日本産ウナギの産卵場はマリアナ諸島近海にあることが明らかになった [26]．

(4) **フウセンウナギ目** Saccopharyngiformes．顎が長く，体形は奇異．幼生は体高が高い．フウセンウナギ，フクロウナギ [15]，タンガクウナギなど，いずれも深海魚で，独特の摂食機構を備える．

6·1·3 ニシンの仲間 [29, 30]

現生種はニシン目 Clupeiformes にまとめられる．幼生はシラスと呼ばれ，半透明であるが，レプトセファルスほどには大きくならない．鰾は気道によって消化管と連絡し，多くの種ではさらに細管によって内耳とも連絡する [31]．多くはプランクトン食性．

ウルメイワシ，キビナゴ，ニシン，マイワシ，サッパ，コノシロ，カタクチイワシなど有用種が多い．エツは尾部と臀鰭基底が著しく長く，この仲間では異様な体形であるが，カタクチイワシ科に属する．

6·2 骨鰾類 [4]

骨鰾類という名称は，鰾と内耳を連結するウェバー骨片 Weberian ossicle を備えるコイの仲間，カラシンの仲間，およびナマズの仲間の総称となっていた．現在ではこれにサバヒーやネズミギスを加えて，骨鰾上目 Ostariophysi として扱われる．各鰭の位置はニシンの仲間やサケの仲間と類似し，脂鰭を備える種もある．次の5目に分類される．

(1) **ネズミギス目** Gonorynchiformes [6]．顎に歯がない．最前部の3個の変形した脊椎骨はウェバー器官の前駆構造といわれ [21]，この仲間が骨鰾類に包含された理由の一つになっている．鰾があり，東南アジアで重要な養殖魚に

なっているサバヒー．鰾がなく，櫛鱗に覆われる最も原始的な真骨類といわれるネズミギスなど．

(2) **コイ目** Cypriniformes．顎に歯がなく，多くの種では咽頭歯が発達する．2,600 種以上におよぶ多数の種に分化し，淡水魚中の屈指の大分類群である[14]．ホンモロコ，ウグイ，カワムツ，オイカワ，ハス，ギンブナ，ゲンゴロウブナ，コイ，ヤリタナゴ，ゼブラフィッシュ（発生の標準実験動物として重要），ドジョウ，シマドジョウ，サッカーの仲間など．

(3) **カラシン目** Characiformes．体形はコイの仲間に似るが，通常，脂鰭を備える．顎歯は発達し，多くは肉食性の淡水魚．多数の種に分化し，アフリカ，南アメリカ，北アメリカの南西部に分布する．観賞用の小型のテトラの仲間，貪食のピラニア piranha など．

(4) **ナマズ目** Siluriformes．体表は無鱗か，硬い骨質板で保護される．顎にひげがあり，脂鰭を備える種が多い．2,000 種以上におよぶ大分類群で，全世界に広く分布する．大部分は淡水魚であるが，汽水域や浅海に分布する種もいる．ナマズ，アカザ，ギギ，ハマギギ，ゴンズイなど．アフリカのデンキナマズは発電器を備える．成魚の体長がわずか 2 cm という南アメリカのスコロプラクス *Scoloplax* の仲間から，体長 3 m に達するメコン川のパンガシウス *Pangasius* の仲間まで，大きさはさまざまである．

(5) **デンキウナギ目** Gymnotiformes．体形は細長く，背鰭と腹鰭がない．臀鰭基底は著しく長く，尾鰭は退化的．発電器と電気受容器を備える．中央・南アメリカの淡水域に分布する．ギュムノトゥスの仲間など，多くの種は弱電気を放つ発電器と受容器を使って電気的定位やプランクトンの探索をするが，魚食性のデンキウナギは高電圧の放電によって獲物を倒すことができる．

6・3　原棘鰭類

Greenwood *et al.* [7] が提起した原棘鰭上目 Protacanthopterygii の構成はその後頻繁に改変され，現在では次の 3 目に分類される．しかし，この分類群についてはいろいろ議論のあるところで，上目自体の存立基盤も疑われ，なお流動的である [10]．

(1) **カワカマス目** Esociformes．この仲間は原棘鰭類から除外される傾向にある [9]．背鰭と臀鰭は後位．北半球北部の淡水域に分布する．カワカマス pike など．

(2) **キュウリウオ目** Osmeriformes. 背鰭は1基で,脂鰭を備える種が多いが,これを欠く種もある.海洋の比較的深層に分布するニギス,ソコイワシ,デメニギス,セキトリイワシの仲間,ハナメイワシの仲間などと,淡水域または浅海域に分布するキュウリウオ,ワカサギ,シシャモ,アユ,シラウオ,ガラクシアスの仲間などに大別される.

セキトリイワシの仲間はニシンの仲間に近縁で,これを除外しても原棘鰭類の構成には問題が残るという意見がある [9].

(3) **サケ目** Salmoniformes. 脂鰭がある.漁業や遊漁用の有用種が多い.サケ属 *Oncorhynchus* に属するサケ・マスの仲間は主として北太平洋に分布し,漁業資源としては7種が知られている(表6・1).いずれも産卵場はアメリカ側およびアジア側の淡水域にあり,若魚は海へ下り,海洋生活をして成熟すると産卵のため母川へ回帰する.種によっては降海型と,生活史を淡水中で完結する陸封型の両型がみられる.タイセイヨウサケは *Salmo* 属に属する.ほかにカワマス,ブラウントラウト,ニッコウイワナなど.

表6・1 サケ属魚類の名称と淡水・海洋生活期間 [24]

和 名	学 名 (英 名)	陸封型名	淡水生活期間	海洋生活期間	産卵後死亡率(%)
カラフトマス	*O. gorbuscha* (pink salmon)		数週間	1.5年	100
サケ(シロサケ)	*O. keta* (chum salmon)		数週間〜3カ月	2〜5年	100
ベニザケ	*O. nerka* (sockeye salmon)	ヒメマス (kokanee)	1〜3年	2〜3年	100
ギンザケ	*O. kisutch* (coho salmon)		1〜2年	1〜2年	100
マスノスケ	*O. tshawytscha* (chinook salmon)		1〜2年	2〜4年	100
サクラマス	*O. masou* (masu salmon)	ヤマメ	1〜2年	1年	100
スチールヘッド	*O. mykiss* (steelhead)	ニジマス (rainbow trout)	1〜3年	2〜3年	60〜95

6・4 ワニトカゲギスの仲間・シャチブリの仲間

ワニトカゲギスの仲間とシャチブリの仲間は外部形態に類似点はないが,暫定的にこの位置に分類されている.

(1) **ワニトカゲギス目** Stomiiformes [3]. 腹鰭は腹位.脂鰭を備える種と欠

く種とがある．頭部や体側に発光器を備える種が多い．体形は多様で，主として海洋の中層，深層に分布する．ヨコエソ，オニハダカ，キュウリエソ，ムネエソ，ワニトカゲギス，ホウライエソなど．

(2) シャチブリ目 Ateleopodiformes．体形はソコダラの仲間に類似し，臀鰭基底は著しく長く，尾鰭は退化的．腹鰭は喉位．シャチブリなど．

6・5　ヒメの仲間・ハダカイワシの仲間

これらの魚類は脂鰭を備える種が多く，外見上は類似しているが，両者はそれぞれ単系統といわれ，別の上目に分類される [14]．

(1) ヒメ目 Aulopiformes．脂鰭を備える種が多い．腹鰭は腹位または亜胸位．ヒメ，アオメエソ，ワニエソ，アカエソ，ハダカエソ，ミズウオなど．

(2) ハダカイワシ目 Myctophiformes．脂鰭がある．頭部と体側に分類形質となる発光器を備える．海洋の中層・深層に分布し，漁業の対象にはならないが，生物量は多く，魚食者の餌生物として重要．日周的に鉛直回遊する種と，非回遊種とがあり，後者は多量のワックスエステルを含有する [22]．ソトオリイワシ，ハダカイワシ，スイトウハダカ，ウスハダカ，マメハダカなど．

6・6　アカマンボウの仲間

奇異な体形の魚類を包含するこの仲間はアカマンボウ目 Lampridiformes にまとめられているが，不確定な分類群といわれる [17]．鰭に真の棘はない．上顎は特異な伸出機構を備える．クサアジ，アカマンボウなど．体形がリボン状で，人目をひく深海性のフリソデウオ，サケガシラ，リュウグウノツカイなど．

6・7　ギンメダイの仲間

かつてキンメダイの仲間の一群として扱われたが，今のところ位置づけに不確実性があるといわれながら，独立した分類群として扱われる．ギンメダイ目 Polymixiiformes のみによって構成される．背鰭と臀鰭に棘がある．下顎に 1 対の長いひげがある．ギンメダイ，アラギンメなど．

6・8　側棘鰭類

Greewood et al. [7] が主張した側棘鰭上目 Paracanthopterygii は，その後頻繁に修正が加えられ [19]，現在では次の 5 目に分類されるが [14]，まだ確定的

な結論に達したとはいえない．

（1）**サケスズキ目** Percopsiformes．腹鰭は亜胸位．背鰭に棘がある．脂鰭を備える種と欠く種とがある．北アメリカの淡水域に分布する．

（2）**アシロ目** Ophidiiformes．腹鰭は1～2軟条で喉位．背鰭と臀鰭の基底は著しく長い．カクレウオ，アシロ，イタチウオ，フサイタチウオなど．

（3）**タラ目** Gadiformes [1, 2]．腹鰭は胸鰭の下より前位．鰾は無気管鰾．第2背鰭と臀鰭の基底が長く，尾鰭が不明瞭で200 m以深の底層に分布するトウジン，イバラヒゲなど．尾鰭が明瞭なチゴダラ，頭部腹面にある長い腹鰭が特徴のサイウオ．第2背鰭と臀鰭に深い切れ込みのある底魚メルルーサの仲間．背鰭が3基，臀鰭が2基で，重要な漁業資源となるマダラ，スケトウダラ，コマイなど．

（4）**ガマアンコウ目** Batrachoidiformes．ガマアンコウはtoadfishの和訳．腹鰭は喉位で1棘を備える．眼は頭部背面寄りにある．鰾で発音する種がある．実験動物に使用される *Opsanus tau* など．日本近海には分布しない．

（5）**アンコウ目** Lophiiformes．腹鰭は喉位．種によっては背鰭第1棘は頭部へ移動し，誘引突起iliciumに変形する．鰓孔は小さく裂孔状．アンコウ，キアンコウ，ハナオコゼ，アカグツ，海洋の中層・深層に生息し，雄が雌に寄生状態のオニアンコウ，チョウチンアンコウなど．

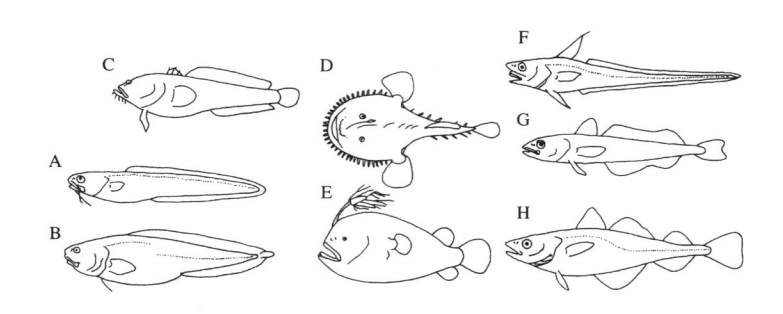

図6・5　側棘鰭上目魚類の一部
A：アシロの仲間　B：フサイタチウオの仲間　C：ガマアンコウの仲間　D：アンコウの仲間　E：チョウチンアンコウの仲間　F：ソコダラの仲間　G：メルルーサの仲間　H：タラの仲間

文　献

1) Cohen, D.M. ed. 1989. Papers on the systematics of gadiform fishes. *Nat. Hist. Mus. Los Angeles Cty., Sci. Ser.*, (32): 1-262.
2) Endo, H. 2002. Phylogeny of the order Gadiformes (Teleostei, Paracanthopterygii). *Mem. Grad. Sch. Fish. Sci., Hokkaido Univ.*, 49: 75-149.
3) Fink, W. L. 1985. Phylogenetic interrelationships of the stomiid fishes (Teleostei: Stomiiformes). *Misc. Publ. Mus. Zool. Univ. Mich.*, 171: 1-127.
4) Fink, S.V. and W.L. Fink. 1996. Interrelationships of ostariophysan fishes (Teleostei). *In* "M. L. J. Stiassny, L.R. Parenti, and G.D. Johnson, eds. Interrelationships of fishes." pp.209-249. Academic Press, San Diego.
5) Forey, P.L., D.T.J. Littlewood, P. Ritchie, and A. Meyer. 1996. Interrelationships of Elopomorph fishes. *In* "M.L.J. Stiassny, L.R. Parenti, and G.D. Johnson, eds. Interrelationships of fishes." pp. 175-191. Academic Press, San Diego.
6) Grande, T. and F.J. Poyato-Ariza. 1999. Phylogenetic relationships of fossil and Recent gonorynchiform fishes (Teleostei: Ostariophysi). *Zool. J. Linn. Soc.*, 125: 197-238.
7) Greenwood, P.H., D.E. Rosen, S.H. Weitzman, and G.S. Myers. 1966. Phyletic studies of teleostean fishes, with a provisional classification of living forms. *Bull. Amer. Mus. Nat. Hist.*, 131: 339-456.
8) 井上　潤・宮　正樹. 2001. カライワシ類 (Elopomorpha) を中心とした下位真骨類の系統. 魚類学雑誌, 48: 75-91.
9) Ishiguro, N., M. Miya, and M. Nishida. 2003. Basal euteleostean relationships: a mitogenomic perspective on the phylogenetic reality of the "Protacanthopterygii". *Mol. Phylogenet. Evol.*, 27: 110-120.
10) Johnson, G.D. and C. Patterson. 1996. Relationships of lower euteleostean fishes. *In* "M.L.J. Stiassny, L.R. Parenti, and G.D. Johnson, eds. Interrelationships of fishes." pp. 251-332. Academic Press, San Diego.
11) Lauder, G.V. and K.F. Liem. 1983.The evolution and interrelationships of the actinopterygian fishes. *Bull. Mus. Comp. Zool.*, 150: 95-197.
12) Li, G.-Q. and M.V.H. Wilson. 1996. Phylogeny of Osteoglossomorpha. *In* "M.L.J. Stiassy, L.R. Parenti, and G.D. Johnson, eds. Interrelationships of fishes." pp. 163-191. Academic Press, San Diego.
13) Liem, K.F.1989.Respiretory gas bladders in teleosts: functional conservatism and morphological diversity. *Amer. Zool.*, 29: 333-352.
14) Nelson, J. S. 1994. Fishes of the world, 3rd ed. 600 pp. John Wiley & Sons, New York.
15) Nielsen, J. E. Bertelsen, and A. Jespersen. 1989. The biology of *Eurypharynx pelecanoides* (Pisces, Eurypharyngidae). *Acta Zool.* 70: 187-197.
16) Nielsen, J.G. and D.G. Smith. 1978. The eel family Nemichthyidae (Oisces, Anguilliformes). *Dana-Report*, (88): 1-71.
17) Olney, J.E., G.D. Johnson, and C.C. Baldwin. 1993. Phylogeny of lampridiform fishes. *Bull. Mar. Sci.*, 52: 137-169.
18) Patterson, C. 1977. The contribution of paleontology to teleostean phylogeny. *In* "M.K. Hecht, P.C. Goody, and B.M. Hecht, eds. Major patterns in vertebrate evolution." pp.579-643. Plenum

Publ., New York.
19) Patterson, C. and D.E. Rosen. 1989. The Paracanthopterygii revisited: order and disorder. *In* "D.M. Cohen, ed. Papers on the systematics of gadiform fishes." *Nat. Hist. Mus. Los Angeles Cty, Sci. Ser.*, (32) : 5-36.
20) Rosen, D.E. 1982. Teleostean interrelationships, morphological function and evolutionary inference. *Amer. Zool.*, **22**: 261-273.
21) Rosen, D.E. and P.H. Greenwood. 1970. Origin of the Weberian apparatus and the relationships of the ostariophysan and gonorynchiform fishes. *Amer. Mus. Novitates*, (2428) : 1-25.
22) Seo, H.-S., Y. Endo, K. Fujimoto, H. Watanabe, and K. Kwaguchi. 1996. Characterization of lipids in myctophid fish in the subarctic and tropical Pacific Ocean. *Fish. Sci.*, **62**: 447-453.
23) Smith, D.G. 1979. Guide to the leptocephali (Elopiformes, Anguilliformes, and Notacanthiformes). *NOAA Tech. Rept. NMFS Circ.*, (424) : 1-39.
24) Stearley, R.F. 1992. Historical ecology of Salmoninae, with special reference to *Oncorhynchus*. *In* "R.L. Mayden, ed. Systematics, historical ecology, and North American freshwater fishes." pp. 622-658. Stanford Univ. Press, Stanford.
25) Sullivan, J.P., S. Lavoué, and C.D. Hopkins. 2000. Molecular systematics of the African electric fishes (Mormyroidea: Teleostei) and a model for the evolution of their electric organs. *J. Exp. Biol.*, **203**: 665-683.
26) Tsukamoto, K. 1992. Discovery of the spawning area for Japanese eel. *Nature*, **356**: 789-791.
27) Tsukamoto, K., J. Aoyama, and M.J. Miller. 2002. Migration, speciation, and the evolution of diadromy in anguillid eels. *Can. J. Fish. Aquat. Sci.*, **59**: 1989-1998.
28) 上野輝彌．1988．硬骨魚類の分類体系．"上野輝彌・沖山宗雄（編）．現代の魚類学．" pp.61-75. 朝倉書店，東京．
29) Whitehead, P. J. P. 1985. FAO species catalogue. Clupeoid fishes of the world. (Suborder Clupeoidei). An annoted and illustrated catalogue of the herrings, sardines, pilchards, sprats, shads, anchovies and wolf-herrings, Part 1 — Chirocentridae, Clupeidae and Pristigasteridae. *FAO Fish. Synopses*, (125), 7 (1) : 1-303.
30) Whitehead, P.J.P., G.J. Nelson, and T. Wongratana. 1988. ——, Part 2—Engraulidae. *FAO Fish. Synopses*, (125), 7 (2) : 305-579.
31) Whitehead, P.J.P. and J.H.S. Blaxter. 1989. Swimbladder form in clupeoid fishes. *Zool. J. Linn. Soc.*, **97**: 299-372.

第7章
条鰭類-3
(真骨類-2)

　真骨類のうちでも，棘鰭上目Acanthopterygiiに属する魚類は，通常，背鰭，臀鰭，腹鰭に棘があり，上顎に伸出機構が発達し，鰾は無気管鰾であるが，例外もある．この仲間は真骨類の大半を包含する大分類群で，しかも，多種多様の種に分化している．分類体系についても多くの問題点が指摘されている [14, 15]．

7・1　ボラの仲間
　ボラの仲間は独立した分類群，ボラ目Mugiliformesとして扱われる [29]．背鰭は2基．胸鰭はやや高位．腹鰭は亜胸位．ボラ，メナダなど．

7・2　トウゴロウイワシの仲間
　この分類群の構成は種々の変遷を経て，次の3目に分類されている [22]．
　(1) トウゴロウイワシ目Atheriniformes [7]．背鰭は2基．背鰭，臀鰭に棘がある．トウゴロウイワシ，ムギイワシ，ナミノハナなど．
　(2) ダツ目Beloniformes [18]．各鰭に棘がない．背鰭と臀鰭は体の後部で相対し，腹鰭は腹位．ダツ，サンマ，サヨリ，トビウオの仲間，メダカなど．

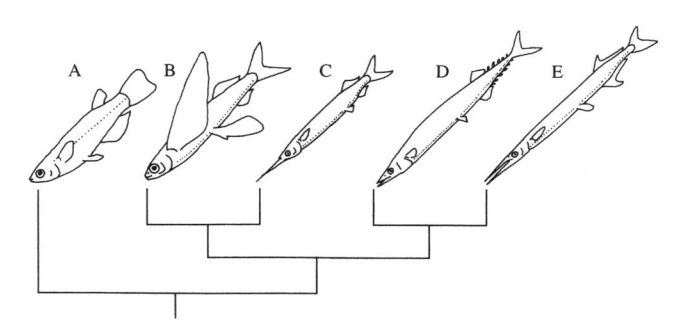

図7・1　ダツの仲間の類縁関係 [18]
A：メダカ　B：トビウオの仲間　C：サヨリの仲間　D：サンマの仲間　E：ダツの仲間

かつてメダカ目（現カダヤシ目）Cyprinodontiformes のメダカ科 Cyprinodontidae に分類されていた日本産のメダカはダツ目のメダカ科 Adrianichthyidae に属し，カダヤシ目には属さない [25, 35]．

（3）**カダヤシ目** Cyprinodontiformes [23]．各鰭に棘がない．腹鰭は腹位．上顎の縁辺は前上顎骨のみで縁取られ，伸出可能．移入種のカダヤシやグッピーは胎生で，臀鰭は交尾肢に変形する．*Fundulus heteroclitus* は卵生で実験動物として重要．

7・3　クジラウオの仲間，キンメダイの仲間，マトウダイの仲間

これらの魚類は，それぞれ独立した目に分類されるが，その位置づけは研究者によって必ずしも一致しない．

（1）**クジラウオ目** Stephanoberyciformes．目名はカンムリキンメダイの仲間の名称になっているが，和名はクジラウオの仲間 Cetomimidae の名が与えられている．背鰭，臀鰭に棘があり，棘を備える腹鰭が胸位または亜胸位のカブトウオの仲間．背鰭と臀鰭が体の後部で相対し，皮膚が柔軟なクジラウオ，アカチョッキクジラウオなど．後者は形態形質と DNA 分析などによってここに位置づけられている [5]．ほとんどが深海魚．

（2）**キンメダイ目** Beryciformes．鰭に棘が発達する科と，これを欠く科とがある．腹鰭は胸位．鰭に棘がなく，漸深層に分布するオニキンメ，鰭に棘があり，眼下に回転式の発光器を備えるヒカリキンメダイ，下顎に発光器を備え，硬い鱗を被るマツカサウオ，腹中線上に稜鱗が並ぶヒウチダイ，真紅の深海魚キンメダイ，鰭の棘が強固で，櫛鱗に覆われ，比較的浅海に分布するイットウダイの仲間など，多種多様．

（3）**マトウダイ目** Zeiformes [34]．通常鰭に棘があり，軟条は分枝しない．上顎は伸出可能．ベニマトウダイ，マトウダイ，カガミダイなど．

7・4　トゲウオの仲間，タウナギの仲間

（1）**トゲウオ目** Gasterosteiformes．現在，トゲウオ亜目 Gasterosteoidei とヨウジウオ亜目 Syngnathoidei に分類されるが [22]，トゲウオの仲間とヨウジウオの仲間は体形も多様で，それぞれ別目に分類されることもある．

背鰭の前に遊離棘を備えるイトヨ，トゲウオなど．吻が細長いクダヤガラ．背鰭と臀鰭が体の後部で相対し，イカナゴに似るシワイカナゴ．体表が強固な

骨板で覆われるヨウジウオ，タツノオトシゴなど．体は細長く鱗を欠くアカヤガラ．背鰭に長い棘を備えるサギフエなど，体形は多様．

（2）**タウナギ目** Synbranchiformes．体がウナギ型のタウナギの仲間と，細長いトゲウナギの仲間とからなるが，後者はスズキ目に入れられることがある．腹鰭がない．上顎は伸出不可能．多くの種は上鰓腔で空気呼が可能．

腹鰭も胸鰭もないタウナギ．胸鰭を備え，背鰭の前に小棘が並ぶトゲウナギなど．

7・5　カサゴの仲間

この仲間は，第2眼下骨（涙骨を第1眼下骨と数えると第3眼下骨）の後縁が棒状に延長して頬を横切り前鰓蓋骨に達する眼下骨棚の存在を根拠にして設けられたカサゴ目 Scorpaeniformes にまとめられた分類群で，カサゴ目が単系統か否かについては現在も議論が続いている [11, 27, 37]．日本産のこの仲間は次の6亜目に分類されるが，流動的である．漁業資源として重要種が多い．

（1）**セミホウボウ亜目** Dactylopteroidei．体形はホウボウに類似し，翼のような大きい胸鰭が特徴．背鰭の前に遊離棘がある．セミホウボウなど．

（2）**カサゴ亜目** Scorpaenoidei．頭部に小棘があり，装甲を備える種もある．背鰭，臀鰭に棘が発達し，毒腺が付属することもある．腹鰭は胸位で棘を備える．カサゴ，フサカサゴ，メバル，クロソイ，アコウダイ，キチジ，オニオコゼ，ミノカサゴなど．胸鰭に指状の遊離軟条を備えるホウボウ，カナガシラなど．

（3）**コチ亜目** Platycephaloidei．体は縦扁し，左右の腹鰭基底は分離する．マゴチ，ハリゴチなど．

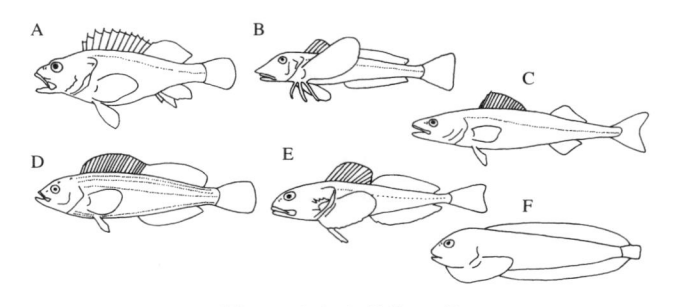

図7・2　カサゴの仲間の一部
A：カサゴの仲間　B：ホウボウ・カナガシラの仲間　C：ギンダラ　D：アイナメの仲間
E：カジカの仲間　F：クサウオの仲間

(4) ギンダラ亜目 Anoplopomatoidei. 頭部に小棘がない．カサゴ目とは別の系統という見解もある．ギンダラ，アブラボウズ．

(5) アイナメ亜目 Hexagrammoidei. 頭部に小棘はなく，皮弁がある．アイナメ，クジメ，ホッケなど．

(6) カジカ亜目 Cottoidei. 体形はさまざまで，体表も無鱗から骨板で覆われる種まで多様．淡水魚のカジカなど．海産のトリカジカ，ケムシカジカ，ニジカジカ，アナハゼなど．体表が骨板で覆われたトクビレなど．鱗が退化的で，腹鰭が吸盤に変形したホテイウオ，クサウオなど．

7・6　スズキ目 Perciformes

スズキ目に属する魚類は9,000種を超え，脊椎動物中でも最大の目といわれ，多種多様に分化した種は水界に広く分布している．この仲間は18亜目に分類され，なかでもスズキ亜目，ベラ亜目，ハゼ亜目はとくに大きい分類群で，これらの亜目に属する魚類はスズキ目魚類の約3/4を占めるという[22]．

この仲間は形態的にも生態的にも変化に富み，特殊化した形質を備える種がある半面，二次的に退化的な形質を備える種もあって，共有する形質をあげるのは難しいが，おおよそ次のような形質を特徴にすることができる．(1) 腹鰭は存在する場合には胸位またはそれより前にあり，1棘5軟条以下である．(2) 尾鰭の主鰭条は17本以下である．(3) 上顎の縁辺は前上顎骨で縁取られる．(4) 鰾は存在する場合には無気管鰾である．(5) 頭蓋骨の眼窩蝶形骨と肩帯の中烏口骨を欠く．以下に日本産の魚類が属する亜目を中心にその概要を記述する．

(1) スズキ亜目 Percoidei. この亜目には2,900種近くの魚類が属し，スズキ目のなかでは最大の分類群となっている[22]．なかでもハタ科，ニベ科，アジ科，テンジクダイ科，フエダイ科は大きな分類群で，漁業資源として重要な種が多い．次にいくつかの科の概略を紹介する．

(1-1) ハタ科 Serranidae. 背鰭は1基で前半の棘条部と後半の軟条部の間にくぼみがある．鱗はふつう櫛鱗．サクラダイ，キンギョハナダイ，マハタ，アカハタ，キジハタ，クエなど．スズキはハタ科ではなく，スズキ科 Percichthyidae に属する．

(1-2) サンフィッシュ科 Centrarchidae. 背鰭は1基．多くの種が産卵時に営巣する．オオクチバス（ブラックバス），ブルーギルなど．これらは日本では移

入種で，各地へ拡散し，生態系への影響が懸念される．

　（1-3）**キントキダイ科**Priacanthidae．背鰭は1基．通常，体は赤色で眼が大きい．チカメキントキ，キントキダイ，クルマダイなど．

　（1-4）**テンジクダイ科**Apogonidae．背鰭は2基で，棘条部と軟条部は分離する．受精卵を雄が口内保育する種が多い．テンジクダイ，クロイシモチ，ネンブツダイ，ヒカリイシモチなど．

　（1-5）**キス科**Sillaginidae．背鰭は2基で相接する．シロギス，アオギスなど．

　（1-6）**キツネアマダイ科**Malacanthidae．背鰭は1基で基底は長い．海底などに穴を掘って埋没生活をするアカアマダイ，キアマダイ，キツネアマダイなど．

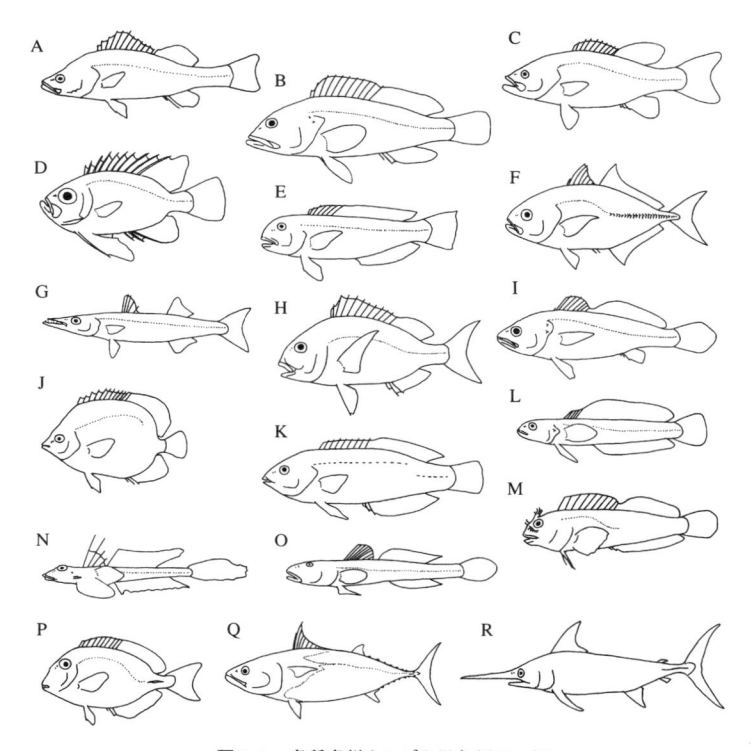

図7・3　多種多様なスズキ目魚類の一部
A：スズキの仲間　B：ハタの仲間　C：オオクチバスの仲間　D：キントキダイの仲間　E：アマダイの仲間　F：アジの仲間　G：カマスの仲間　H：タイの仲間　I：ニベの仲間　J：チョウチョウウオの仲間　K：ベラの仲間　L：トラギスの仲間　M：イソギンポの仲間　N：ネズッポの仲間　O：ハゼの仲間　P：ニザダイの仲間　Q：サバ・マグロの仲間　R：カジキの仲間

（1-7）**コバンザメ科** Echeneidae．第1背鰭が小判状の吸盤に変形し，しばしば大型魚に吸着生活をするコバンザメ，クロコバンなど．

（1-8）**スギ科** Rachycentridae．体形がコバンザメに似て，成長が早く，沖縄では養殖が行われるスギ．全世界に1種のみ．

（1-9）**シイラ科** Coryphaenidae．背鰭の起部は頭部にあり，基底は長い．背鰭と臀鰭に棘がない．成長とともに雄の前頭部は角ばる．シイラ，エビスシイラ．英名 dolphin はしばしばイルカと混同される．

（1-10）**アジ科** Carangidae．体は紡錘形または側扁形．臀鰭の前に2本の遊離棘がある．背鰭・臀鰭の後方に小離鰭を備える種がある．マアジ，ムロアジ，カイワリ，ヒラアジ，イトヒキアジ，ブリ，ヒラマサ，カンパチなど．

（1-11）**フエダイ科** Lutjanidae．背鰭は1基．ハマダイ，フエダイ，バラフエダイ，ヨコスジフエダイ，タカサゴなど．

（1-12）**イサキ科** Haemulidae．背鰭は1基．イサキ，コショウダイ，コロダイなど．

（1-13）**タイ科** Sparidae．背鰭は1基．マダイ，チダイ，キダイ，ヘダイ，クロダイなど．

（1-14）**フエフキダイ科** Lethrinidae．背鰭は1基．フエフキダイ，ハマフエフキ，メイチダイなど．

（1-15）**ニベ科** Sciaenidae．背鰭の棘条部と軟条部の間は深くくぼむ．鰾の両側に多数の分枝がある．鰾で発音する種が多い．ニベ，シログチ，クログチ，キグチ，コイチなど．

（1-16）**チョウチョウウオ科** Chaetodontidae．体は著しく側扁する．背鰭は1基．チョウチョウウオ，トゲチョウチョウウオ，チョウハン，ゲンロクダイ，フエヤッコダイなど．

（1-17）**キンチャクダイ科** Pomacanthidae．背鰭は1基．キンチャクダイ，サザナミヤッコ，若魚と成魚では体の斑紋が著しく違うタテジマキンチャクダイなど．

（1-18）**イスズミ科** Kyphosidae．背鰭は1基．メジナ，クロメジナ，イスズミなど．

（1-19）**シマイサキ科** Teraponidae．背鰭は1基．シマイサキ，コトヒキなど．鰾で発音する．

（1-20）**イシダイ科** Oplegnathidae．顎歯は癒合して顎は嘴状．イシダイ，イ

シガキダイなど．

（2）ベラ亜目 Labroidei［30］．左右の下咽頭骨は癒合し，歯を備える咽頭顎としてよく機能する（図7・4）．

カワスズメの仲間は多数の種に分化し，とくに体形も食性も多様な約1,000種が生息すると推定されるアフリカの3大湖は種分化の研究舞台になっている［10］．ウミタナゴの仲間は胎生．

スズメダイ，オヤビッチャ，ソラスズメダイ，イソギンチャクと共生するクマノミ，ハマクマノミなどはサンゴ礁域を中心に分布する．

ベラ・ブダイの仲間では雌雄で色彩が異なり，雌性先熟の性転換をする種が多い．キュウセン，ホンベラ，テンス，コブダイ，ホンソメワケベラなど．顎が硬い嘴状のブダイ，アオブダイ，ハゲブダイなど．

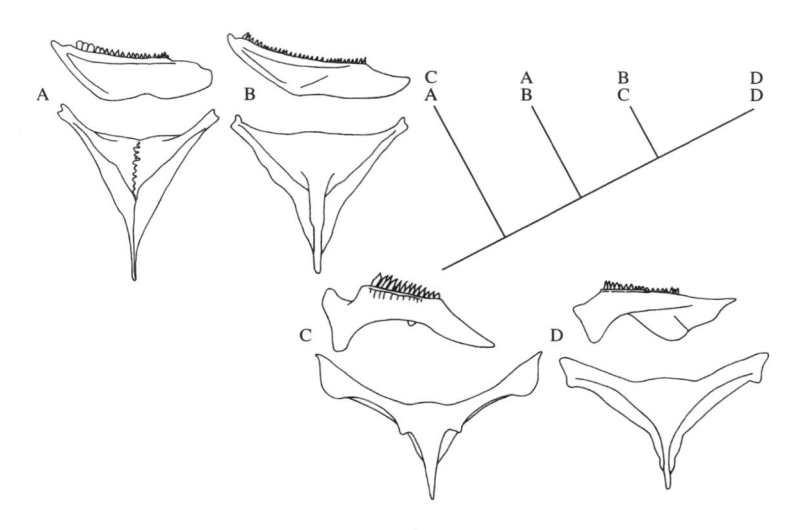

図7・4　ベラ亜目魚類の下咽頭顎（下咽頭骨）の側面（上段）と腹面（下段）．右上はこの仲間の分岐図で上段は［16］，下段は［30］
A：カワスズメの仲間　B：ウミタナゴの仲間　C：スズメダイの仲間　D：ベラ・ブダイの仲間

（3）ゲンゲ亜目 Zoarcoidei．体は細長く，背鰭と臀鰭の基底は長い．腹鰭は存在する場合には喉位．多くは底生性．鱗が小さく，皮膚に埋没しているタナカゲンゲ，ノロゲンゲ，アゴゲンゲなど．背鰭に棘があるタウエガジ，ダイナンギンポ，ナガヅカ，ニシキギンポ，ギンポなど．体長1m以上に達し，強固

な歯を備えるオオカミウオ．

（4）**ノトテニア亜目** Notothenioidei [2, 12]．背鰭の基底は比較的長い．鰾を欠く底魚が多いが，プランクトン食性の浮魚もいる．南極海を中心に分布し，低温適応に優れた種や，赤血球を欠くコオリウオなど，特異な生理的特徴をもつ種が多い．

（5）**ワニギス亜目** Trachinoidei [24]．形態的特徴はさまざまで，この仲間の分類は流動的であるが，一般に背鰭軟条部と臀鰭の基底は比較的長い．口裂が大きいワニギス．口は上向きで鱗を欠くハタハタ．体が円筒状のトラギス，クラカケトラギス．背鰭に棘がなく，腹鰭を欠くイカナゴ．口は上向きで背鰭が2基のキビレミシマ，背鰭が1基のアオミシマなど．

（6）**ギンポ亜目** Blennioidei [28]．体は小型で温帯・熱帯海域に多い．腹鰭は喉位で，通常1棘2〜4軟条．背鰭は3基で，鱗は櫛鱗のヘビギンポ．背鰭は1基で基底が長く，鱗は円鱗のコケギンポ．背鰭は1基で基底が長く，体表が滑らかなイソギンポ，ナベカ，ニジギンポ，カエルウオなど．

（7）**ウバウオ亜目** Gobiesocoidei [9]．腹鰭は吸盤に変形する．背鰭は1基で棘はない．体は無鱗．ウバウオ，皮膚から粘液毒を分泌するハシナガウバウオなど．

（8）**ネズッポ亜目** Callionymoidei [20]．鱗はなく，体表は粘液質．頭部は縦扁し，前鰓蓋骨に強大な棘があり，鰓孔が小さく，鰭や体色に二次性徴が顕著なネズミゴチ，ヤリヌメリ，ヨメゴチ，ハタタテヌメリなど．前鰓蓋骨に棘がなく，鰓孔はやや広いイナカヌメリ，ハナガサヌメリなど．

（9）**ハゼ亜目** Gobioidei [1, 31]．背鰭は通常2基．腹鰭は多くの種で吸盤に変形する．頭部の感覚管は発達し，その形態は分類形質になる．2,000種を超える大分類群で，日本産は約350種．生活様式は多様．小型種が多いが，わずか8〜10 mmで成熟する種もあれば50 cmに達する種もある [10]．

　左右の腹鰭が分離するカワアナゴ，ドンコなど．

　腹鰭が吸盤に変形し，沿岸海域に多いアゴハゼ，ドロメ，マハゼ，キヌバリ，イトヒキハゼなど．半透明の幼形成熟で知られるシロウオ．琵琶湖特産のイサザ．有明海特産のムツゴロウ．種分化が顕著なヨシノボリ種群．体がウナギ形で泥底に埋没生活をするワラズボなど．

（10）**ニザダイ亜目** Acanthuroidei [33, 36]．体は側扁し，口は小さく，上顎はほとんど伸出不能．

臀鰭に7棘が並び，背鰭の棘とともに毒腺が付属するアイゴ．

外洋性で大型のアマシイラ．沿岸性で，吻が突出し，チョウチョウウオに似るツノダシ．尾柄に1～数個の棘あるいは骨板を備えるテングハギ，ニザダイ，シマハギ，ナンヨウハギなど．

(11) **サバ亜目** Scombroidei [6, 13]．タチウオなどの一部の分類群を除くと，遊泳力に富む紡錘形の種が多い．背鰭は多くの種では2基で，背鰭・臀鰭の後方に小離鰭を備える種がある．

口裂が大きく，肉食性のオニカマス，アカカマスなど．カマスの仲間をこの亜目に入れることを疑問視する意見もある．

小離鰭を備え，深海性のクロタチカマス，バラムツ，アブラソコムツなど．体がリボン状で背鰭基底が著しく長いタチウオ，タチモドキなど．紡錘形で小離鰭を備えるマサバ，ゴマサバ，スマ，カツオ，マグロの仲間，サワラの仲間など．

吻が剣状に突出する大型魚で，腹鰭が退化的なメカジキ，バショウカジキ，フウライカジキ，マカジキ，シロカジキ，クロカジキなど．カジキの仲間は捕食時に剣状の吻で獲物に衝撃を与えるという [21]．カジキの仲間をサバ亜目に

表7・1 カツオ・マグロの仲間の名称，肝臓の奇網，および分布

和名	学 名 (英 名)	肝臓奇網	インド洋		太平洋		大西洋	
			西	東	西	東	西	東
カツオ	*Katsuwonus pelamis* (skipjack tuna)	−	+ +	+ +	+ +	+ +	+ +	+ +
ビンナガ	*Thunnus alalunga* (albacore)	+	+ +	+ +	+ +	+ +	+ +	+ +
クロマグロ	*T. thynnus* (Atlantic bluefin tuna)	+					+ +	+ +
クロマグロ	*T. orientalis* (Pacific bluefin tuna)	+			+ +	+ +		
ミナミマグロ	*T. moccoyii* (southern bluefin tuna)	+	+	+	+	+	+	+
メバチ	*T. obesus* (bigeye tuna)	+	+ +	+ +	+ +	+ +	+ +	+ +
キハダ	*T. albacares* (yellowfin tuna)	−	+ +	+ +	+ +	+ +	+ +	+ +
コシナガ	*T. tonggol* (longtail tuna)	−	+	+ +	+ +			
タイセイヨウマグロ	*T. atlanticus* (blackfin tuna)	−					+ +	

分布欄の上段は北半球，下段は南半球

位置づけるのは不適当という意見もある．

（12）**イボダイ亜目 Stromateoidei** [8]．鰓弓の後方に，内腔に歯状突起を備える咽頭嚢がある．多くは吻端が鈍い．腹鰭があり，若魚期にクラゲにつくハナビラウオ，エボシダイ，イボダイ，メダイなど．腹鰭がないマナガツオ，コウライマナガツオなど．

（13）**キノボリウオ亜目 Anabantoidei**．鰓の背方に空気呼吸ができる迷路器官を備える [17]．アフリカ，インド，東南アジアに分布するキノボリウオの仲間．トウギョ（闘魚）の仲間など．

（14）**タイワンドジョウ亜目 Channoidei**．鰓の背方に空気呼吸ができる上鰓器官を備える [17]．鰭に棘がない．アフリカ，東南アジアの淡水域に分布し，日本のタイワンドジョウやカムルチーは移入種．

7・7　カレイ目 Pleuronectiformes [3, 4]

体は左右非対称で，変態時に片側の眼は反対側へ移行し，体の左側 sinistral または右側 dextral に両眼が並ぶようになる．同時に頭骨，神経系なども非対称になる．背鰭・臀鰭の基底は長い．漁業資源となる有用種が多い．次の3亜目に分類される．

（1）**ボウズガレイ亜目 Psettodoidei**．体の非対称度は小さく，背鰭の起部はやや後位で，両眼は左側または右側にあるボウズガレイ．

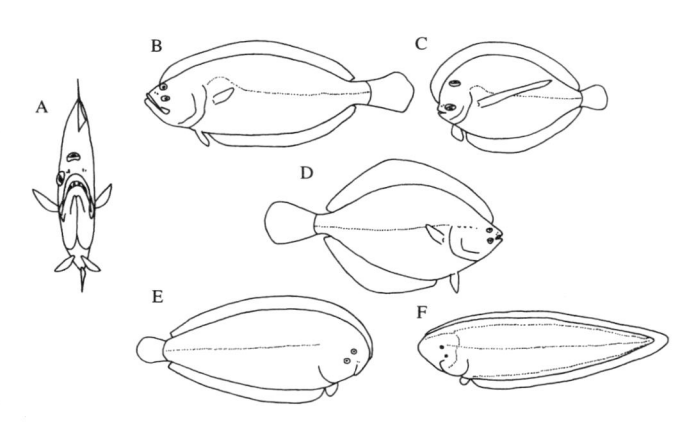

図7・5　ヒラメ・カレイの仲間
A：ボウズガレイ　B：ヒラメ　C：ガンゾウビラメの仲間　D：カレイの仲間　E：ササウシノシタの仲間　F；ウシノシタの仲間

（2）**カレイ亜目 Pleuronectoidei**．背鰭の起点は頭部にあり，背鰭・臀鰭に棘がない．両眼が体の左側に並ぶヒラメ，ガンゾウビラメ，ホシダルマガレイなど．

両眼が体の右側に並ぶアブラガレイ，オヒョウ（体長2mを超える），アカガレイ，ソウハチ，ムシガレイ，メイタガレイ，マコガレイ，クロガシラガレイ，イシガレイ，ヌマガレイ（日本産の個体では両眼は体の左側に並ぶ），ヤナギムシガレイ，ヒレグロ，ツノガレイ．無眼側の胸鰭を欠くツキノワガレイなど．

（3）**ウシノシタ亜目 Soleoidei**．口は小さく，無眼側の顎は著しくねじれる．成魚では胸鰭を欠く種もある．両眼が体の右側に並ぶササウシノシタ，セトウシノシタ，シマウシノシタなど．両眼が体の左側に並ぶクロウシノシタ，アカシタビラメ，ゲンコなど．

7・8 フグ目 Tetraodontiformes [19, 26, 32]

体形は側扁形からいわゆるフグ形までさまざま．鰓孔は小さい．腹鰭は退化的で，存在する種でも1棘2軟条以下．マンボウの仲間以外は鰾を備える．顎歯が癒合しないモンガラカワハギ亜目と，顎歯は癒合し，腹鰭を欠くフグ亜目とに分類される．

（1）**モンガラカワハギ亜目 Balistoidei**．腹鰭があり，尾鰭が深く二叉するギマ．第1背鰭は3棘で，腹鰭を欠くモンガラカワハギ，アミモンガラ，ムラサメモンガラなど．第1背鰭は2棘で，体表は微小棘鱗で覆われるカワハギ，ウマヅラハギ，アミメハギなど．体は硬い骨板箱で保護されるハコフグ，コンゴウフグ，ウミスズメなど．

（2）**フグ亜目 Tetraodontoidei**．両顎の歯は癒合して4枚の歯板となり，鰭に棘がなく，腹鰭を欠くホシフグ，キタマクラ，クサフグ，ヒガンフグ，トラフグ，ショウサイフグ，ナシフグなど．顎歯は癒合し，上下1枚ずつの歯板となり，体表は多数の針状棘で覆われるハリセンボン，イシガキフグなど．顎歯は癒合し，腹鰭，尾鰭を欠く大型魚マンボウ．

文　献

1) Akihito, A. Iwata, T. Kobayashi, K.Ikeo, T. Imanishi, H.Ono, Y.Umehara, C. Hamamatsu, K. Sugiyama, Y. Ikeda, K. Sakamoto, Akishinonomiya Fumihito, S. Ohno, and T. Gojobori. 2000. Evolutionary aspects of gobioid fishes based upon a phylogenetic analysis of mitochondrial cytochrome *b* genes. *Gene*, 259 : 5-15.

2) Bargelloni, L., S. Marcato, L. Zane, and T. Patarnello. 2000. Mitochondrial phylogeny of notothenioids: a molecular approach to Antarctic fish evolution and biogeography. *Syst. Biol.*, 49: 114-129.
3) Berendzen, P. B. and W.W. Dimmick. 2002. Phylogenetic relationships of Pleuronectiformes based on molecular evidence. *Copeia*, 2002: 642-652.
4) Chapleau, F. 1993. Pleuronectiform relationships: a cladistic reassessment. *Bull. Mar. Sci.*, 52: 516-540.
5) Colgan, D.J., C.-G. Zhang, and J.R. Paxton. 2000. Phylogenetic investigations of the Stephanoberyciformes and Beryciformes, particularly whalefishes (Euteleostei: Cetomimidae), based on partial 12S rDNA and 16S rDNA sequences. *Mol. Phylogenet. Evol.*, 17: 15-25.
6) Collette, B. B., C. Reeb, and B. A. Block. 2001. Systematics of the tunas and mackerels (Scombridae). *In* "B.A. Block, and E.D. Stevens, eds. Fish Physiology, Vol. 19. Tuna: physiology, ecology, and evolution." pp. 1-33. Academic Press, San Diego.
7) Dyer, B. S. and B. Chernoff. 1996. Phylogenetic relationships among atheriniform fishes (Teleostei: Atherinomorpha). *Zool. J. Linn. Soc.*, 117 : 1-69.
8) Haedrich, R.L. 1967. The stromateoid fishes: systematics and classification. *Bull. Mus. Comp. Zool.*, 135: 31-139.
9) 林　公義・萩原清司・林　弘章．1986．日本産ウバウオ科魚類の骨学的研究．横須賀市博研究報告，(34)：39-69.
10) Helfman, G.S., B.B. Coliette, and D.E. Facey. 1997. The diversity of fishes. 528 pp. Blackwell Science, Inc., Malden.
11) 今村　央・篠原現人．1997．カサゴ目魚類の系統類縁関係：研究史，現状および問題点．魚類学雑誌, 44：77-95.
12) Iwami, T. 1985. Osteology and relationships of the family Channichthyidae. *Mem. Natl. Inst. Polar Res., Ser. E*, (36) : 1-69.
13) Johnson, G.D. 1986. Scombroid phylogeny: an alternative hypothesis. *Bull. Mar. Sci.*, 39 : 1-41.
14) Johnson, G.D. 1993. Percomorph phylogeny: progress and problems. *Bull. Mar. Sci.*, 52 : 3-28.
15) Johnson, G.D. and C. Patterson. 1993. Percomorph phylogeny: a survey of acanthomorphs and a new proposal. *Bull. Mar. Sci.*, 52: 554-626.
16) Kaufman, L. S. and K. F. Liem. 1982. Fishes of the suborder Labroidei (Pisces : Perciformes) : phyologeny, ecology, and evolutionary significance. *Breviora*, (472) : 1-19.
17) Liem, K.F. 1987.Functional design of the air ventilation apparatus and overland excursions by teleosts. *Fieldiana, Zool., New Ser.*, (37) : 1-29.
18) Lovejoy, N.R. 2000. Reinterpreting recapitulation: systematics of needlefishes and their allies (Teleostei: Beloniformes). *Evolution*, 54: 1349-1362.
19) 松浦啓一．1999．多様性と統一性　フグ目魚類の系統関係．"松浦啓一・宮　正樹（編著）魚の自然史［水中の進化学］." pp. 76-95. 北海道大学図書刊行会，札幌．
20) Nakabo, T. 1983. Comparative osteology and phylogenetic relationships of the dragonets (Pisces: Callionymidae) with some thoughts of their evolutionary history. *Publ. Seto Mar. Biol. Lab.*, 28: 1-73.
21) Nakamura, I. 1983. Systematics of the billfishes (Xiphiidae and Istiophoridae). *Publ. Seto Mar. Biol. Lab.*, 28: 255-396.
22) Nelson, J.S. 1994. Fishes of the world. 3rd ed. 600 pp. John Wiley & Sons, New York.

23) Parenti, L.R. 1981. A phylogenetic and biogeographic analysis of cyprinodontiform fishes (Teleostei: Atherinomorpha). *Bull. Amer. Mus. Nat. Hist.*, 168: 335-557.
24) Pietsch, T.W. and C.P. Zabetian. 1990. Osteology and interrelationships of the sand lances (Teleostei: Ammodytidae). *Copeia*, 1990: 78-100.
25) Rosen, D.E. and L.R. Parenti. 1981. Relationships of *Oryzias*, and the groups of atherinomorph fishes. *Amer. Mus. Novitates*, (2719) : 1-25.
26) Santini, F. and J.C. Tyler. 2003. A phylogeny of the families of fossil and extant teraodontiform fishes (Acanthomorpha, Tetraodontiformes), Upper Cretaceous to Recent. *Zool. J. Linn. Soc.*, 139: 565-617.
27) Shinohara, G. 1994. Comparative morphology and phylogeny of the suborder Hexagrammoidei and related taxa (Pisces: Scorpaeniformes). *Mem. Fac. Fish. Hokkaido Univ.*, 41: 1-97.
28) Springer, V.G. 1993. Definition of the suborder Blennioidei and its included families (Pisces: Perciformes). *Bull. Mar. Sci.*, 52: 472-495.
29) Stiassny, M.L.J. 1993. What are grey mullets? *Bull. Mar. Sci.*, 52: 197-219.
30) Stiassny, M.L.J. and J.S. Jensen. 1987. Labroid intrarelationships revisited: morphological complexity, key innovations, and the study of comparative diversity. *Bull. Mus. Comp. Zool.*, 151: 269-319.
31) Takagi, K. 1988. Cephalic sensory canal system of the gobioid fishes of Japan: comparative morphology with special reference to phylogenetic significance. *J. Tokyo Univ. Fish.*, 75 : 499-568.
32) Tyler, J.C. 1980. Osteology, phylogeny, and higher classification of the fishes of the order Plectognathi (Tetraodontiformes). *NOAA Tech. Rept. NMFS Circ.*, (434) : 1-422.
33) Tyler, J.C., G.D. Johnson, I. Nakamura, and B.B. Collette. 1989. Morphology of *Luvarus imperialis* (Luvaridae), with a phylogenetic analysis of the Acanthuroidei (Pisces). *Smithson. Contrib. Zool.*, (485) : 1-78.
34) Tyler, J.C., B. O'Toole, and R. Winterbottom. 2003. Phylogeny of the genera and families of zeiform fishes, with comments on their relationships with tetraodontiforms and caproids. *Smithson. Contr. Zool.*, (618) : 1-110.
35) 上野輝彌. 1988. 硬骨魚類の分類体系. "上野輝彌・沖山宗雄 (編). 現代の魚類学." pp.61-75. 朝倉書店, 東京.
36) Winterbottom, R. and D.A. McLennan. 1993. Cladogram versatility: evolution and biogeography of acanthuroid fishes. *Evolution*, 47: 1557-1571.
37) Yabe, M. 1985. Comparative osteology and myology of the superfamily Cottoidea (Pisces: Scorpaeniformes), and its phylogenetic classification. *Mem. Fac. Fish. Hokkaido Univ.*, 32 : 1-130.

第8章
分布と回遊

　魚類の生活空間はきわめて広く，水界全体にくまなく広がり，水平的には寒帯，温帯，熱帯に，鉛直的には海抜3,000 m以上の高地から平地にいたる河川，湖沼，海浜域，浅海域，大陸棚，大陸斜面，外洋の表層から深海層まで，日の当たる場所から暗黒の深海や洞窟中まで広がっている．しかし，魚類のすべての種が均等の個体数で構成され，水界に一様に分布しているわけではない．年間の漁獲量が数百万トンに達する種もあれば，わずか数個体の採集記録しかない種もあり，それぞれの環境に適応した特色のある魚類相を形成している．さらに，すべての魚類が太古の時代から現在のような分布域を確保していたのではない．古生代から何度となく起こった地殻変動，気候の変化，それに伴う水界の環境要因の変化，他の生物との相互関係など，複雑なかかわり合いのなかで，現在の魚類の分布域が確立されたのである．

8・1　魚類の種数
　長い年月をかけて進化をとげた魚類は，現在では多数の種に分化し，水のある場所なら，全世界のいたる所に広く分布しているので，その総種数を正確に把握することはきわめて難しい．発表された記録に基づいて種の総数を推計しようとしても，全世界に分散している情報は膨大な量にのぼり，すべてをもれなく拾うのは至難の業である．さらに，新種の記載によって種数は年ごとに増える半面，同物異名synonymとして抹消される種名も少なくないので，正確な種数を知ることは容易でない．

8・1・1　全世界の魚類の種数
　これまで多くの研究者によって魚類の種数の概算が試みられているが，その数は17,000種とも，40,000種ともいわれ，数値は研究者によって大きく違う．
　多くの場合，魚類の総種数の推計には，各綱あるいは各目別に種数を集計して，その合計を求める方法が用いられる．たとえば，Nelson [27] は，無顎類が

84種，軟骨魚類が846種，肉鰭類が7種，条鰭類が23,618種，合計24,618種と推計した．Eschmeyer [9] は，魚類の総種数を約25,000種と推計し，毎年200種あまりの新種が報告されること，また，地理的に調査が不十分な地域があること，研究手段が著しく進歩したことなどを考慮すると，将来30,000種あるいは35,000種に増える可能性があることを示唆した．

　Cohen [3] は魚類の種数を，無顎類が約50種，軟骨魚類が515〜555種，硬骨魚類が19,135〜20,980種と見積もったうえで，硬骨魚類については生息場所ごとに種数の分布割合を算出した．すなわち，一次性淡水魚（コイ・ナマズの仲間など）が33.1％，二次性淡水魚（カダヤシの仲間，カワスズメの仲間など）が8.1％で，淡水魚だけで41.2％になる．海洋と河川の間を回遊する魚類（サケ，ウナギ，アユなど）は0.6％にすぎない．また，200 m以浅の暖海性魚類が39.9％に達するのに対し，200 m以浅の寒海性魚類はわずか5.6％にすぎないが，後者には経済的に重要な種が多いと指摘した．いわゆる深海魚については，200 m以深の底生魚類は6.4％，外洋性の深海魚は5％で，深海に生息する魚類は少ないと指摘した．さらに，外洋の表層に生息する魚類は1.3％で，種数は少ないが，漁業に有用な種が多いことにも言及した．そのうえで，熱帯のサンゴ礁や大河の流域には，多数の未知の魚類が生息する可能性を示唆した．

8・1・2　日本産魚類の種数

　日本に産する魚類の種数についても，古くから多くの報告がある．大小多数の島からなる日本の国土を取り巻く海は，暖流と寒流の影響を直接受け，南方系魚類と北方系魚類が入り混じって生息し，豊かな魚類相を形成している．南方系と北方系の魚類の分布境界線は，太平洋側では犬吠崎沖から金華山沖にかけての海域にあるが，日本海側では様子が異なり，津軽海峡付近まで南方系魚類が出現する一方，北方系魚類は朝鮮海峡付近まで出現し，広い範囲にわたって両系魚類の分布域が重複している [29]．日本海では対馬暖流は分枝して北上し，沿岸の支流は北海道近海まで達するが（図8・4），南方系魚類の生息層は表面の薄い層に限られ，その下には日本海固有の冷水層があって，北方系魚類は南方へ分布域を広げ，両系魚類が共存する結果になったという．

　また，陸地の面積は狭いが，コイ科魚類を中心にして比較的豊かな淡水魚類相がみられる．日本の淡水域は地史的にアジア大陸と関係が深く，大陸由来と考えられる淡水魚が多い．これらの淡水魚は北方と南方の二つの経路を通って移行してきたといわれ，始新世には現在の淡水魚類相の原型ができ，中新世以

降, 絶滅種が生じたり, 固有種が分化したりし, 更新世の氷期を経て現代の分布様式が形成されたという [33].

Jordan [19] は, 日本の魚類相に関心を寄せ, 北海道, 本州, 四国, および九州に約900種, 周辺の島々を含む海域に約200種, 合計約1,100種の魚類が分布すると推定した. このうち, 約50種は淡水魚で, アジア大陸の淡水魚と深いかかわりがあると指摘した. また, 日本周辺の海域を6海区に分け, それぞれの海区の魚類相の特徴を, 北方系, 南方系, および日本固有の魚類と結びつけて考察し, 日本の沿岸海域の魚類相はインド洋の魚類相の影響を受けていると指摘した.

田中 [31] は, 日本の魚類相を分析して, 太平洋側では千葉県の銚子市付近を境界にして, また, 日本海側では島根県の浜田市付近を境界にして, それ以北の北日本と, それ以南の南日本とに分け, 生息する魚類の種数を次のように推定した. すなわち, 南日本に特有の海水魚約750種, 北日本に特有の海水魚約150種, 南北両方に分布する海水魚約90種, 南日本だけに分布する淡水魚約17種, 北日本だけに分布する淡水魚約7種, 南北両方に分布する淡水魚約20種, 海と淡水の両水域にまたがって出現する魚類約25種, 合計約1,059種とした. また, 台湾, 朝鮮半島, サハリン水域の魚類を加えると, 約1,500種になり, そのうち, 約80種が淡水魚であるとした.

その後の研究の進展に伴って, 日本産の魚類の種数は大幅に増加した. 松原 [23] が『魚類の形態と検索』に収録した魚類は2,500種を超えている. さらにその後も, 年を追って新種や新記録種が追加され, 中坊 [26] によると, 『日本産魚類検索 第二版』に収録された魚類は3,863種に達するという. 研究の進展によって, 種数の増減を繰り返しながら, 日本産魚類が4,000種を超える日は遠くないように思われる.

8・2 魚類の生息環境

水中では水温, 浸透濃度, 光, 溶存酸素量など, 魚類の生息場所の環境要因は一様ではなく, 魚類はこのような環境要因の影響を受けながら, 餌生物, 競争者, 捕食者などとともに生活している. 生活環境に応じて, 魚類の生活様式, ひいてはその分布様式にも特徴が現れる. なかでも水温は地理的分布に大きく影響する. 確かに水中では温度変化の幅は狭く, 季節的変化の速度も緩慢である. そして魚類の温度変化に対する適応範囲は順化温度によって変化する

が，これには限度があって，耐性の範囲外の温度になると生存できない．その結果，温水域に適応した種と冷水域に適応した種，また，狭温性の種と広温性の種とでは必然的に分布域の中心は異なることになる．きわめてまれな例として，不凍物質を産生して南極海の氷点下の海中に生存するノトテニアの仲間や北半球の寒冷海域に生息する一部の魚類などが知られているし，また，アメリカ西部の砂漠地帯の過酷な温度環境に適応して，43.5℃の水中でも生存できるカダヤシ仲間 *Cyprinodon nevadensis* も報告されている [6, 7, 10]．

8・3　淡水魚とその分布様式

淡水魚は淡水域に生息するが，一口に淡水域といっても，河川のような流水域と，湖沼のような静水域とでは水流の条件が違う．また，河川といっても上流と下流，あるいは瀬と淵では流速や底質に違いがあり，魚類の生活に影響を及ぼす．湖沼でも深い湖と浅い沼とでは，水の循環や栄養塩類の量に違いがあり，魚類の生活条件は大きく異なり，その影響は各水域の魚類の分布様式に現れる．

淡水に生息する魚類には，一生を淡水域で過ごす種もいれば，一生のうちの一時期に限って淡水域で過ごす種もいて，一括して扱うことには無理がある．淡水魚類相を論ずる場合には海水に対する耐性を基準にして，分類することが多い．

たとえばDarlington [5] は淡水魚を，(1) コイ・ナマズの仲間のように淡水域で生活史を完結し，海へ入らない第一次的群 primary division，(2) カダヤシの仲間のように，主として淡水域に生息するが，海水中でも短期間なら生存できる第二次的群 secondary division，および (3) サケの仲間やハゼの仲間のように，淡水域に生息するが，海水に対する耐性は強く，なかには両水域を往復できる種を含む周縁的群 peripheral division の3群に分けた．

後藤 [11] は淡水魚を生活環に基づいて整理し，次のように分類した．

A．純淡水魚．
　1．一次的淡水魚：コイ，ナマズ，ドジョウなど．
　2．二次的淡水魚：メダカ，カダヤシなど．
　3．陸封性淡水魚：カワヨシノボリ，ハナカジカ，エゾトミヨなど．
B．通し回遊魚．
　1．降河回遊魚：ウナギ，ヤマノカミ，カマキリなど．

2. 溯河回遊魚.
    a型：シシャモ，ワカサギ，シロウオなど．
    b型：サケ，カラフトマス，イトヨなど．
    c型：サクラマス，マルタウグイなど．
 3. 両側回遊魚：アユ，ヨシノボリなど．
C. 周縁性淡水魚．
 1. 汽水性淡水魚：チカ，マハゼ，カワガレイなど．
 2. 偶来性淡水魚：ボラ，スズキ，クロダイなど．

　純淡水魚の多くは海を経由して分布域を拡大できないので，その分布様式には地理的な特色がよく反映されている．また，河川や湖沼など，生息場所は隔離されやすいので，地域によって固有の種分化が起こりやすい．さらに，古生代以来，大陸移動などによる地形変化の影響も小さくない．

　このような事実を考慮すると，純淡水魚の分布様式の成立過程には地史的要因の影響を無視することはできず，現在の分布様式と古生代以来の古生物地理とを結びつけて，いろいろの仮説が発表されている．たとえば，骨鰾類の発祥地と分布域の拡大過程については，東洋発祥説，南アメリカ発祥説，アフリカ発祥説などがあり，議論が重ねられてきた．注目される仮説の一つに，南半球の大陸が一塊になっていたゴンドワナ大陸 Gondwanaland 発祥説があるが，カラシンの仲間，コイの仲間，およびナマズの仲間の系統関係の設定によって賛否は分かれるし，さらに，ネズミギスの仲間の取り扱いによっては，淡水起源か海洋起源かの問題にも発展しかねない．

8・4　海水魚とその分布様式

　広大な海洋は淡水域のように細かく隔離されることはなく，海水魚の生息場所は水平方向には熱帯，温帯はもとより，北極海や南極海を含む寒帯まで広がり，鉛直方向にも表層から超深海底にいたるまで広がっている．しかし，水圧，光，水温，塩分，海流など，物理学的，化学的，生物学的，地質学的特徴などによって，いくつかの水塊に分かれ，魚類の生活を左右する要因になっている．たとえば，生物の生活に大きく影響する水温と塩分を取り上げ，全世界の海洋のT-Sダイアグラムを作成すると，海洋をいくつかの異なる水塊 water mass に分けることができる．これらの水塊には，その指標となるような生物が生息していて，魚類でもカブトウオの仲間 Melamphaes やホウライエソの仲間

*Chauliodus*でそのような例が報告されている [8, 14].

　観点を変えて，全世界の海洋に水平的にも鉛直的にも広く分布するオニハダカの仲間について，大進化に重点をおいて生息深度と進化の過程を分析した研究がある [24]．この仲間は生息深度が300〜500 mの上部中層種，400〜700 mの中部中層種，500〜1,000 mの下部中層種，および800〜2,000 mの深層種に大別されるが，現在の分布様式は，初期に下部中・深層で分化した3分岐群が，それぞれ独自に上部中層，中部中層，および深層に生息場所を獲得した結果であるという．

　海水魚についても，ある分類群の現在の分布様式に基づいて，それぞれの分散の過程を推論した研究は多い．日本近海の魚類のうち，南方系と思われる分類群の代表的なものは，インド・西太平洋海域に多く分布し，この海域に分散の中心があるといわれる分類群は少なくない．その説明には古生代から中生代にかけて東西に広がっていたテーチス海Tethys Sea（ギリシャ神話の河川と海の母となった女神テーテュースの名に由来する）が引き合いに出され，この海域を発祥の地として，ここから分布域を拡大し，現在の分布様式が成立したとされる．また，フィリピン，インドネシア近海の三角海域を分散の中心として種分化と分布域の拡大を重ねた分類群もあるという [2]．

　一般に遊泳力が強く，行動範囲の広い浮魚の分布域は広い．たとえば，西部太平洋に産卵場があるクロマグロは餌が豊富な適水温海域を追って日本近海を季節的に回遊する（図8·1）．日本近海の若魚群にはあまり移動しない群と沿岸海域を回遊する群とがあり，太平洋側では三陸沖で時計回りに移動し，一部は太平洋を横断する大回遊をしてアメリカ西海岸沖に達し，成熟すると産卵海域へ回帰する [1, 18]．

　サンマの仲間にも分布域の広い種がいて，日本近海へ来遊するサンマは北太平洋の東西にかけて広く分布する．ヨーロッパのサンマ*Scomberesox saurus*は北大西洋，地中海のほか，南半球の大西洋，インド洋，太平洋にわたって東西に帯状に分布する（図8·2）．

　マイワシの仲間，カタクチイワシ属，マアジ属などのように沿岸海域に来遊する浮魚類には赤道を挟んで南北両半球に分かれて，東西に帯状に分布する例がみられる [12, 13]．*Sardinops*属に属するマイワシの仲間は，日本近海，カリフォルニア・メキシコ近海，ペルー・チリ近海，オーストラリア・ニュージーランド近海，南アフリカ近海にそれぞれ分布する5種に分類される（図8·3）．

mtDNA分析結果を重視した研究によると，*Sardinops*はヨーロッパの*Sardina*から派生し，その後，(1) 南アフリカ・オーストラリア群，(2) チリ・カリフォルニア群，および (3) 日本近海群に分化したもので，これらを*Sardinops sagax*1種にまとめ，各海域群 (1)～(3) を亜種にするのが適当という [13].

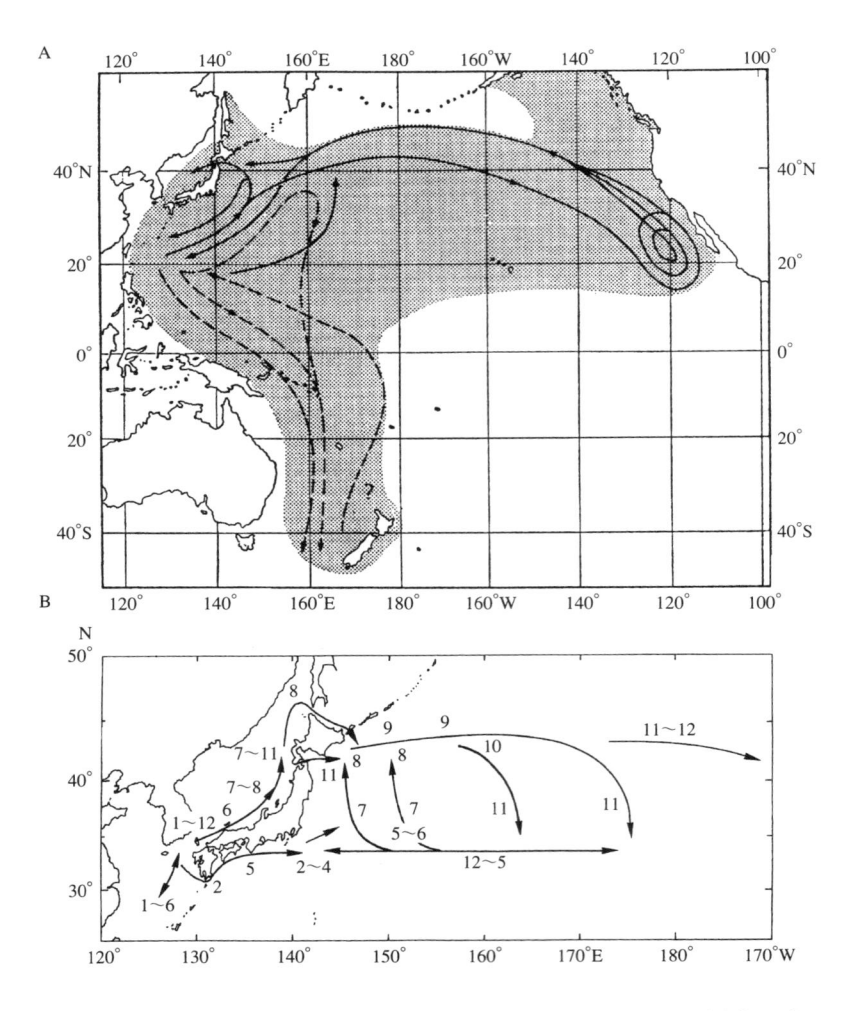

図8・1 太平洋のクロマグロの分布域 (A) と日本近海のクロマグロの回遊経路 (B) [1, 17]
図中の数字は月を表す

マサバの仲間はマイワシの仲間とは多少違う分布様式を示し，南北両半球と熱帯の沿岸海域に3種が分布する．日本のマサバは太平洋と大西洋に分布するとされていたが，両者はそれぞれ別種として扱われるべきで，合計4種になるという［30］．

図8・2　サンマの仲間の地理的分布図　［16］
□ サンマ　▨ *Scomberesox saurus*　▧ *Elassichthys adocetus*　▨ *Nanichthys simulans*

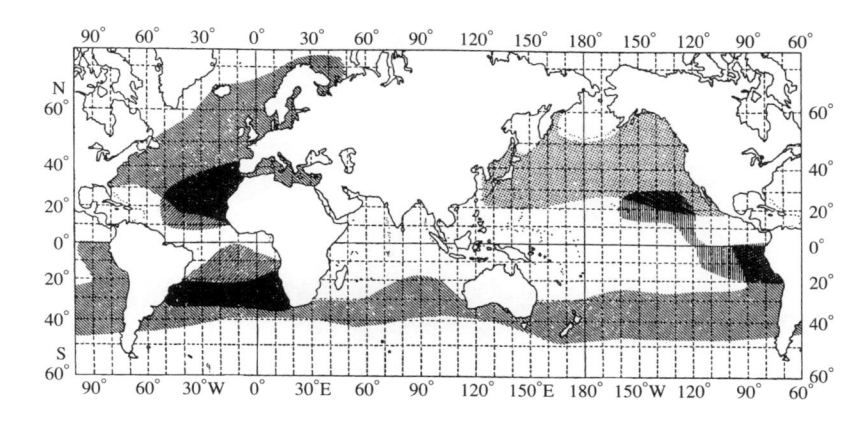

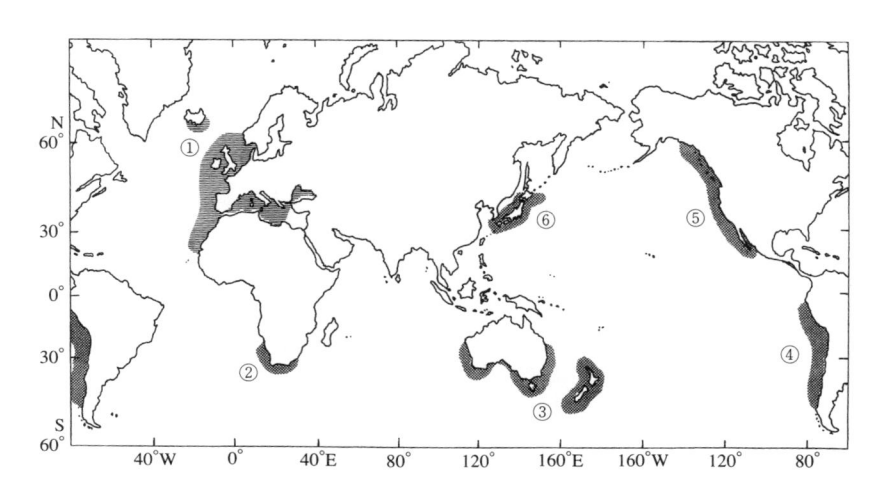

図8・3　マイワシの仲間の地理的分布図　［13］を改変
① *Sardina pilchardus*　② *Sardinops ocellatus*　③ *S. neopilchardus*　④ *S. sagax*
⑤ *S. caeruleus*　⑥ マイワシ

第8章　分布と回遊

また，水産学の分野では分類学的には同一種であっても，資源の単位として系群（系統群）の存在が認められている．系群 subpopulation; local stock は"同一の種個体群に属していても，産卵場，分布，回遊状況などを異にすることに起因して生じる独立性の高い地域集団"と定義される[28]．日本近海のマイワシに例をとると，(1) 紀伊半島から関東沖で産卵する太平洋系群，(2) 日向灘・瀬戸内海・四国沖に主分布域を有し，日向灘を主産卵場とする足摺系群，(3) 九州西岸から山陰沖に主分布域を有する九州系群，および (4) 日本海沿海一帯に分布し，能登半島近海を主産卵場とする日本海系群の4系群に分けられている（図8・4）．

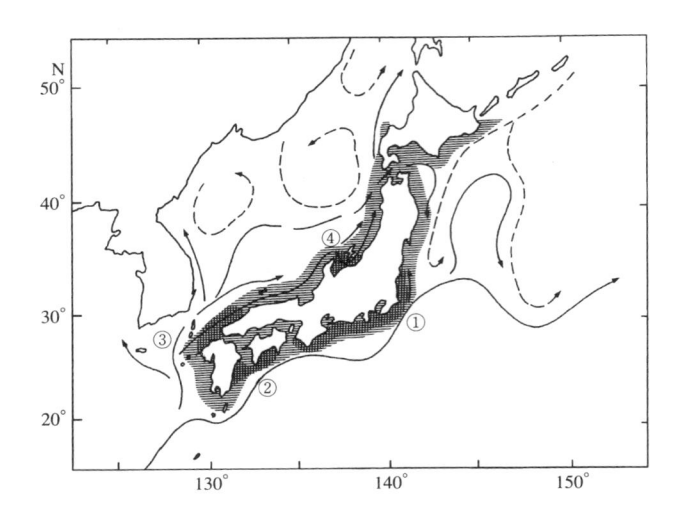

図8・4　日本周辺のマイワシ系群と海流 [21] を改変
①太平洋系群　②足摺系群　③九州系群　④日本海系群　▨主産卵場　→暖流　⇢寒流

8・4・1　熱帯・温帯

　沿岸性魚類の分布様式は海域によって特徴がある．たとえば，熱帯海域ではサンゴ礁を中心に豊かな魚類相が形成される．この海域では周年にわたって水温が高く，複雑な海中地形になっているサンゴ礁の周辺では，生物生産が活発で，魚類にとって好適な生息場所になっている．とくにハタ科，テンジクダイ科，チョウチョウウオ科，スズメダイ科，ベラ科，ニザダイ科などの魚類が多数生息している．一方，外洋の表層では湧昇 upwelling がある海域を除くと，栄

養塩類の供給に限度があり，沿岸海域と比較して生物量は少なく，とくに大洋の中央部でその傾向が強い．したがって魚類相も沿岸海域に比べて貧弱である．

熱帯海域では種数が多い半面，単一種で個体数が極端に多いという例は少ない．

温帯の沿岸海域では，陸地から流入する大量の栄養塩類によって，生物生産の活発な場所が多く，魚類相も豊かである．その半面，陸地に近い海域では陸水の影響で塩分変動が大きく，これが狭塩性魚類の生存に大きい制限要因となる．

また，広い大陸棚海域や湧昇がある海域でも豊富な生物量に支えられ，多くの魚類が生息する．しかもニシンの仲間，タラの仲間，カレイの仲間など，単一の種で個体数が著しく多くて重要な漁業資源となる魚類が多い．

漁業統計では表層に生息する魚類か，あるいは底層に生息する魚類かによって，浮魚 pelagic fish と底魚 demersal fish に大別されることが多い．浮魚には水温の変化に合わせて季節的に回遊する種が多い．

8・4・2 寒　　帯

北極海または南極海のような冷水域に生息する魚類は多いとはいえないが，酷寒の環境でも不凍物質 antifreeze を産生して凍死することなく生存できる魚類もいる．海水魚の体液は海水より低浸透で，氷点は－0.7～－0.8℃であるため，水温がそれ以下に降下すると，過冷却状態になるか，凍結に対する特別な防御機構がないと凍死してしまう．1年中低水温の南極海に生息するノトテニアの仲間には不凍糖タンパク質を産生する種がいて，その血液は－2.2℃に下がるまで凍らない[7]．北半球の亜寒帯から寒帯でも，冬季に水温が氷点下に降下する海域に生息するタラの仲間，カジカの仲間，ゲンゲの仲間，カレイの仲間などには，不凍タンパク質を産生して凍死を免れる種がある[6]．この場合，不凍タンパク質は水温が上昇する夏季には消失し，秋季に日長が短くなると産生が始まる．なお，カレイの仲間 *Pseudopleuronectes* では肝臓で季節的に産生される不凍タンパク質とは別に，表皮中に年中産生される不凍タンパク質があり，仔魚期から出現するという[25]．

寒帯に生息する魚類の種数は熱帯と比較して少ないが，大型で寿命の長い種が多い．

8・4・3 深海魚

水深200 m以深の太陽光が届かない暗黒の世界では，生物量が少なく，魚類

はつねに深刻な食物不足に直面している．極悪の光環境に加えて高水圧，低水温など，特異な環境は深海魚の生活様式に大きく影響している．

　一般に深海魚は筋肉系，骨格系，呼吸器などが退化的で，水分含量が多くて体が軟弱で遊泳力は弱い．また，大きな口裂，鋭い歯，拡張性に富む胃など，餌生物に遭遇する機会の少ない環境への適応を示唆する特徴がみられる．さらに光合成の不可能な深海底では熱水噴出孔や冷水湧出帯が点在し，化学合成バクテリアを起点とする化学合成生物群集を形成する．熱水噴出孔のような特殊な環境に適応した魚類，たとえばゲンゲの仲間やイタチウオの仲間も知られている [4]．

　いわゆる深海魚は中深海層から漸深海層に分布するヨコエソの仲間，ムネエソの仲間，ハダカイワシの仲間，チョウチンアンコウの仲間などの一次的深海魚と，ゲンゲの仲間，クサウオの仲間，ソコダラの仲間，カレイの仲間のような二次的深海魚に分けられることもある．

8・5　回　　遊

　魚類は一生のうちに，規模の大小はあっても，生息場所を変えるのがふつうである．海洋の表層，あるいは流れの強い川で孵化した仔魚は受動的に生息場所を変える．また，成長するにつれて魚類は餌の豊富な水域を求めて，あるいは適温水域を追って移動し，成熟すると産卵に適した場所へ移動する．魚類が生理状態に対応して起こすこのような行動は回遊 migration と呼ばれる．

　魚類の回遊様式は種によって違うし，同一種であっても個体群によって微妙に違うことがあるので，これらを分類して定義することは難しい．しかし，回遊様式はしばしば便宜的にその現象に基づいて分類される．たとえば，仔稚魚が海流あるいは河川の流れによって成育場へ運ばれる過程は幼期回遊 larval migration と呼ばれ，餌を追って移動する過程は索餌回遊 feeding migration と呼ばれ，産卵のために産卵場へ向かって移動する過程は産卵回遊 spawning migration と呼ばれ，冬季に寒さを避けて温暖な水域あるいは深みへ移動する過程は越冬回遊 wintering migration と呼ばれる．また，このような移動は冬季と夏季とで逆方向に季節的に行われることが多いので季節回遊 seasonal migration とも呼ばれる．さらにハダカイワシの仲間やヨコエソの仲間などの日周的な行動，すなわち，夜間に表層へ浮上し，昼間に深層へ潜行する現象は鉛直回遊 vertical migration と呼ばれる．

これらの回遊は必ずしも独立して行われるのではなく，索餌回遊と季節回遊は重複するなど，場合によっては明確に区別できないことがある．
　同一種であっても成長段階によって回遊の規模や方向が違うことはよくあるし，大規模の回遊をする回遊群と，あまり移動しない根付群とがある例も少なくない．
　日本海のブリの回遊は成長段階によってかなり変化する．対馬暖流によって日本海へ運ばれたモジャコは8月ころには約20 cmになって流れ藻を離れて沿岸へ寄る．夏に日本海の中部・北部沿岸海域に達した当歳魚は10月ころまでは大きな移動をしないが，冬には佐渡海峡以南へ移動する．1歳魚以上のブリは外洋へ出て，春から夏の水温上昇期には北上し，秋から冬の水温下降期には南下する．高年齢になるほど広範囲に回遊するようになり，薩南海域から北海道沿岸海域にまで広がり，一部は太平洋へ回遊したり，朝鮮半島へ回遊したりする（図8・5）．回遊中のブリは定まった方向へ直線的に泳ぐのではなく，水平的にも鉛直的にも，絶えず向きを変えながら進む（図8・5）．
　深浅移動をしながら大回遊する例はヨシキリザメの仲間やクロマグロでも観察されている．
　回遊様式は，通し回遊魚か，非通し回遊魚かによって次のように分類することができる[32]．

Ⅰ．通し回遊魚 diadromous fish.
　A．降河回遊魚 catadromous fish：ウナギ，アユカケなど．
　B．遡河回遊魚 anadromous fish.
　　1) 遡河回遊型個体群 anadromous populatiom：サクラマス，サケ，シロウオなど．
　　2) 河川型個体群 fluvial population：ヤマメ．
　　3) 河川・湖沼型個体群 fluvial-lacustrine population：ビワマス，ミヤベイワナ．
　　4) 湖沼型個体群 lacustrine population：ヒメマス．
　C．両側回遊魚 amphidromous fish.
　　1) 両側回遊型個体群 amphidromous population：アユ，小卵型カジカ，ヨシノボリ，カンキョウカジカなど．
　　2) 河川・湖沼型個体群 fluvial-lacustrine population：コアユ，ハナカジカ．

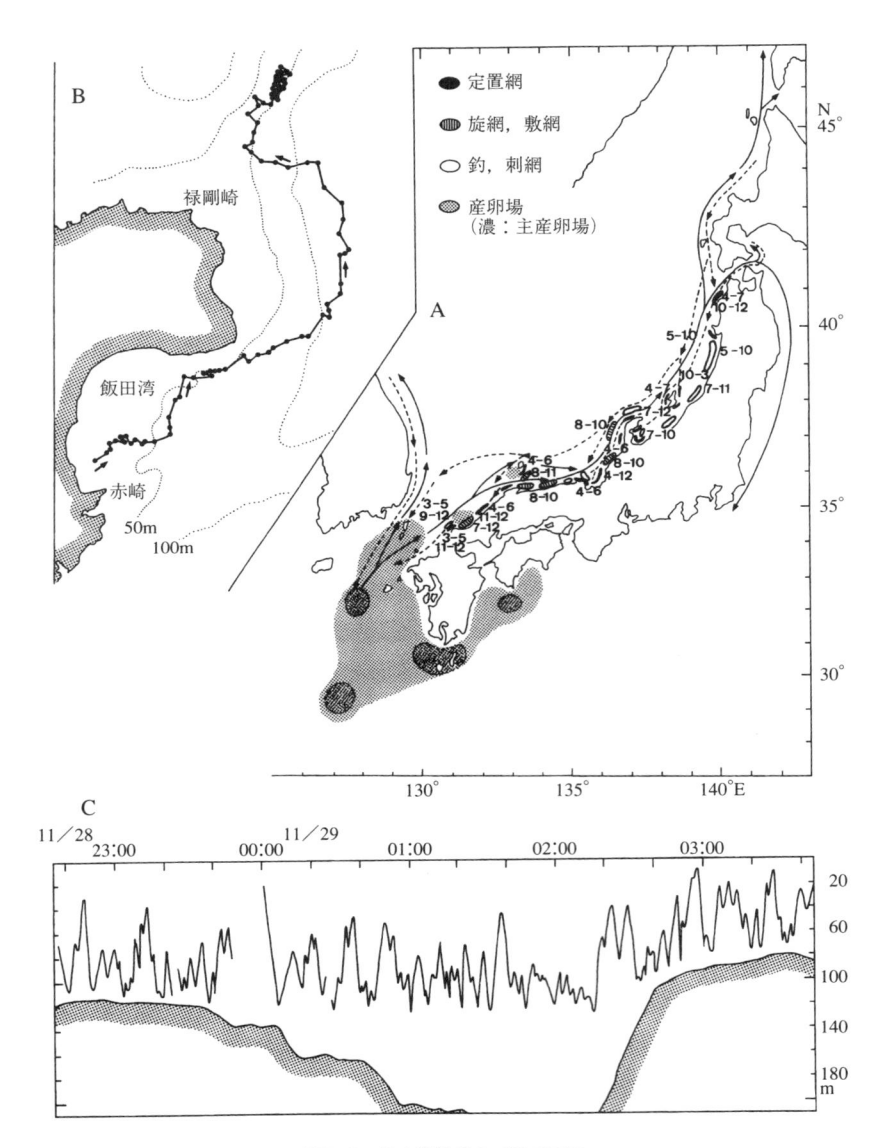

図8・5　日本海沿岸のブリの回遊
A：回遊経路，漁場，および産卵場 [20]　図中の数字は漁期を示す
B：能登半島東岸沖でバイオテレメトリーによって追跡した水平移動 [22]
C：同遊泳水深の経時的変化 [22]

3）湖沼型個体群 lacustrine population：ウツセミカジカ．
Ⅱ．非通し回遊魚 non-diadromous fish.
　A．河川魚 fluvial fish：オイカワ．
　B．河川・湖沼魚 fluvial-lacustrine fish．
　C．湖沼魚 lacustrine fish：イサザ．
　D．汽水魚 brackish water fish：ボラ，スズキ．
　E．海水魚 marine fish：クロマグロ，カツオ，ブリ．

　魚類の回遊に関しては，回遊の引き金となる要因，回遊中の定位など，種々の未解決の問題がある．回遊の引き金は決して一様ではないが，生殖腺の成熟，河川から海洋への旅立ち，あるいはその逆の行動などに，内分泌系の活動が関与することが多くの研究によって明らかにされている．

　回遊中の定位についても未解決の点が残されている．湖や浅海域の小規模の回遊に魚類が太陽コンパスを利用することは明らかにされている[15]．しかし，広い海洋を長距離にわたって回遊する魚類がどのような道標を頼りにしているかについては，太陽コンパス，偏光コンパス，地磁気など，いくつかの仮説があるが，まだ明確に立証されていない部分も残っている．

文　献

1) Bayliff, W.H., Y. Ishizuka, and R.B. Deriso. 1991. Growth, movement, and attrition of northern bluefin tuna, *Thunnus thynnus*, in the Pacific Ocean, as determined by tasgging. *Inter-Amer. Trop. Tuna Comm., Bull,*, 20: 1-94.
2) Briggs, J. C. 1998. Coincident biogeographic patterns: Indo-West Pacific Ocean. *Evolution*, 53 : 326-335.
3) Cohen, D.M. 1970. How many recent fishes are there? *Proc. Calif. Acad. Sci.,4th Ser.*, 38: 341-346.
4) Cohen, D.M., R. Rosenblatt, and H. G. Moser. 1990. Biology and description of a bythitid fish from deep-sea thermal vents in the tropical eastern Pacific. *Deep-Sea Res.*, 37: 267-283.
5) Darlington, P. J. 1957. Zoogeography: the geographical distribution of animals. 675 pp. John Wiley & Sons, New York.
6) Davies, P. L., K.V. Ewart, and G. L. Fletcher. 1993. The diversity and distribution of fish antifreeze proteins: new insights into their origins. *In* "P.W. Hochachka and T.P. Mommsen, eds. Biochemistry and molecular biology of fishes, Vol. 2. Molecular biology of frontiers." pp. 279-291. Elsevier, Amsterdam.
7) DeVries, A.L. 1982. Biological antifreeze agents in coldwater fishes. *Comp. Biochem. Physiol.*, 73A: 627-640.
8) Ebeling, A.W. 1962. Melamphaidae I. Systematics and zoogeography of the species in the

bathypelagic fish genus *Melamphaes* Günther. *Dana Report*, (58) : 1-164.
9) Eschmeyer, W.N. ed. 1998. Catalog of fishes. 958 pp. California Academy of Sciences, San Francisco.
10) Feldmeth, C. R. 1981. The evolution of thermal tolerance in desert pupfish (genus *Cyprinodon*). *In* "R. J. Naiman and D. I. Soltz, eds. Fishes in North American deserts." pp.357-384. John Wiley & Sons, New York.
11) 後藤　晃．1987．淡水魚－生活環からみたグループ分けと分布域形成．"水野信彦・後藤　晃 (編)．日本の淡水魚類－その分布，変異，種分化をめぐって．" pp.1-15．東海大学出版会，東京．
12) Grant, W.S. and B.W. Bowen. 1998. Shallow population histories in deep evolutionary lineages of marine fishes: insights from sardines and anchovies and lessons for conservation. *J. Hered.*, 89: 415-426.
13) Grant, W.S., A.-M. Clark, and B.W. Bowen. 1998. Why restriction fragment length polymorphism analysis of mitochondrial DNA failed to resolve sardine (*Sardinops*) biogeography: insights from mitochondrial DNA cytochrome *b* sequences. *Can. J. Fish. Aquat. Sci.*, 55: 2539-2547.
14) Haffner, R. E. 1952. Zoogeography of the bathypelagic fish, *Chauliodus*. *Syst. Zool.*, 1: 113-133.
15) Hasler, A. D. 1971. Orientation and fish migration. *In* "W.S. Hoar and D. J. Randall, eds. Fish physiology, Vol. 6. Environmental relations and behavior." pp. 429-510. Academic Press, New York.
16) Hubbs, C. L. and R. L. Wisner. 1980. Revision of the sauries (Pisces, Scomberesocidae) with description of two new genera and one new species. *Fish. Bull. U.S.*, 77 : 521-566.
17) Inagake, D., H.Yamada, K. Segawa, M. Okazaki, A. Nitta, and T. Itoh. 2001. Migration of young bluefin tuna, *Thunnus orientalis* Temminck et Schlegel, through archival tagging experiments and its relation with oceanographic condition in the western North Pacific. *Bull. Natl. Res. Inst. Far Seas Fish.*, (38) : 53-81.
18) Itoh, T., S. Tsuji, and A. Nitta. 2003. Migration patterns of young Pacific bluefin tuna (*Thunnus orientalis*) determined with archival tags. *Fish. Bull., U.S.*, 101: 514-534.
19) Jordan, D.S. 1901. The fish fauna of Japan, with observations on the geographical distribution of fishes. *Science*, 14 : 545-567.
20) 加藤史彦・渡辺和春．1985．日本海におけるブリ資源の利用実態とその改善．漁業資源研究会議報，(24) : 99-117.
21) 近藤恵一・堀　義彦・平本紀久雄．1976．マイワシの生態と資源（改訂版）．水産資源叢書 (30)．68 pp．日本水産資源保護協会，東京．
22) 町中　茂・今村　明・横田新一．1977．バイオ・テレメトリー・システムによるブリの行動生態に関する研究．石川水試研究報告，(2) : 1-20．
23) 松原喜代松．1955．魚類の形態と検索．1605 pp．石崎書店，東京．
24) 宮　正樹．1999．分子系統からみた深海性オニハダカ属魚類の大進化：自然史研究における系統樹の発見的価値．"松浦啓一・宮　正樹（編著）．魚の自然史 [水中の進化学]．" pp.117-132．北海道大学図書刊行会，札幌．
25) Murray, H. M., C. L. Hew, and G. L. Fletcher. 2002. Skin-type antifreeze protein expression in integumental cells of larval winter flounder. *J. Fish Biol.*, 60: 1391-1406.
26) 中坊徹次（編著）．2000．日本産魚類検索，第2版．1748 pp．東海大学出版会，東京．
27) Nelson, J.S. 1994. Fishes of the world. 3rd ed. 600 pp. John Wiley & Sons, New York.

28) 日本水産学会（編）．1989．水産学用語辞典．361pp．恒星社厚生閣，東京．
29) 西村三郎．1981．地球の海と生命－海洋生物地理学序説－．284 pp．海鳴社，東京．
30) Scoles, D.R., B.B. Collette, and J.E. Graves. 1998. Global phylogeography of mackerels of the genus *Scomber*. *Fish. Bull., U.S.*, **96**: 823-842.
31) 田中茂穂．1932．魚類学．343 pp．厚生閣，東京．
32) 塚本勝巳．1994．通し回遊魚の起源と回遊メカニズム．"後藤　晃・塚本勝巳・前川光司（編）．川と海を回遊する淡水魚－生活史と進化－．" pp.2-17．東海大学出版会，東京．
33) 上野輝彌．1980．淡水魚の分布とその由来．"川合禎次・川那部浩哉・水野信彦（編）．日本の淡水生物－侵略と撹乱の生態学．" pp.8-18．東海大学出版会，東京．

第9章
体形と形態測定

　魚類の体形はさまざまである．一般に，川の渓流や海洋の表層を活発に泳ぐ魚類の体形は水の抵抗が少ない流線形で，岩礁やサンゴ礁の近くで絶えず方向を変えながら泳ぐ魚類の体形は体高が高く，岩陰や水底に潜む魚類の体形はウナギのように細長い傾向にあり，体形と生活様式との関係を示唆している．

　体形はまた，分類学上の重要な特徴になり，体の各部の形態計測は種の同定には欠かせない作業になっている[13]．

9・1　体の区分

　魚類の体は，頭 head，胴（躯幹）trunk，尾 tail，および鰭 fin の4部に区分される（図9・1）．

　頭部は体の前端から，無顎類，サメ・エイの仲間では最後の鰓孔の後縁まで，ギンザメの仲間と硬骨魚類では鰓蓋の後縁までをいう．この部分には脳や主要な感覚器官を始めとし，摂食，呼吸などに関与する重要な器官がある．頭部にはさらに，眼より前の吻 snout，眼の背後部の項部 nape，その後方の後頭部 occipit，腹面前端の頤 chin，その後方の峡部 isthmus，喉部 jugular などの名をつけられた部分がある．

　胴部は頭部後端から総排出腔 cloaca，または肛門 anus までの部分で，躯幹部ともいう．肛門が著しく前位にあって，肛門の位置を胴部の後端とするのが適当でない場合には，臀鰭起部を胴部後端とすることがある．胴部腹側の内部には内臓諸器官が収納され，魚体の中心部となる．

　尾部は胴部後端から尾鰭基底までの部分をいう．多くの魚類では，尾部は遊泳運動の中心的役割を果たす．臀鰭基底の後端から尾鰭基底までの部分を尾柄 caudal peduncle と呼ぶ．

　鰭は不対鰭 unpaired fin と対鰭 paired fin に分けられる．不対鰭は体の正中線上にあって，対をなさない背鰭 dorsal fin，臀鰭 anal fin，尾鰭 caudal fin などを

いう．このほかに真骨類の一部には，サケの仲間，カラシンの仲間，ハダカイワシの仲間などにみられる脂鰭 adipose fin や，サバの仲間にみられる小離鰭 finlet がある．

対鰭は左右に対をなす鰭で，胸鰭 pectoral fin と腹鰭 pelvic fin とがあり，それぞれ四肢動物の前肢と後肢に相当する．

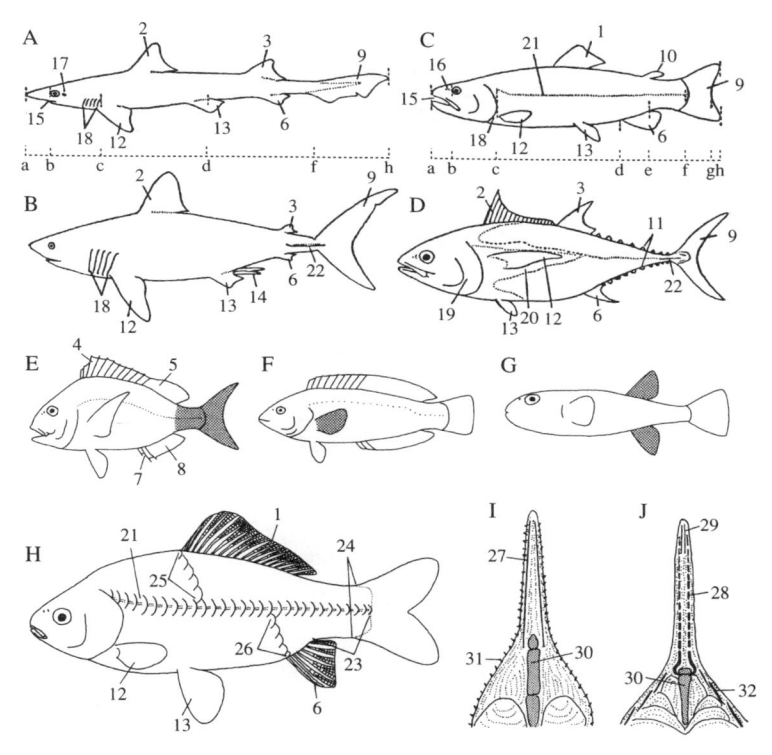

図9・1　魚類の体形

A：ホシザメ　B：ネズミザメ　C：サケ　D：タイセイヨウマグロ　E：タイの仲間　F：ベラの仲間　G：フグの仲間　H：フナ　I：サメの鰭条　J：真骨類の鰭条
E〜Gの陰影部は前進遊泳時の主活動部位
a-h：全長　a-f：体長　a-g：尾叉長　a-c：頭部　a-b：吻　c-d：胴部　d-f：尾部　e-f：尾柄
1：背鰭　2：第1背鰭　3：第2背鰭　4：背鰭棘　5：背鰭軟条部　6：臀鰭　7：臀鰭棘　8：臀鰭軟条部　9：尾鰭　10：脂鰭　11：小離鰭　12：胸鰭　13：腹鰭　14：交尾器　15：口　16：鼻孔　17：呼吸孔　18：鰓孔　19：鰓蓋　20：胸甲　21：側線　22：尾柄キール　23：尾柄長　24：尾柄高　25：側線より上の横列鱗数　26：側線より下の横列鱗数　27：角質鰭条　28：鱗状鰭条　29：線状鰭条　30：内骨格　31：楯鱗　32：鱗

第9章　体形と形態測定　　　　　　　　　　　　　　　　　　　　　　　　67

鰭は体の平衡や遊泳運動に深くかかわる．無顎類では鰭の発達はよくないが，軟骨魚類では不対鰭も対鰭も発達する．軟骨魚類の鰭は，鰭条 fin ray が皮膚に覆われ，あまり機能的とはいえない．条鰭類では鰭は鰭条と鰭膜 fin membrane とからなり，機能的な構造になっている．

　軟骨魚類の鰭条は角質鰭条 ceratotrichia と呼ばれ，細長いコラーゲン繊維束からなり，分節がない．条鰭類では，鰭条は骨化して多数の分節をもつ鱗状鰭条 lepidotrichia と，その先端に付属するコラーゲン繊維束からなる線状鰭条 actinotrichia によって構成される [7]．

　多くの真骨類，とくに進化した分類群では棘 spine と軟条 soft ray とからなる鰭が発達する．棘は軟条の骨化が進み，分節が消失して形成される．コイ科魚類の成魚の背鰭と臀鰭の前部には分節のない棘のような鰭条があるが，これらの構造は真の棘とは異なり，棘状軟条 spiny soft ray と呼ぶことがある．

9・2　尾鰭の構造

　尾鰭を支持する脊柱後端部の構造は魚類の系統分類を論ずるうえで重要な形質となる．

　尾鰭とその支持構造を総称する尾は，原尾 protocercal tail（原索動物など），異尾 heterocercal tail（軟骨魚類，チョウザメなど），略式異尾 abbreviate heterocercal tail（アミアなど），両尾 diphycercal tail（ヤツメウナギの仲間，シーラカンス，ハイギョの仲間など），正尾 homocercal tail（大部分の真骨類）などに分類される．機能に重点をおいて軟骨魚類，総鰭類，軟質類の尾をすべて異尾として扱うこともある（図9・2）．

　異尾は典型的なサメの仲間の尾で，脊柱の後端が背後方へ曲がり，尾鰭上葉中へ延長し，多くの種では尾鰭が上下で著しく非対称になっている．

　条鰭類の尾鰭は，後縁が円形 rounded（図7・2A），截形 truncate（図7・2B），湾入形 emarginate（図7・3C），3日月形 lunate（図7・3Q），二叉形 forked（図6・1A），尖形 pointed など，種によっていろいろであるが，多くは上下両葉が対称に近く，正尾に属する．この尾を支える脊柱後端部は背後方へ曲がるが，ここに付属する下尾骨が尾鰭鰭条を支持する（図12・6）．

　タラの仲間やカレイの仲間の脊柱後端は背後方へ曲がっていないが，正尾の変形したものである [2]．ウナギの仲間の尾は退化的で，脊柱後端は背後方へ曲がらず，葉形尾 leptocercal tail または同形尾 isocercal tail と呼ばれるが，こ

れも正尾が変形したものである．また，マンボウの尾鰭は背鰭と臀鰭に由来するもので，橋尾 gephyrocercal tail と呼ばれる．

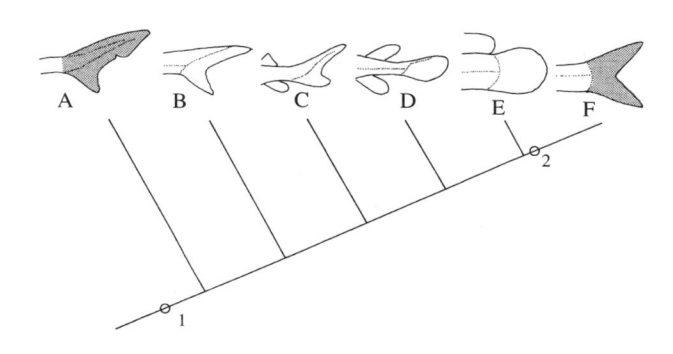

図9·2　魚類の異尾と正尾［10］を改変
A：軟骨魚類　B：*Cheirolepis*（化石種）　C：軟質類　D：ガーの仲間
E：アミア　F：真骨類
1：異尾　2：正尾

9·3　体形と鰭と遊泳運動との関係

　体形は魚類の多様な生活様式を反映していて，これをいくつかの型に分類することは容易ではない．しかし，体形は種の重要な特徴になるばかりでなく，鰭の動きと併せて遊泳運動とも深い関係があり，通常，便宜的に，紡錘形 fusiform，側扁形 compressiform，縦扁形 depressiform，ウナギ形 anguilliform，フグ形 tetraodontiform などに大別される．さらに時として，細長形 attenuated form や球状形 globiform などが加えられる．

　紡錘形は体の輪郭が流線形で，高速遊泳に適した体形である．ネズミザメ，ブリ，カツオ，クロマグロなどはその典型的な例である．遊泳時には尾部，とくに尾柄と尾鰭を左右に強く振って進む．

　側扁形は体高が高く，急に方向転換をしたり，絶えず遊泳速度を変えたりするのに適した体形である．イシダイ，マダイ，スズメダイ，チョウチョウウオなどがその例である．ヒラメ・カレイの仲間は縦扁形のようにみえるが，側扁形の変形である．

　縦扁形は背腹方向に平たく，底生生活に適した体形である．エイの仲間，アンコウ，コチの仲間などがその例である．水底に休息する時，体が安定し，背方の捕食者に見つかりにくい利点がある．遊泳力は弱い．

ウナギ形は体が著しく細長く，水底に埋没したり，物陰に隠れたりするのに適した体形といわれる．ウナギ，マアナゴ，ウツボなどがその例で，動きは緩慢で，体をくねらせながら泳ぐ．

魚類の低速遊泳時の遊泳方法は体側筋と尾鰭の働きによって推進力を得る体・尾鰭遊泳型 body and caudal fin swimming（BCF gaits）が一般的であるが，体側筋の働きは種によって違い，サメの仲間やウナギの仲間のように，胴部・尾部の筋肉を使うものから，サバ・マグロの仲間のように，主として尾部・尾柄部の筋肉を使うものまで，さまざまである．一方，主として鰭の運動によって泳ぐ不対鰭・対鰭遊泳型 median and paired fin swimming（MPF gaits）の魚類もかなりいることが明らかにされている．ギンザメ，ベラの仲間，ウミタナゴの仲間などは胸鰭を振って前進する [16, 17]．エイの仲間の多くは胸鰭を波打たせて泳ぐ．フグの仲間，マンボウなどは背鰭と臀鰭を左右に振って前進し，カワハギの仲間は背鰭と臀鰭を波打たせて泳ぐ [16]．

尾鰭は尾柄とともに多くの魚類の遊泳運動の推進力を生ずる部分として重要な働きをする．尾部の運動によって推進力を得る魚類では，尾鰭の形態によって出力が違う．尾鰭にはいくつかの型があるが，強力な推進力を誇る種では尾柄が細く，尾鰭が強固で，かつ，アスペクト比 aspect ratio（AR）の値が大きいといわれる [1, 6]．アスペクト比は尾鰭の上下両葉間の最長距離の2乗を尾鰭面積で割った値で表し，この値が大きい尾鰭は三日月形あるいはそれに類似した形で，マグロの仲間やカジキの仲間にみられ，ARが5.4～9.0という大きい値を示す [6]．大型のアオザメやネズミザメでも4.1～4.9になっている [3]．これに対し，アブラツノザメ，ミシマオコゼ，アンコウ，カナガシラなどの尾鰭のARは小さく，1～2である [1]．

胸鰭によって推進力を得るベラ・ブダイの仲間でも，種によって遊泳速度は異なり，この場合，胸鰭の形と動きが大きく影響する．サンゴ礁に密着して生息する種は周辺の流れのある海域に生息する種より遊泳速度は遅い傾向がある．胸鰭のアスペクト比（胸鰭背縁鰭条長の2乗を胸鰭の投射面積で割った値）は前者では小さく（扇形），後者では大きい（細長形）という [15]．

9·4　魚類の形態計測

魚類の種の同定に当たっては，体形はもちろん，鰭条数とか，体長に対する体の各部の長さの比などが重要視される．分類の基準となる計数や測定の方法

は統一されることが望ましいが，体形は種によってさまざまであるし，著しく変形している部分もあり，必ずしも画一的にはできない．真骨類の研究ではHubbs and Lagler [8] の方法にならうのが通例となっていたが，近年，多岐にわたる分類群の研究の進展に伴って，画一的な方法では対応しきれなくなり，独自の計測法による研究が多くなった．なお，軟骨魚類は真骨類とは形態的に異なる部分が多いので，特定の形態計測法がある [14]．

9・4・1　計数形質

条鰭類では鰭条数，鱗数，鰓耙数，脊椎骨数などのような計数形質 meristic character は重要な分類形質となる．

鰭の名称の表記は各鰭の英名の頭文字をとって，背鰭はD，臀鰭はA，尾鰭はC，胸鰭はP_1，腹鰭はP_2と略記する．鰭条数の表記には通常次に示すような鰭式を用いる．鰭式では棘条数はローマ数字で，軟条数はアラビア数字で表す．たとえば，マダイの背鰭は12棘10軟条，臀鰭は3棘8軟条であるが，これを鰭式で書くと，D.XII, 10；A.III, 8となる．ボラのように第1背鰭4棘と，第2背鰭1棘8軟条とに分離している場合にはD.IV-I, 8となる．

側線鱗数 scales in lateral line は鰓蓋直後から尾鰭基底までの側線上の1縦列の鱗数で表す．側線が不明瞭な種では，鰓孔から尾鰭基底までの1縦列の鱗数を数えることもある．

側線より上の横列鱗数 scales above lateral line は背鰭（2基以上ある種では第1背鰭）起部から斜め後下方へ向かって側線までの1横列の鱗数で表すが，側線鱗はこの数に含めない（図9・1）．

側線より下の横列鱗数 scales below lateral line は臀鰭起部から斜め前背方へ向かって側線までの1横列鱗数で表すが，側線鱗はこの数に含めない（図9・1）．

鰓耙数は第1鰓弓の前側に並ぶ鰓耙数で表すが，上枝と下枝とに分けて数えることもある．

脊椎骨数はふつう第1脊椎骨から尾部棒状骨までの数で表すが，腹椎骨数＋尾椎骨数＝総脊椎骨数というように分けて表すこともある．

9・4・2　魚体各部の測定

魚体の測定値は原則として点から点までの直線距離で表す．したがって，厚みのある部分では，平面に投影した長さとは一致しない．主要な測定項目を列挙すると次のようになる．

全長 total length：体の前端から尾鰭の後端までの距離．

標準体長 standard length：単に体長 body length ともいう．吻または上唇前端から尾鰭基底（下尾骨と尾鰭鰭条との関節）までの距離．体の各部の長さの比を求める時には，原則として標準体長を基準にするが，尾鰭が不明瞭な種では全長を基準にすることもある．

尾叉長 fork lenghth：尾叉体長または叉長ともいう．頭の前端から尾鰭湾入部の内縁までの距離．尾叉長は測定板を使って多数の標本を測定する資源研究の際によく用いられる．

なお，特殊な体形の魚類では，体長や尾叉長の代わりに例外的な基準を設けることがある．たとえば，吻が著しく突出するカジキの仲間では，下顎の先端から尾叉部までの距離を体長とすることがある [12]．また，成長に伴って顎の長さが変化するダツの仲間では，鰓蓋後端から尾鰭基底までの距離を体長とすることもあるし [5]，体が著しく長く，かつ尾叉長が測定しにくいタチウオでは，下顎の前端から肛門までの距離を体長あるいは頭胴長として使うこともある [11]．

頭長 head length：吻または上唇の前端から，板鰓類では最後の鰓孔まで，ギンザメや条鰭類では鰓蓋膜または主鰓蓋骨後縁までの距離．

吻長 snout length：吻または上唇前端から眼窩の前縁までの距離．

眼径 eye diameter：眼の角膜を横切る水平径または斜径．

両眼間隔 interorbital width：両眼の間の最短距離で表すが，肉質部を含めて測定する場合と，骨質部だけを測定する場合とがある．

背鰭前長 predorsal length：吻端または上唇の前端から背鰭起部までの距離．

体高 body depth：胴部の背腹方向に最も高い部分の高さ．

体幅 body width：胴部の最も太い部分の幅．

尾柄長 length of caudal peduncle：臀鰭基底の後端から尾鰭基底までの距離．

尾柄高 depth of caudal peduncle：尾柄の最も細い部分の高さ．

計数形質や，体長に対する魚体各部の長さの比などの値は，同一種であっても，個体によって，成長段階によって，あるいは生息場所によって変異がある．したがって，これらの測定値は種の特徴となると同時に，種内変異の程度を知る手がかりにもなる．

形態計測を単なる体各部の体長比の算定用にとどめることなく，鰭の起点，骨の関節点などをランドマークとし，これらを結ぶ多数のトラス truss を設定することによって得られる魚体の形態計測学的特徴は，種間，種内の形態の比較

に活用される [4, 13]．さらに，ランドマークを設定した多数の標本を，デジタルカメラとコンピューターを使用して処理し，形態計測学的解析の精度を高めた研究も増えている [9]．

文　献

1) Aleev, Yu.G. 1969. Function and gross morphology in fish. (Translated from Russian by M. Raveh). 268 pp. Keter Press, Jerusalem.
2) Barrington, E.J.W. 1937. The structure and development of the tail in the plaice (Pleuronectes platessa) and the cod (Gadus morrhua). *Quart. J. Microscop. Sci.*, 79: 447-469.
3) Bernal, D., K.A. Dickson, R.E. Shadwick, and J.B. Graham. 2001. Review: analysis of the evolutionary convergence for high performance swimming in lamnid sharks and tunas. *Comp. Biochem. Physiol.*, 129A: 695-726.
4) Bookstein, F.L., B. Chernoff, R.L. Elder, J.M. Humphries, G.R. Smith, and R.E. Strauss. 1985. Morphometrics in evolutionary biology: the geometry of size and shape change, with examples from fishes. *Acad. Nat. Sci. Phil., Spec. Publ.*, (15): 1-277.
5) Boughton, D.A., B.B. Collette, and A.R. McCune. 1991. Heterochrony in jaw morphology of needlefishes (Teleostei: Belonidae). *Syst. Zool.*, 40: 329-354.
6) Flerstine, H.L. and V. Walters. 1968. Studies in locomotion and anatomy of scombroid fishes. *Mem. South Calif. Acad. Sci.*, 6: 1-31.
7) Goodrich, E.S. 1903. On the dermal fin-rays of fishes—living and extinct. *Quart. J. Microscop. Sci.*, 47: 465-522.
8) Hubbs, C.L. and K.F. Lagler. 1958. Fishes of the Great Lakes region. 213 pp. (Hubbs, C.L., K.F. Lagler, and G.R. Smith. 2004. Revised edition. 276pp.). Univ. Michigan Press, Ann Arbor.
9) Kassam, D. D., D. C. Adams, M. Hori, and K. Yamaoka. 2003. Morphometric analysis on ecomorphological equivalent cichlid species from Lakes Malawi and Tanganyika. *J. Zool., Lond.*, 260: 153-157.
10) Lauder, G.V. 2000. Function of the caudal fin during locomotion in fishes: kinematics, flow visualization, and evolutionary patterns. *Amer. Zool.*, 40: 101-122.
11) 三栖　寛．1964．東シナ海・黄海産タチウオの漁業生物学的研究．西海水研研究報告，(32)：1-57．
12) Rivas, L. R. 1956. Definitions and methods of measuring and counting in the billfishes (Istiopholidae, Xiphiidae). *Bull. Mar. Sci. Gulf Calib.*, 6 : 18-27.
13) Strauss, R.E. and C.L. Bond. 1990. Taxonomic methods: morphology. *In* "C.B. Schreck and P.B. Moyle, eds. Methods for fish biology." pp.109-140. Amer. Fish. Soc., Bethesda.
14) 谷内　透．1997．サメの自然史．270 pp．東京大学出版会，東京．
15) Wainwright, P.C., D.R. Bellwood, and M.W. Westneat. 2002. Ecomorphology of locomotion in labrid fishes. *Env. Biol. Fish.*, 65: 47-62.
16) Webb, P.W. 1998. Swimming. *In* "D.H. Evance, ed. The physiology of fishes. 2 nd. ed." pp.3-24. CRC Press, Boca Raton.
17) Westneat, M.W. 1996. Functional morphology of aquatic flight in fishes: kinematics, electromyography, and mechanical modeling of labriform locomotion. *Amer. Zool.*, 36: 582-598.

第10章
体表の構造

　魚類は体表を覆う皮膚 skin（外皮 integument）を境界にして，体液と浸透濃度が違う水中に生活する．皮膚は体表を保護するとともに，水の出入りに対する壁としても重要な働きをする．また，体表から分泌される免疫関連物質による生体防御作用，粘液による水との摩擦の低減効果，体表に分布する種々の受容器による感覚機能，皮膚呼吸への関与など，皮膚の果たす役割は大きい [2]．さらに，体色や斑紋のもとになる多数の色素胞も皮膚に分布する．

10・1　表皮と真皮 [20, 22]

　皮膚は表皮 epidermis と真皮 dermis の2層に大別される（図10・1）．表皮は体表に位置し，重層扁平上皮からなる．表皮の表面に並ぶ細胞の表面には，多数の微小隆起線が複雑に走り，その走査電子顕微鏡像は指紋に似た模様を示す．表皮の表面は粘液細胞などから分泌される種々の成分を含む粘液の薄い膜で覆われている．この膜はクチクラとも呼ばれる．

　表皮には多数の粘液細胞 mucus cell が分布し，ここから分泌される粘液が体表を覆う．骨鰾類などでは棍棒状細胞 club cell が多数分布する．棍棒状細胞からは警報フェロモンが分泌されるといわれるが，種によっては別の分泌物質も報告されている．たとえば，ゴンズイでは毒棘に付属する毒腺は棍棒状細胞からなり，ここに毒が含まれるし，胸鰭の基部の毒を分泌する腋下腺も棍棒状細胞によって構成される [17]．また，ウナギの仲間の棍棒状細胞にはレクチンが蓄積されていて，赤血球やバクテリアを凝集させる作用があるという [19]．レクチン分泌に関与すると考えられる嚢状細胞 sacciform cell と呼ばれる大型の分泌細胞を備える魚類も多い [19]．さらに，ヒガンフグ，クサフグなどの表皮にはフグ毒を含有する細胞が並ぶ [6]．

　このほか発光器，味蕾，感丘，塩類細胞などもこの層にある．また，コイ科魚類などでは，産卵期にケラチン質の追星 pearl organ；breeding tubercle が表

皮に形成される種もある[21].

真皮は表皮の基底膜の下に接して位置する厚い層である．通常，上層に位置する疎性結合組織からなる海綿層と，その下層の密性結合組織からなる緻密層に分けられる．海綿層には鱗が並び，多数の色素胞が分布する．真骨類では鱗

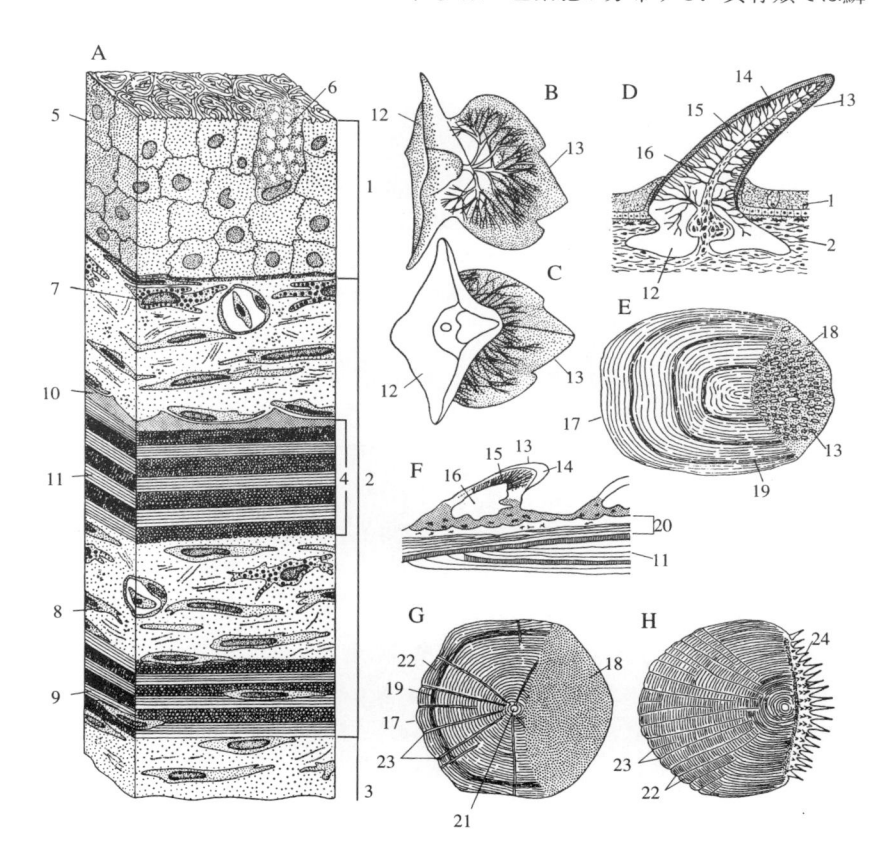

図10・1 魚類の皮膚と鱗
A：真骨類の皮膚の構造 [10]　B・C：ドチザメの楯鱗 [15]　D：楯鱗の縦断模式図　E・F：現存シーラカンスの退縮コズミン鱗 [18]　G：フナの円鱗　H：ガンゾウビラメの櫛鱗 [1]
1：表皮　2：真皮　3：皮下組織　4：鱗　5：表皮細胞（扁平上皮細胞）　6：粘液細胞　7：色素胞　8：繊維細胞　9：コラーゲン繊維　10：骨質層　11：繊維板層　12：基底板　13：棘　14：エナメル質　15：象牙質　16：髄　17：被覆部　18：露出部　19：年輪　20：イソペディン層　21：中心　22：隆起線　23：溝条　24：小棘

第10章　体表の構造

の周辺や色素胞の間にマスト細胞 mast cell が分布し，外傷などによる炎症に反応してヒスタミンを放出する．緻密層にはコラーゲン繊維が密に並ぶ．

　真皮は薄い皮下組織 hypodermis; subcutaneous layer を介して筋肉層につながる．皮下組織は網目状に並ぶ疎性結合組織からなり，摂食活動が活発な時期には多量の脂質が蓄積される．

10・2　鱗

　現存の魚類の鱗 scale は，その構造によって，楯鱗 placoid scale，コズミン鱗 cosmoid scale，硬鱗 ganoid scale，円鱗 cycloid scale，櫛鱗 ctenoid scale などに分類される．鱗の形態は種によってほぼ定まっているので，有力な分類形質になる．また，円鱗と櫛鱗は表面に刻まれている鱗紋を解読することによって年齢査定や系群分析をすることができる．

10・2・1　楯　　鱗

　楯鱗は軟骨魚類に特有の鱗で，とくにサメの仲間にはよく発達する．しかし，エイの仲間では鱗は退化的で，体表は比較的滑らかである．ギンザメの仲間では鱗はさらに退縮し，その変形物が側線管内に埋没している．

　楯鱗はエナメル質，象牙質および髄の3層からなり，歯と同じ構造であるところから皮歯 dermal tooth とも呼ばれる（図10・1）．菱形の基底板は真皮層へ根を下ろし，先端の棘の部分は体表へ露出する．棘の部分の形態は種によって異なるし，同一種であっても成長段階によって，あるいは体の部位によっても異なることがある．しかし，体側に並ぶ楯鱗の棘の形態は種によってほぼ決まっているので，しばしば分類形質として使われる．

　サメの仲間では，体表に突出する棘が体の後方へ向かって平行に並び，いわゆるサメ肌を形成する．このような棘に沿って縦走する多数の小溝の列と，棘と表皮の間の腔所の構造は，遊泳する魚体の表面に生じる水流の乱れを消し，水の抵抗を軽減し，遊泳効率を高めるという [12]．

10・2・2　コズミン鱗と硬鱗

　コズミン鱗はシーラカンスの仲間やハイギョの仲間の化石種に発達した鱗で，基部の板骨層またはイソペディン層の上に，コズミン層，エナメル層などが重なって構成される．コズミン層には多数の髄腔，細管，血管腔がある．現存のシーラカンスの鱗は円鱗に似ているが，コズミン鱗が退化，変形したものである（図10・1）．ハイギョの仲間の現生種の鱗も円鱗に類似するが，2層からなる

退化したコズミン鱗である[9].

硬鱗は表面のガノイン層と，その下の板骨層の2層からなる．チョウザメの仲間やガーの仲間にみられ，外見は前者では著しく変形し，後者では菱形に近い形になっている．

10・2・3 円鱗と櫛鱗

円鱗と櫛鱗は真骨類にふつうにみられる鱗で，両者の基本構造に違いはないので，両者をまとめて葉状鱗 leptoid scale または板状鱗 elasmoid scale と呼ぶこともある．一般にこれらの鱗は薄く，表面の硬い骨質層 bony layer と，底層のコラーゲン繊維からなる繊維板層 fibrillary layer の2層によって構成される．多くの場合，これらの鱗は真皮中に覆瓦状に並び，その前部は前列の鱗の下へ入り込み，後部は体表へ向かって伸びて表皮を持ち上げている．前列の鱗に覆われる部分を被覆部，後列の鱗の上にある部分を露出部と呼ぶ．

円鱗は表面が滑らかで，マイワシ，カタクチイワシ，サケ，コイ，フナ，メダカなどにみられる．櫛鱗は露出部に小棘 ctenus が並び，ざらざらとした感触がある．小棘の発達状態は分類群によって相違があり，3型に分けられることがある[13]．スズキ，マダイ，メジナ，カナガシラなどの鱗は典型的な櫛鱗である．ヒラメは有眼側には櫛鱗を，無眼側には円鱗を被る．

マアジやシマアジなどの体側側線上の鱗や，コノシロやサッパなどの腹中線上の鱗のように，鋭い突起を備える鱗はとくに稜鱗 scute と呼ばれる．タツノオトシゴ，ヨウジウオ，トクビレ，ハコフグなどの体表の硬い装甲状の構造はいずれも鱗の変形物である．ウナギの鱗は退化的で，小さい楕円形の円鱗が皮膚中に埋没している．

円鱗と櫛鱗の表面には鱗紋と呼ばれる模様がある（図10・1）．これは骨質層の隆起線と溝条とによって構成される．鱗紋の中心 focus から鱗の縁辺まで多数の環状の隆起線 ridge が並ぶ．隆起線間の間隔は，魚体の成長が速い時には広く，成長が緩慢な時には狭くなる．前者を成長帯 growth zone，後者を休止帯 resting zone と呼ぶ．休止帯は多くの種で年周期をもって形成されるので，年輪 year ring; annulus ともいい，その数を読んで年齢を推定することができる．しかし，休止帯は年に2回できることもあり，産卵期などにできることもあるので，年齢形質として使う時には注意を要する．

鱗紋には隆起線とは別に，中心から放射状あるいは前後，背腹の方向に走る細い溝条 groove がある．溝条は骨質層の表面が溝のように凹んで形成され，鱗

に柔軟性をもたせる役割をする．溝条の数と分布様式は鱗の存在部位によって異なり，遊泳運動に伴って激しく動く体の後部では多くなる傾向がある．カタクチイワシでは，背中線上の鱗には縦走する溝条が多く，背鰭と臀鰭の基部の鱗では，鰭に接する側に縦走する溝条が多く，体側の中央部の鱗では，放射状に走る溝条が多く，体側の後部では，横走する溝条が多い（図10・2）．溝条は鱗に柔軟性をもたせ，体表を覆う鱗が体に密着したまま，体の屈曲運動をしやすくしている．

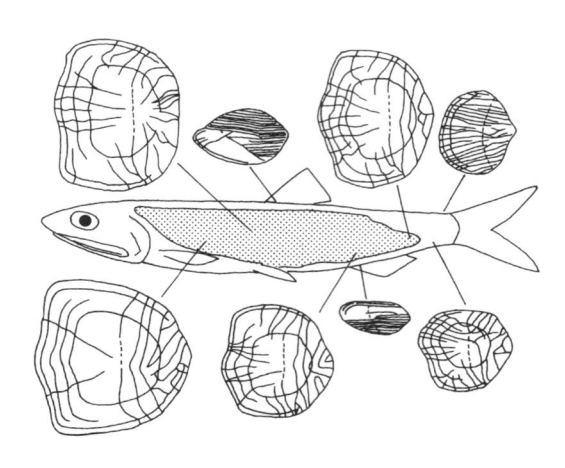

図10・2　カタクチイワシの体側各部の鱗とその溝条の走行様式 [7]
陰影部は年齢査定用の鱗の採取区域を示す

10・3　体色と斑紋 [4, 5]

体色や斑紋は魚類の種の特徴になる．ベラの仲間のように雌雄によって体色が違う例もあるし，また，コロダイやサザナミヤッコなどのように若魚と成魚とで体の色模様がまったく違う例もある．産卵期になると婚姻色 nuptial color が現れる種も少なくない．

魚体の色彩や斑紋は生活環境の色調と調和していることが多い．海洋の表層に生息する魚類の多くは背面が暗青色で腹面が銀白色になっているし，深海に生息する魚類の体色は黒色，黒褐色，赤色などが多い．これらは一種の隠蔽色といえる．群れをつくって表層を遊泳する魚類，たとえばアジの仲間では，銀白色の体色は，遊泳運動に伴って光の反射の度合いが変化するので，周囲の個

体との間隔維持，定位などの情報伝達に有効であるともいわれる[14]．

　明るさや色彩の変化に富む熱帯や温帯の沿岸海域，とくにサンゴ礁には，鮮やかな色彩に複雑な斑紋に彩られた魚類が多い．鮮やかな体色には紫外色も含まれていて，これらの魚類には紫外色感覚をもつ種も多いので，紫外線反射色が仲間のコミュニケーションに使われる可能性も示唆されている[8]．

　また，複雑な海中地形の沿岸海域に生息する魚類には縞模様が多くみられる．縞模様は体を分断して，その輪郭をぼかし，捕食者の眼を欺く効果がある．体軸と平行して走る縞模様が縦縞，体の背腹の方向に走る縞模様が横縞である（図10・3）．眼を黒い縞模様で隠し，背鰭後部に目玉模様があるトゲチョウチョウウオやゲンロクダイなどでは，尾部を頭と見せかけて捕食者を欺く効果があるという．しかし，体高が高くて鋭い背鰭棘を備えるこの仲間では，致命的な襲撃を避けられる位置にある目玉模様はむしろ捕食者に対する警告色として機能するという説もある[11]．

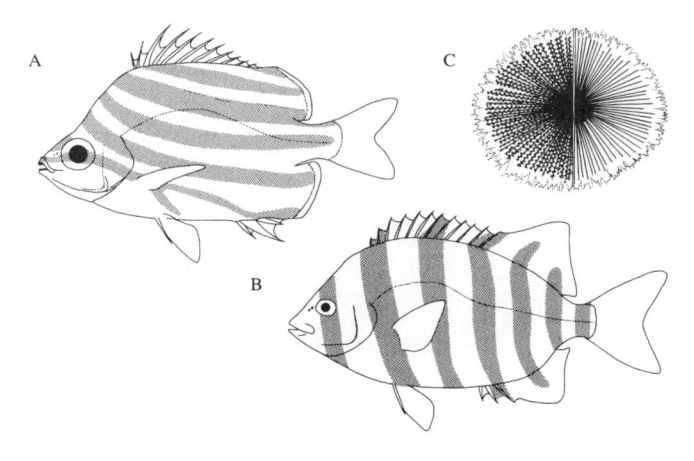

図10・3　真骨類の縞模様（A，B）と黒色素胞模式図（C）
A：縦縞（カゴカキダイ）　B：横縞（イシダイ）　C：黒色素胞中のメラノソームの拡散（左）と凝集（右）

　生息場所の周囲の色調に合わせて体色を変える魚類も知られている．一般に体色は明るい環境では淡色になり，暗い環境では暗色になるが，ヒラメ・カレイの仲間が底質の色模様に合わせて有眼側の体色を短時間のうちに変えることは有名である．摂食時，闘争時，求愛時などに急速に体色や斑紋を変える魚類もかなり多い．

体色や斑紋は皮膚，とくに真皮中に分布する色素胞 chromatophore によって発現する．色素胞は含有する色素によって，黒色素胞 melanophore，黄色素胞 xanthophore，赤色素胞 erythrophore，白色素胞 leucophore，虹色素胞 iridophore などに分類される．虹色素胞以外の各色素胞中には色のもととなるクロマトソーム chromatosome が含まれ，これらの色素胞の配列様式によって体色が決まる．

また，各色素胞の色の濃淡はクロマトソームの動きによって変化する．たとえば，黒色素胞中にはメラニンを含む粒子状のメラノソーム melanosome が多数存在し，色素胞の中心から縁辺へ向かって放射状に並ぶ多数の微小管に沿って拡散する時には体の黒色は濃くなり，中心部に凝集する時には黒色は薄れる（図10・3）．メラノソームの拡散には黒色素胞刺激ホルモン MSH が，凝集にはメラニン凝集ホルモン MCH や松果体から分泌されるメラトニンが関与する．自律神経系もまた体色変化にかかわる．また，水温や光も色素胞中のクロマトソームの運動に影響を及ぼすという．

虹色素胞にはグアニン結晶を含む微小な反射板が多数存在し，その配列様式によって色調が調節される．

10・4 毒　　腺 [16]

いわゆる毒魚には，体内に毒を含有し，捕食された時に捕食者が中毒する型と，皮膚に毒腺 venom gland を備え，ここから分泌される毒によって他の動物を傷めつける型とがある．後者には，体表の細胞から直接毒液を分泌する型と，毒腺が付属する棘によって外傷を与えて毒液を流入させる型とがある．これらの毒は主として捕食者や寄生虫から身を守る働きをし，毒腺を構成する細胞は表皮の細胞が特殊化したものと考えられている [3]．

ヌノサラシ，アゴハタ，ルリハタ，キハッソクなど，ヌノサラシの仲間は，表皮中の粘液細胞に似た毒を産生する細胞や，真皮中に陥入する多細胞性毒腺から有毒なグラミスチン grammistin を分泌する．海水中へ分泌された毒は泡状になり，小さな容器中では小魚を殺す力がある．

ミナミウシノシタの仲間は背鰭と臀鰭の各鰭条の基底に並ぶ多数のアンプル状の毒腺から魚類に対して有毒な毒液を分泌する．同じ海域に生息するサメの仲間はこの魚を捕食しない．

ヒガンフグ，ショウサイフグ，コモンフグ，クサフグなどは，体内の諸器官

のほかに，皮膚中にフグ毒を含有する細胞を備え，皮膚を刺激すると，水中へフグ毒を分泌する．

毒腺が付属する毒棘は多くの場合，鰭の棘であるが，鰓蓋や尾部の棘が毒針として作用する例もある．

ギンザメは背鰭前縁に鋸歯縁のある強固な棘を備え，これを取り巻く表皮中に毒腺が付属する．

アカエイ，ヒラタエイ，トビエイなどは，鞭状の尾の背面に鋸歯縁のある鋭い棘を備え，棘の腹側面の皮膚中に毒腺が付属する．

ミノカサゴやアイゴなどでは，背鰭，臀鰭などの棘の側面に沿って毒腺を収納する溝がある．

ゴンズイ，ナマズの仲間の一部の種には，背鰭と胸鰭に毒腺を伴う棘が発達する．また，胸鰭基部の皮膚中には腋下腺 axillary gland と呼ばれる多細胞性の毒腺があって，体表へ開口する．

文 献

1) Amaoka, K. 1969. Studies on the sinistral flounders found in the waters around Japan — Taxonomy, anatomy and phylogeny —. *J. Shimonoseki Univ. Fish.*, **18**: 65-340.
2) Bullock, A.M. and R.J. Roberts. 1974. The dermatology of marine teleost fish. Ⅰ. The normal integument. *Oceanogr. Mar. Biol. Ann. Rev.*, **13**: 383-411.
3) Cameron, A.M. and R. Endean. 1973. Epidermal secretions and the evolution of venom glands in fishes. *Toxicon*, **11**: 401-410.
4) Fujii, R. 1993. Coloration and chromatophores. *In* "D.H. Evans, ed. The physiology of fishes." pp.535-562. CRC Press, Boca Raton.
5) Fujii, R. 2000. The regulation of motile activity in fish chromatophores. *Pigment Cell Res.*, **13**: 300-319.
6) 児玉正昭．1988．生体防御物質としてのフグ毒．"橋本周久（編）．フグ毒研究の最近の進歩．（水産学シリーズ，70）" pp.106-113．恒星社厚生閣，東京．
7) 近藤恵一．1957．カタクチイワシの鱗について−Ⅰ．体の部分による鱗形の相異および溝条の機能．東海水研研究報告，**17**：17-25．
8) Marshall, N.J., K. Jennings, W.N. McFarland, E.R. Loew, and G.S. Losey. 2003. Visual biology of Hawaiian coral reef fishes. Ⅱ. Colors of Hawaiian coral reef fishes. *Copeia*, 2003: 455-466.
9) Meinke, D.K. 1987. Morphology and evolution of the dermal skeleton in lungfishes. *In* "W.E. Bemis, W.W. Burggren, and N.E. Kemp, eds. The biology and evolution of lungfishes. (*J. Morphol.* 1986 Suppl. 1." pp.133-149. Alan R. Liss, Inc, New York.
10) Meunier, F.-J. et J. Géraudie. 1980. Les structures en contre-plaqué du derme et des écailles des vertébrés inférieurs. *Ann. Biol.*, **19**: 1-18.
11) Neudecker, S. 1989. Eye camouflage and false eyespots: chaetodontid responses to predators.

Env. Biol. Fish., **25**: 143-157.
12) Raschi, W. and C. Tabit. 1992. Functional aspects of placoid scales: a review and update. *Aust. J. Mar. Freshwater Res.*, **43**: 123-147.
13) Roberts, C.D. 1993. Comparative morphology of spined scales and their phylogenetic significance in the Teleostei. *Bull. Mar. Sci.*, **52**: 60-113.
14) Rowe, D.M. and E.J. Denton. 1997. The physical basis for reflective communication between fish, with special reference to the horse mackerel, *Trachurus trachurus*. *Phil. Trans. Roy. Soc. Lond.*, B, **352**: 531-549.
15) Sakamoto, K. 1930. Placoid scales of five species of selachians belonging to Carchariidae. *J. Imp. Fish. Inst.*, **25**: 51-61.
16) 塩見一雄・長島裕二．1997．海洋動物の毒ーフグからイソギンチャクまでー．189 pp. 成山堂書店，東京．
17) Shiomi, K., M. Takamiya, T. Kikuchi, and Y. Suzuki. 1988. Toxins in the skin secretion of the oriental catfish (*Plotosus lineatus*): immunological properties and immunocytochemical identification of producing cells. *Toxicon*, **26**: 353-361.
18) Smith, M. M., M. H. Hobdell, and W. A. Miller. 1972. The structure of the scales of *Latimeria chalumnae*. *J. Zool., Lond.*, **167**: 501-509.
19) 鈴木　譲．1995．魚類の体表における防御反応．"森　勝義・神谷久男（編）．水産動物の生体防御．（水産学シリーズ，104）" pp. 9-17．恒星社厚生閣，東京．
20) Whitear, M. 1986. The skin of fishes including cyclostomes: Chapter 2. Epidermis, Chapter 3. Dermis. *In* "J. Bereiter-Hahn, A.G. Matoltsy, and K.S. Richards, eds. Biology of the integument. Vol. 2. Vertebrates." pp. 8-64. Springer-Verlag, Berlin.
21) Wiley, M.L. and B.B. Collette. 1970. Breeding tubercles and contact organs in fishes: their occurrence, structure, and significance. *Bull. Amer. Mus. Nat. Hist.*, **143**: 143-216.
22) Zaccone, G., B.G. Kapoor, S. Fasulo, and L. Ainis. 2001. Structural, histochemical and functional aspects of the epidermis of fishes. *Adv. Mar. Biol.*, **40**: 253-346.

第11章
筋肉系

 遊泳運動を始めとする魚類の生活は筋肉の働きによって成り立つといっても過言ではない．筋肉は骨や鰭を動かす骨格筋 skeletal muscle（横紋筋 striated muscle），消化管や血管など，内臓諸器官の構成要素となっている内臓筋 visceral muscle（平滑筋 smooth muscle），および心臓壁を構成する心筋 cardiac muscle; myocardium に大別される．骨格筋は随意筋であり，内臓筋は不随意筋である．心筋は形態的には横紋があって，骨格筋と同じであるが，自律神経系の支配を受け，機能的には不随意筋である．

11・1 筋繊維 [4, 18]

 筋肉を構成する筋細胞は繊維状であるところから，筋繊維 muscle fiber と総称され，細胞質に相当する部分は筋形質 sarcoplasm と呼ばれる．
 骨格筋は多数の筋繊維の束によって構成される．各筋繊維は複数の核をもち，筋形質内に長軸に沿って多数の筋原繊維が並ぶ．筋原繊維束にはI帯とA帯が交互に存在し，I帯の中央にはZ板が，A帯の中央にはH帯があり，これらが規則的に配列されているので，筋繊維には横紋として現れる．
 魚類の骨格筋の筋繊維は形態的特徴と機能的特徴に基づいて赤色筋 red muscle，白色筋 white muscle，中間筋 intermediate muscle（桃色筋 pink muscle）などに分けられる [1, 13]．サメの仲間ではさらに細かく分類される [4]．
 赤色筋を構成する筋繊維は相対的に細く，ミオグロビンを多く含み，赤みをおびる．血管に富み，血液から供給される酸素によって代謝を行う．神経終末は筋繊維の各部に分散する（図11・1）．赤色筋の運動はやや緩慢ではあるが，長続きする．機能的には遅筋の働きをする．
 白色筋を構成する筋繊維は相対的に太く，血管に乏しく，グリコーゲンをエネルギー源として嫌気的な代謝を行う．神経終末は筋繊維の一端に集中する型（図11・1）と，筋繊維の各部に分散する型とがある．前者は比較的進化した真

骨類に広く存在し，後者はウナギの仲間，ニシンの仲間などの一部の真骨類に存在する[4]．白色筋の運動は強力で，瞬発力は強いが，疲労が早くて持続性がない．機能的には速筋の働きをする．

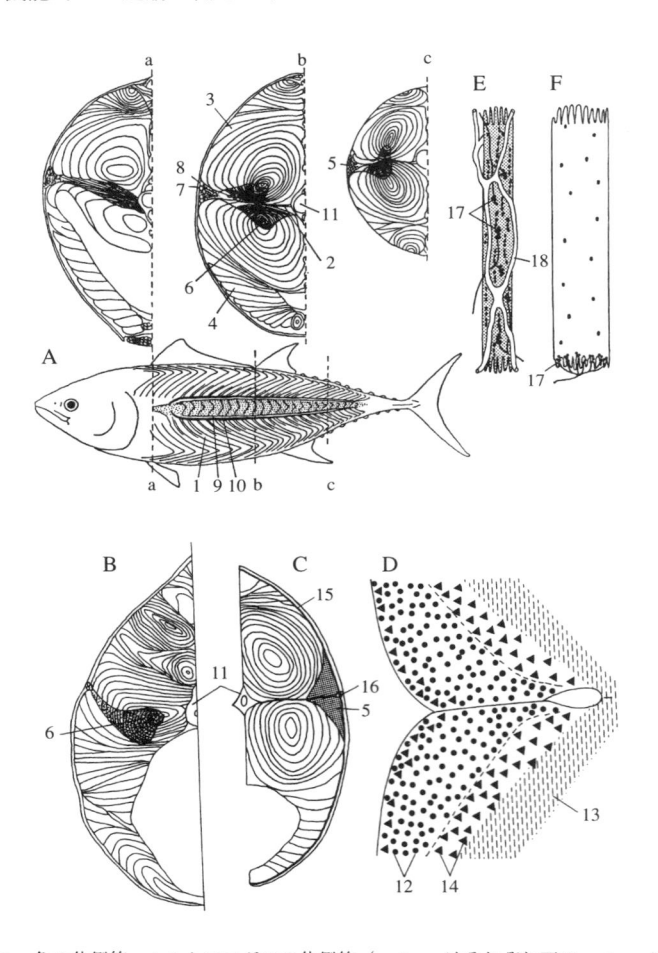

図11・1 魚の体側筋　A：クロマグロの体側筋（a，b，cはそれぞれ下のa，b，cにおける断面［15］）　B：アオザメ　C：一般的な真骨類［14］　D：魚類の体側筋横断模式図［1］　E：赤色筋筋繊維［4］　F：白色筋筋繊維［4］
1：筋節　2：水平隔壁　3：背側筋　4：腹側筋　5：表層血合肉　6：真正血合肉　7：背側皮膚動脈　8：同静脈　9：腹側皮膚動脈　10：同静脈　11：椎体　12：赤色筋　13：白色筋　14：中間筋　15：皮膚　16：側線管　17：神経終末　18：血管

中間筋を構成する筋繊維は赤色筋と白色筋の中間型の特徴を有し，好気的な代謝を行うとともに，グリコーゲンの解糖反応もみられる．機能的には速筋の働きに近い．

　これらの筋繊維の性質は魚類の生活様式によく反映されている．平常の巡航速度で遊泳中は主として赤色筋が働き，摂食時や捕食者からの逃避時に加速する際には白色筋の働きが加わる．呼吸をするため常時開閉する鰓蓋を動かす筋肉や，絶えず動かす鰭の筋肉には赤色筋の占める割合が大きい．

　同一個体でも，成長段階や栄養状態によって筋繊維の発達状態は変化する．とくに絶食の影響は大きい．たとえば4カ月間絶食させたツノガレイの仲間では，赤色筋の変化は小さいが，白色筋は著しく萎縮する（図11・2）．

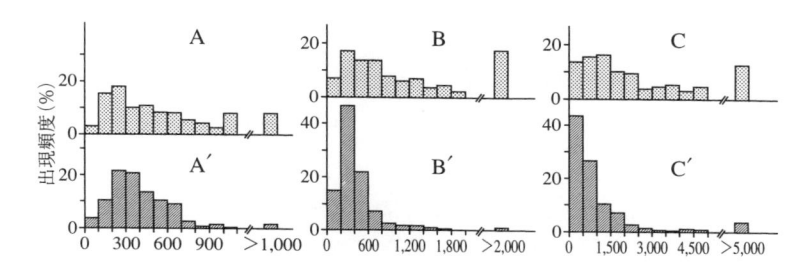

図11・2　ツノガレイの仲間 *Pleuronectes platessa* を4カ月絶食させた後の筋繊維の大きさの変化 [12]
　　　　A：赤色筋（摂食）　　A′：同（絶食）　　B：中間筋（摂食）　　B′：同（絶食）
　　　　C：白色筋（摂食）　　C′：同（絶食）

11・2　体側筋と鰭を動かす筋肉

　魚類の遊泳運動は体側に並ぶ体側筋と，鰭の基部にあって鰭を動かす筋肉によるところが大きい．体側筋 lateral muscle は体節ごとに前後に並ぶW状の筋節 myomere からなる（図11・1）．各筋節は筋節中隔 myoseptum によって仕切られる．筋節はまた椎体の位置で水平に皮膚まで広がる水平中隔 horizontal septum によって背側筋 epaxial mauscle と，腹側筋 hypaxial muscle とに区分される．各筋節は表層ではW型を呈するが，深層では背側部と腹側部に，それぞれ前方へ突出する前向錐 anterior cone および後方へ突出する後向錐 posterior cone があって，複雑な立体構造になっている．胴部の横断面に複数の同心円状の模様がみられるのは，複数の筋節の横断面が現れているからである（図11・1）．

多くの魚類では，体側筋の大部分は淡色の普通肉と呼ばれる筋肉束で占められるが，表層の皮膚に近い部分には赤みをおびた表層血合肉 superficial dark muscle と呼ばれる薄い筋肉層がある．魚類では，通常，普通肉は主として白色筋によって，血合肉は赤色筋によって構成される．種によって前者には中間筋が混在する．赤色筋が占める割合はおおむね体側筋重量の10％以下で，持続的な遊泳運動をする種では相対的に多く，ブリ，マサバ，マアジではそれぞれ9.0％，8.4％，6.5％であるが，運動量の小さいシロギス，ヘダイ，コイでは，それぞれ1.2％，3.2％，2.7％である[17]．また，尾部を強振して推進力を得る種では，魚体断面の体側筋面積中の赤色筋面積の割合は体の後部へ向かって大きくなる．ウナギは地上では体をS字状に大きくくねらせて前進運動をするが，水中では主として体の後半部を曲げて陸上より効率よく泳ぐ[8]．これを裏付けるように魚体断面の体側筋中の赤色筋が占める割合は尾部後半部で最大になる[11]．

　ネズミザメ，アオザメ，カツオ，クロマグロなどでは，胴部深層の脊椎骨近くに血合肉がある（図11・1）．このような血合肉を表層血合肉と区別して真正血合肉 true dark muscle と呼ぶ．これらの魚類では，体表近くを平行して縦走する皮膚動脈と皮膚静脈の分枝が体側筋中で奇網を形成したり，あるいは脊椎骨近くで背大動脈の分枝が奇網を形成したりして，これらの奇網が熱交換器として働き，この部分の筋温は水温より高く保持される[2]．筋温を高く保持することによって体側筋の運動効率はよくなり，その生理的特性とあいまって持続的な高速遊泳を可能にしている[5]．真正血合肉が発達するこれらの魚類では，体側筋中で赤色筋の占める割合は体軸の中央部またはやや前部で最大となる[2, 3]．ハガツオの仲間 *Allothunnus fallai* では体側筋の奇網は未発達であるが，深部で背大動脈と後主静脈が変形してマグロの仲間の深部熱交換器の原型ともいえる奇網を形成している[9]．

　マグロの仲間などでは，水平中隔，体側筋の各筋節中隔と脊椎骨とを結ぶ格子状の腱，細い尾柄に発達する縦走腱が筋肉の働きを体軸へ伝えて推進力を増幅する[19]．

　鰭を動かす筋肉は鰭条の基部に付着し，それぞれの鰭の動きに応じて構成は異なる．背鰭と臀鰭の基部には起立筋 erector，下制筋 depressor，および傾斜筋 inclinator が並ぶ．背鰭と臀鰭を左右に動かして泳ぐフグの仲間では傾斜筋がよく発達し，体側筋の表面を覆うように広がる．

尾鰭はほとんどの魚類で遊泳運動に深くかかわるため，尾鰭を動かす筋肉は複雑に入り組んでいる．基本的には尾柄の体側筋や，皮膚と尾鰭を連結する縦走筋と腱とともに，屈筋 flexor などの筋肉束が加わって鰭条を動かす．

胸鰭を動かす筋肉は肩帯に付着する外転筋 abductor，内転筋 adductor，立筋 arrector などで [7]，胸鰭によって推進力を得る魚類では，これらの筋肉が発達する．たとえば，胸鰭を主な推進器官とするカサゴの仲間の胸鰭の筋肉量は体重の 1.5 % であるのに対し，胸鰭をブレーキや方向舵として使うサワラの仲間のそれは 0.5 % である [10]．一般に胸鰭は頻繁に動くので，赤色筋が発達する．ギンザメは突進速度の遊泳時には尾部体側筋を使うが，低速維持速度の遊泳時には胸鰭を使うので，胸鰭基底の表層は赤色筋と中間筋によって覆われる [16]．

腹鰭を動かす主要な筋肉も，外転筋，内転筋，立筋などである．

11・3　頭部の筋肉

頭部には多くの種類の筋肉が複雑に分布するが，摂食や呼吸にかかわる顎，鰓，鰓蓋，咽頭部などの運動に関与する筋肉は重要な働きをする．

顎を動かす筋肉の主なものには，閉顎筋 adductor mandibulae A_1, A_2, A_3, A_ω, 口蓋弓挙筋 levator arcus palatini（舌顎骨挙筋 levator hyomandibulae），鰓蓋挙筋 levator operculi，舌骨伸出筋 protractor hyoidei，胸骨舌骨筋 sternohyoideus などがある（図 11・3）．

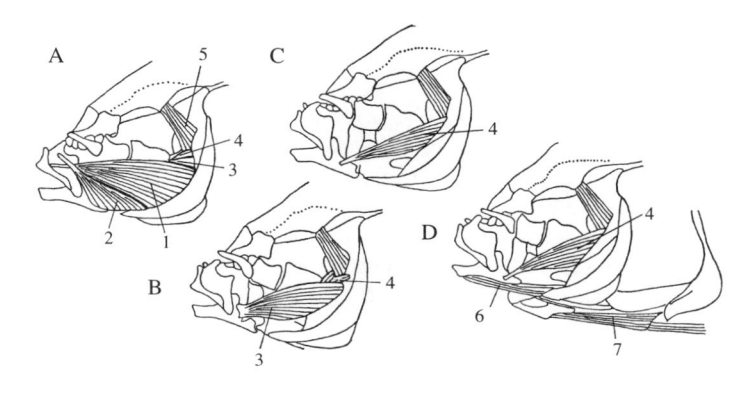

図 11・3　コイの顎の開閉に関与する主な筋肉 [6]
A〜D：表層から深層へ4層に分けて示す．
1：閉顎筋 $A_{1\alpha}$　2：同 $A_{1\beta}$　3：同 A_2　4：同 A_3　5：口蓋弓挙筋　6：舌骨伸出筋　7：胸骨舌骨筋

魚体各部に複雑に分布する多数の筋肉の名称については, Winterbottom [20] によって名称の再検討と整理が行われた.

11・4 内臓筋

内臓筋は腸管, 血管, 生殖輸管などの壁面を構成し, 自律神経系の支配を受ける. 筋細胞は小型の長紡錘形で, 核は中央部に1個ある. 筋形質中の筋原繊維には横紋は認められない.

文　献

1) Akster, H.A. 1981. Ultrastructure of muscle fibres in head and axial muscles of the perch (*Perca fluviatilis* L.) : a quantitative study. *Cell Tissue Res.*, 219: 111-131.
2) Bernal, D., K.A. Dickson, R.E. Shadwick, and J.B. Graham. 2001. Review: Analysis of the evolutionary convergence for high performance swimming in lamnid sharks and tunas. *Comp. Biochem. Physiol.*, 129A: 695-726.
3) Bernal, D., C. Sepulveda, O. Mathieu-Costello, and J. B. Graham. 2003. Comparative studies of high performance swimming in sharks. I. Red muscle morphometrics, vascularization and ultrastructure. *J. Exp. Biol.*, 206: 2831-2843.
4) Bone, Q. 1978. Locomotor muscle. *In* "W.S. Hoar and D.J. Randall, eds. Fish physiology. Vol. 7. Locomotion." pp.361-424. Academic Press, New York.
5) Dickson, K.A. 1996. Locomotor muscle of high-performance fishes:what do comparisons of tunas with ectothermic sister taxa reveal? *Comp. Biochem. Physiol.*, 113A: 39-49.
6) Focant, B., F. Huriaux, and P. Vandewalle. 1983. Electrophoretic differentiation of the fibre types of adductor mandibulae, sternohyoideus and protractor hyoideus muscles of the carp (*Cyprinus carpio* L.). *Comp. Biochem. Physiol.*, 76B: 283-289.
7) Geerlink, P.J. 1979. The anatomy of the pectoral fin in *Sarotherodon niloticus* Trewavas (Cichlidae). *Neth. J. Zool.*, 29: 9-32.
8) Gills, G.B. 1998. Environmental effects on undulatory locomotionin the American eel *Anguilla rostrata*: kinematics in water and onland. *J. Exp. Biol.*, 201: 949-961.
9) Graham, J. B. and K.A. Dickson. 2000. The evolution of thunniform locomotion and heat conservation on scombrid fishes: new insights based on the morphology of *Allothunnus fallai*. *Zool. J. Linn. Soc.*, 129: 419-466.
10) Harris, J. E. 1953. Fin patterns and mode of life in fishes. *In* "S.M. Marshall and A.P. Orr, eds. Essays in marine biology being the Richard Elmhirst memorial lectures." pp.17-28. Oliver and Boyd, Edinburgh.
11) Hubert, W.C. and T.W. Moon. 1978. General characteristics and morphology of eel (*Anguilla rostrata* L.) red and white muscle. *Comp. Biochem. Physiol.*, 61A: 377-382.
12) Johnston, I.A. 1981. Qantitative analysis of muscle breakdown during starvation in the marine flatfish *Pleuronectes platessa*. *Cell Tissue Res.*, 214: 369-386.
13) Johnston, I.A. 1983. Dynamic properties of fish muscle. *In* "P.W. Webb and D. Weihs, eds. Fish

biomechanics." pp. 36-67. Praeger, New York.
14) Katz, S. L. 2002. Design of heterothermic muscle in fish. *J. Exp. Biol.*, 205: 2251-2266.
15) 岸上鎌吉．1915．解剖学上より見たる血合．水産学会報, 1 : 128-136.
16) Kryvi, H. and G.K. Totland. 1978. Fibre types in locomotory muscles of the cartilaginous fish *Chimaera monstrosa. J. Fish Biol.*, 12: 257-265.
17) 塚本勝巳．2002．遊泳．"会田勝美（編）．魚類生理学の基礎．" pp.109-127. 恒星社厚生閣，東京．
18) Videler, J.J. 1993. Fish swimming. 260 pp. Chapman & Hall, London.
19) Westneat, M.W., W. Hoese, C.A. Pell, and S.A. Wainwright. 1993. The horizontal septum: mechanisms of force transfer in locomotion of scombrid fishes (Scombridae, Perciformes). *J. Morphol.*, 217: 183-204.
20) Winterbottom, R. 1974. A descriptive synonymy of the striated muscles of the Teleostei. *Proc. Acad. Nat. Sci. Phila.*, 125: 225-317.

第12章
骨　格

　魚類の体には大小多数の骨があり，これらが複雑に組み合わさって魚体を支持し，保護するばかりでなく，関節によって機能的に連結し，摂食，呼吸，遊泳などの運動を円滑にする役目を果たす（図12・1）．

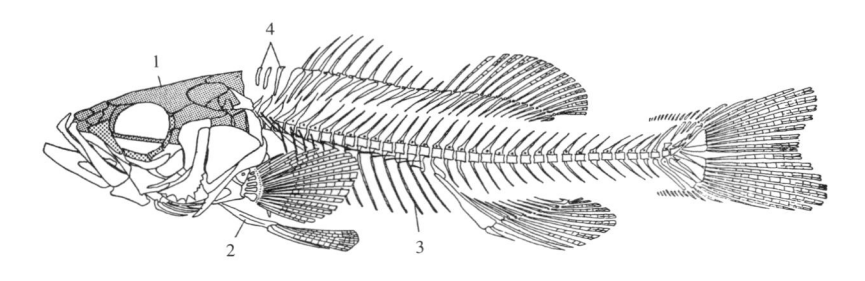

図12・1　スズキ稚魚の骨格
1：神経頭蓋　2：腰帯　3：肋骨　4：上神経棘

　骨格は脊索 notochord，軟骨 cartilage，および硬骨 bone によって構成される．無顎類と軟骨魚類の骨格は前二者からなり，条鰭類はこれら3種類からなる骨格を備える．硬骨には軟骨上に形成され，骨化する軟骨性硬骨 cartilage bone，軟骨とは無関係に外胚葉性の皮骨 dermal bone，および結合組織から直接骨化して形成される膜骨 membrane bone とがある[8]．しかし，魚類の体形が多種多様であるように，骨格の形態は種によってさまざまで，さらに，一部の骨の退化や癒合も起こっているので，複雑になっていることが多い．

　魚類の骨格は，体表の鱗とか鰭条によって代表される外部骨格 exoskeleton と，体内の各部を支える内部骨格 endoskeleton とに大別される．

　内部骨格は，その存在部位によって次のように分類される．

A1．中軸骨格 axial skeleton．
　B1．頭骨 skull．

C1. 神経頭蓋 neurocranium：頭部の中枢神経系・感覚器を保護する．神経頭蓋は脳底に出現する2対の軟骨片を中心に形成が進む．すなわち，脊索前端部に索傍軟骨 parachordal cartilage が，また，前脳の床部に1対の梁軟骨 trabecular cartilage が出現する（図12・2）．両者はやがて合体するとともに，前者には耳胞を取り囲む耳殻 auditory capsule が加わり，後者には鼻を保護する鼻殻 olfactory capsule などが加わって，一続きの脳函が形成される．このように初期の神経頭蓋は軟骨によって構成され，軟骨性頭蓋 chondrocranium とも呼ばれる．

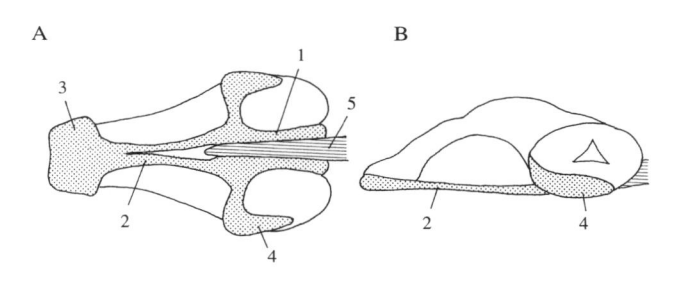

図12・2　真骨類（スズキ）の仔魚の神経頭蓋
A：腹面　B：側面　1：索傍軟骨　2：梁軟骨　3：篩軟骨　4：耳殻

C2. 内臓頭蓋 splanchnocranium：口腔や鰓腔の周囲にある多数の骨からなり，両顎・舌弓・鰓弓などを支持するとともに保護する．これらの骨は内臓骨 visceral skeleton とも呼ばれ，摂食や呼吸運動に関与する．初期の内臓頭蓋は主として軟骨によって構成される．

B2. 脊索 notochord：脊髄の直下を縦走してこれを保護するとともに，体の軸となる．初期の脊索動物では脊索だけで体の軸となるが，進化するにしたがって，脊索に軟骨が付属するようになり，さらに発達すると脊索を取り巻く分節構造，つまり脊椎骨が形成され，脊柱は完成する．

B3. 脊柱 vertebral column：脊髄と脊索を包み，これらを保護するとともに，体の軸となる．

A2. 付属骨格 appendicular skeleton：鰭の基部や筋肉中に存在する骨．

D1. 肩帯 shoulder girdle：胸鰭を支持する．

D2. 腰帯 pelvic girdle：腹鰭を支持する．

D3. 担鰭骨 pterygiophore：各鰭の鰭条を支える．

12・1　無顎類の骨格

骨格はすべて軟骨で，一部の中軸骨格は存在するが，分化の程度は低い．

神経頭蓋は槽状で構造は不完全である．ヤツメウナギの仲間では天蓋部が，また，ヌタウナギの仲間では天蓋部と側壁が結合組織からなる．鰓嚢および流出管はヤツメウナギの仲間では軟骨片からなる鰓籠 branchial basket によって支えられるが，ヌタウナギの仲間では部分的に弓状の軟骨によって支えられている．

摂食にかかわる舌軟骨はよく発達するが，ヤツメウナギの仲間とヌタウナギの仲間とでは，軟骨の構造も，その形成過程も違う[15]．

体の中軸には脊索が縦走し，脊柱は形成されない．脊索は円柱状で，各体節ごとのくびれはない．ヤツメウナギの仲間では，脊索の背面に小軟骨が断続的に並ぶ．

12・2　有顎魚類の骨格

軟骨魚類と硬骨魚類とでは，個々の骨を比較すると，かなりの相違がみられ

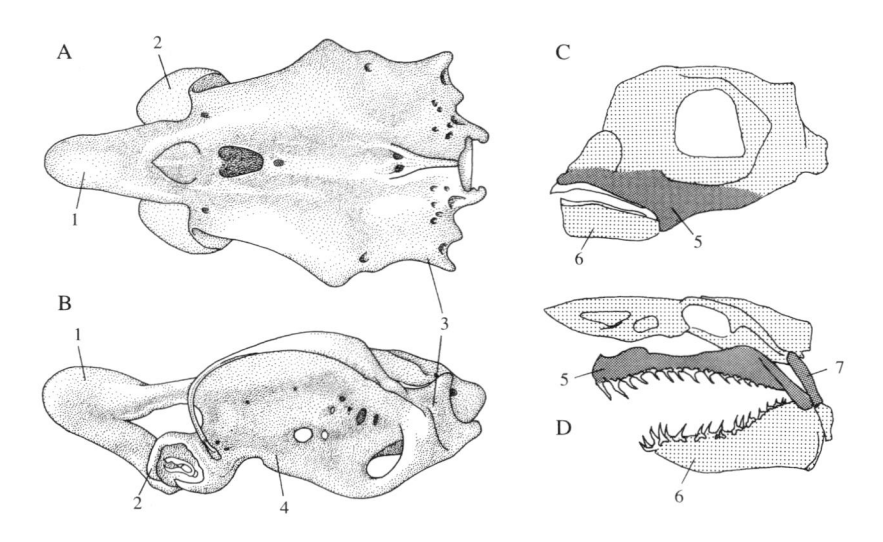

図12・3　軟骨魚類の頭蓋骨（A, B）と顎の関節様式（C, D）
A・B：ネズミザメの頭蓋骨の背面と側面　C：全接型（ギンザメの仲間）　D：舌接型（アオザメの仲間）　1：吻軟骨　2：鼻殻　3：耳殻　4：眼窩　5：口蓋方形軟骨　6：メッケル軟骨　7：舌顎軟骨

る．しかし，前者が軟骨で比較的簡単な構造であるのに対し，後者は主として硬骨で多くの骨片に分かれている点を除けば，両者の骨格の主な構成要素に大きな違いはない．

　魚類の骨の名称は頻繁に変化してきた経緯があり，現在なお研究者によって異なることがある．魚類の骨の名称については古くから検討と整理の努力が続けられてきた［4, 5, 7, 11］．しかし，魚類の骨は種によって変形，癒合，退化など，さまざまであって，名称の統一までにはいたっていない．本書では混乱を避けるため，現在，多くの研究者が使用している名称に従うことにする［1, 13, 14］．

12・2・1　神経頭蓋

　軟骨魚類の神経頭蓋は一続きの軟骨によって構成される函で，内部には脳を始めとし，感覚器も収納されている．表面は滑らかで，神経や血管の通路となる小孔が多数存在する．外形は種によって異なるが，前端から吻の軸となる吻軟骨 rostral cartilage; rostrum，鼻を保護する鼻殻 nasal（olfactory）capsule，眼を収納する眼窩 orbit，内耳を保護する耳殻 otic（auditory）capsule などに区分されるが，それぞれの境界に縫合線のようなものはない（図 12・3）．

　多くの硬骨魚類では軟骨性の頭蓋は骨化が進み，多数の軟骨性硬骨に分かれ，これらに膜骨（皮骨を含む）が加わって，複雑な神経頭蓋を形成する（図 12・4）．外形は分類群によってかなり違うが，基本的には両眼を収納する眼窩を中心に，それより後部の脳函部，吻部の軸となる篩骨域，および頭蓋床の各部に分かれる．これらの各部は脳や感覚器の保護はもとより，頭部の中心となり，顎，鰓，肩帯などの動きを支える重要な役割を果たす．神経頭蓋の各部の形態には，通常，魚類の体形や生活様式を反映する特徴が現れ，ひいてはその形態が種の特徴になることも多い．

　硬骨魚類の神経頭蓋を構成する一般的な骨を存在部位別に列挙すると，次のようになる．

　(1) 篩骨域：篩骨 ethmoid 1 個，上篩骨 supraethmoid（中篩骨 mesethmoid）1 個，前篩骨 preethmoid 1 対，側篩骨 lateral ethmoid 1 対，鼻骨 nasal 1 対，前鋤骨 prevomer 1 個．

　(2) 眼窩域：眼窩蝶形骨 orbitosphenoid 1 個，翼蝶形骨 pterosphenoid 1 対，基蝶形骨 basisphenoid 1 個，強膜骨 sclerotic 1 対，前頭骨 frontal 1 対．

　(3) 脳函部：蝶耳骨 sphenotic 1 対，翼耳骨 pterotic 1 対，前耳骨 prootic 1

対，上耳骨 epiotic 1 対，外後頭骨 exoccipital 1 対，上後頭骨 supraoccipital 1 個，頭頂骨 parietal 1 対，間在骨 intercalar 1 対，上側頭骨 supratemporal 1 対．

（4）頭蓋床：基後頭骨 basioccipital 1 個，副蝶形骨 parasphenoid 1 個．

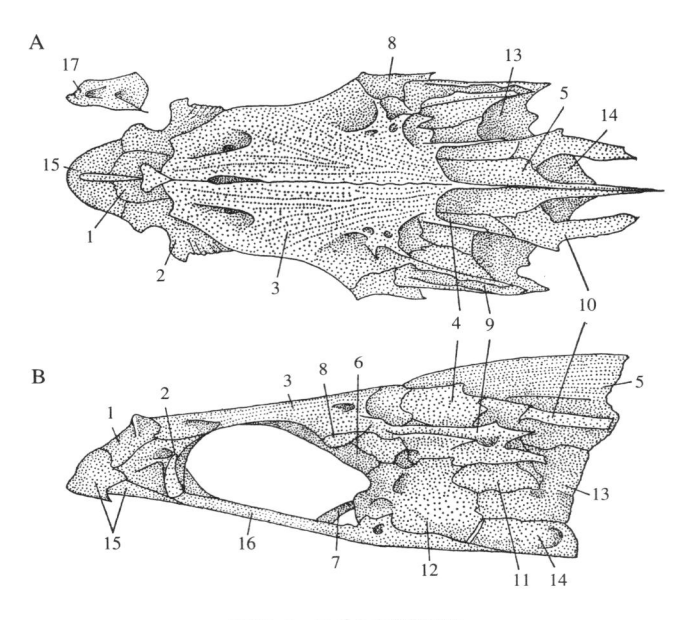

図12・4　スズキの神経頭蓋
A：背面　B：側面
1：上篩骨　2：側篩骨　3：前頭骨　4：頭頂骨　5：上後頭骨　6：翼蝶形骨
7：基蝶形骨　8：蝶耳骨　9：翼耳骨　10：上耳骨　11：間在骨　12：前耳骨
13：外後頭骨　14：基後頭骨　15：前鋤骨　16：副蝶形骨　17：鼻骨

12・2・2　内臓頭蓋

内臓頭蓋は顎の支柱となる顎弓 mandibular arch，顎の開閉に連動する舌弓 hyoid arch，鰓を支持し，摂食や呼吸と密接な関係がある鰓弓 gill arch，およびこれらに付属する骨からなる（図12・5）．

これらの骨は軟骨魚類では終生軟骨の状態で存在する．多くの硬骨魚類ではこれらの骨は骨化して軟骨性硬骨になり，一部に膜骨が加わって複雑な構造になっている．

（1）**顎弓**．軟骨魚類では上顎を支持する口蓋方形軟骨 palatoquadrate cartilage と，下顎を支持するメッケル軟骨 Meckel's cartilage とからなり，口裂の後

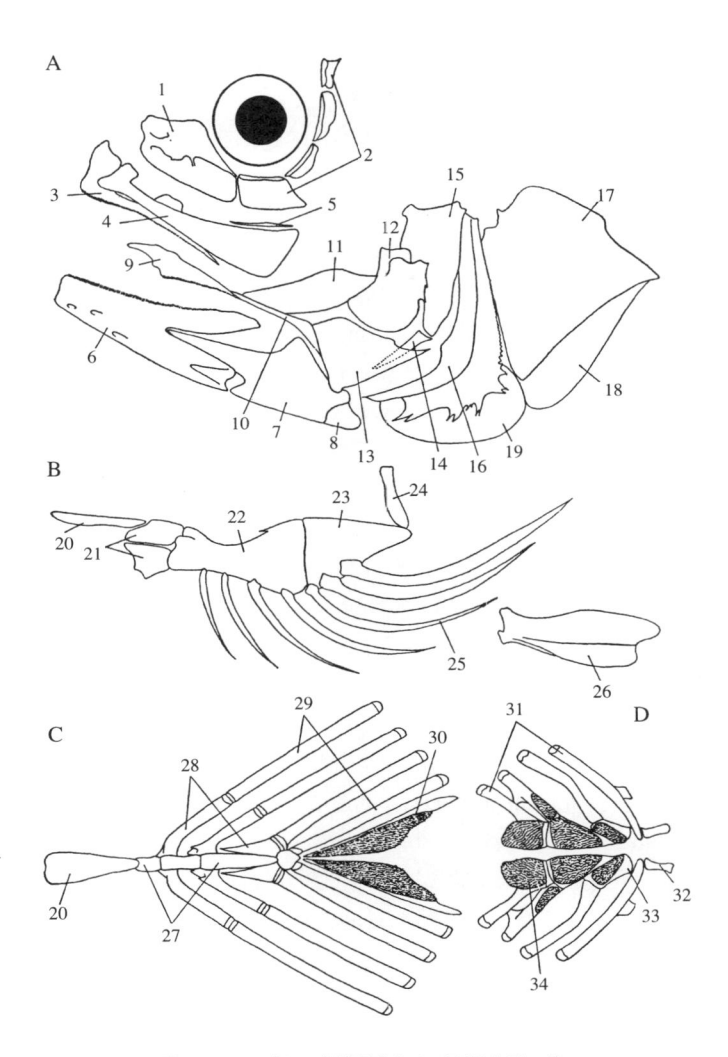

図12・5　スズキの内臓頭蓋および頭部表面の骨
　A：眼下骨，懸垂骨，顎骨　B：舌弓　C：鰓弓下半部と舌　D：鰓弓上半部
1：第1眼下骨（涙骨）　2：第2～第5眼下骨　3：前上顎骨　4：主上顎骨
5：上主上顎骨　6：歯骨　7：角骨（角関節骨）　8：後関節骨　9：口蓋骨
10：外翼状骨　11：内翼状骨　12：後翼状骨　13：方形骨　14：接続骨　15：
舌顎骨　16：前鰓蓋骨　17：主鰓蓋骨　18：下鰓蓋骨　19：間鰓蓋骨　20：基
舌骨　21：下舌骨　22：角舌骨　23：上舌骨　24：間舌骨　25：鰓条骨　26：
尾舌骨　27：基鰓骨　28：下鰓骨　29：角鰓骨　30：下咽頭歯　31：上鰓骨
32：第1咽鰓骨　33：第2咽鰓骨　34：上咽頭歯

第12章　骨　格　　　　　　　　　　　　　　　　　　　　　　　　　　95

端部に唇軟骨 labial cartilage が付属する．口蓋方形軟骨は上顎の開閉に関与する重要な軟骨で，神経頭蓋との関節様式には三つの型，すなわち，両接型 amphistyly（前部の突起で関節するとともに，舌軟骨を介しても関節する），舌接型 hyostyly（舌軟骨介して関節し，顎の動きが自由になる），および全接型 holostyly（神経頭蓋と完全に癒合する）がある（図12・2）．軟骨魚類の祖先型から，サメ・エイの仲間にみられる舌接型と，ギンザメの仲間にみられる全接型とに分化し，サメ・エイの仲間では舌接型から両接型が生じたという［3］．

真骨類では口蓋部に，口蓋骨 palatine，方形骨 quadrate，後翼状骨 metapterygoid，接続骨 symplectic，舌顎骨 hyomandibular，外翼状骨 ectopterygoid，内翼状骨 endopterygoid; entopterygoid などが並ぶ．これらの骨に上顎の軸となる前上顎骨 premaxillary と主上顎骨 maxillary が加わる．さらに種によっては，1～2個の上主上顎骨 supramaxillary が付属する．下顎には歯骨 dentary，角骨 angular（角関節骨 anguloarticular），後関節骨 retroarticular が並ぶ．

(2) 舌弓．軟骨魚類では口床中央に基舌軟骨 basihyal cartilage があり，ここから左右に対をなして角舌軟骨 ceratohyal cartilage が背方へ伸び，舌顎軟骨と関節する．

真骨類では舌弓は骨化し，基舌骨から左右に対をなして，下舌骨 hypohyal（しばしば下位下舌骨と上位下舌骨とに分かれる），角舌骨，上舌骨 epihyal，間舌骨 interhyal の順に並び，間舌骨は接続骨に関節する．また，基舌骨と肩帯の間に1個の尾舌骨 urohyal がある．角舌骨には鰓蓋の後下縁の膜を支える鰓条骨 branchiostegal ray が数本～十数本付属する．

(3) 鰓弓．軟骨魚類では通常5対（種によっては6～7対）の鰓弓がある．基舌軟骨の後方に並ぶ不対の基鰓軟骨 basibranchial cartilage から左右両側の背方へ向かって下鰓軟骨 hypobranchial cartilage，角鰓軟骨 ceratobranchial cartilage，上鰓軟骨 epibranchial cartilage，咽鰓軟骨 pharyngobranchial cartilage と続く．咽鰓軟骨は結合組織によって脊柱の下に懸垂する．

多くの真骨類では，鰓弓は5対あり，基本的には軟骨魚類のそれと同じ構造になっているが，それぞれの軟骨は骨化して，基鰓骨から左右に対をなして，下鰓骨，角鰓骨，上鰓骨，咽鰓骨（内咽鰓骨 infrapharyngobranchial）が並ぶ．角鰓骨と上鰓骨は＞型に関節し，この関節より上部を上枝，下部を下枝と呼ぶ．第4・5鰓弓の上枝は上咽頭骨 upper pharyngeal に，第5鰓弓の下枝は下咽頭骨 lower pharyngeal に変形し，多くの場合，咽頭歯を備える．

(4) **その他の硬骨**．真骨類では眼の周囲や鰓腔の表面に，これらを保護する骨が発達する．多くの場合，眼の下縁から後縁にかけて数個の眼下骨 infraorbital が半環状に並ぶ．第1眼下骨は涙骨 lachrymal と呼ばれる．眼の上縁には眼上骨 supraorbital が並ぶ．

鰓を保護する鰓蓋を支える骨は，前鰓蓋骨 preopercle，主鰓蓋骨 opercle，下鰓蓋骨 subopercle，および間鰓蓋骨 interopercle である．

12·2·3 脊　柱

発生の初期には，体の支柱は縦走する脊索である．発生が進むと，体節ごとに脊索を取り囲むように，椎体 centrum と，これに付属する骨が形成されて脊椎骨 vertebra が完成し，これらが前後に連結して脊柱となる．胴部にある脊椎骨を腹椎骨 abdominal vertebra，尾部にある脊椎骨を尾椎骨 caudal vertebra と呼ぶ．

軟骨魚類の脊柱は終生軟骨のままである．腹椎軟骨は椎体を中心にして背側に神経弓 neural arch を備え，その背側に神経突起 neurapophysis が突出し，腹側には1対の横突起 parapophysis；基腹椎 basiventral を備え，これに肋骨 rib が付属する．尾椎軟骨では背側は腹椎軟骨と同じ構造であるが，腹側には血管弓 hemal arch を備え，その下に血管突起 hemapophysis が付属する．神経突起も血管突起も板状で，前後の突起の間には介在板 intercalary plate が介在する．

多くの真骨類では脊柱は骨化している．腹椎骨は神経弓に神経棘 neural spine を，横突起には肋骨が付属する．尾椎骨には背側の神経棘と，腹側の血管弓に付着する血管棘 hemal spine とが発達する（図12·8）．このほかに，真骨類の多くの種では，体側筋中に上神経骨 epineural，上椎体骨 epicentral，上肋骨 epipleural などの肉間骨 intermuscular bone が存在する[9]．

真骨類の脊椎骨は尾端近くで変形して尾鰭を支持する構造になっているので，とくに尾骨 caudal skeleton と呼ばれる（図12·6）．尾骨の中心となるのは尾鰭椎 ural vertebra で，カライワシなどでは数個の椎体からなるが，多くの真骨類ではこれらが癒合して1個の尾部棒状骨 urostyle となっている．この骨から後方に数個の血管棘の変形した下尾骨 hypural が扇状に並び，尾鰭条を支持する．尾鰭椎の直前の脊椎骨は尾鰭椎前脊椎骨 preural vertebra と呼ばれ，ここに付属する血管棘を準下尾骨 parhypural と呼ぶ．準下尾骨基部には下尾骨側突起 hypurapophysis がある．尾鰭椎の背側には尾神経棘 uroneural，上尾骨 epiural が付属する．このほかに尾骨には軟骨片が付属する．下尾骨の形態や数を始め

とし，尾骨の形態は魚類の分類群の系統を示唆する重要な特徴となる [2]．また，この部分は遊泳運動でも重要な役割を果たし，その構造は魚類の遊泳能力に大きく影響する．

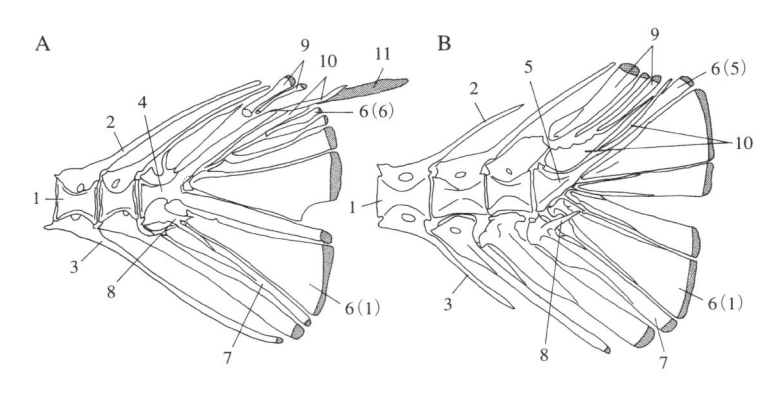

図12・6　魚類の尾骨 [2]
A：カタクチイワシ　B：スズキ
1：椎体　2：神経棘　3：血管棘　4：尾鰭椎前椎体＋尾鰭椎　5：尾部棒状骨　6(1)：第1下尾骨　6(5)：第5下尾骨　6(6)：第6下尾骨　7：準下尾骨　8：下尾骨側突起　9：上尾骨　10：尾神経骨　11：脊索周縁軟骨

12・2・4　肩　帯

胸鰭を支える肩帯もいくつかの骨によって構成される．

軟骨魚類の肩帯は弓状の軟骨からなる．胸鰭の担鰭骨が関節する下半部を烏口軟骨 coracoid cartilage，上半部を肩甲軟骨 scapular cartilage；肩甲突起 scapular process と呼ぶ．その背側に上肩甲軟骨 suprascapular cartilage が付属することもある．

硬骨魚類では肩帯はふつう骨化していて，次のような小骨によって構成される（図12・7）．

（1）**一次性肩帯** primary shoulder girdle．肩甲骨，烏口骨，および種によっては両者の間に中烏口骨 mesocoracoid が加わる．いずれも軟骨性硬骨である．

（2）**二次性肩帯** secondary shoulder girdle．腹側から順に擬鎖骨 cleithlum，上擬鎖骨 supracleithlum，後側頭骨 posttemporal が並ぶ．また，擬鎖骨から後腹側へ後擬鎖骨 postcleithlum が伸びる．いずれも膜骨である．なお，シーラカンス，ハイギョの仲間，ポリプテルスの仲間などでは，鎖骨 clavicle などが存在し，複雑な構造になっている [10]．

12・2・5 腰　帯

腰帯は腹鰭を支える骨によって構成される（図12・7）．

軟骨魚類では軟骨からなるが，雄の腹鰭内縁には交尾器が付属するので，その軸となる軟骨が加わり，複雑な構造になっている．

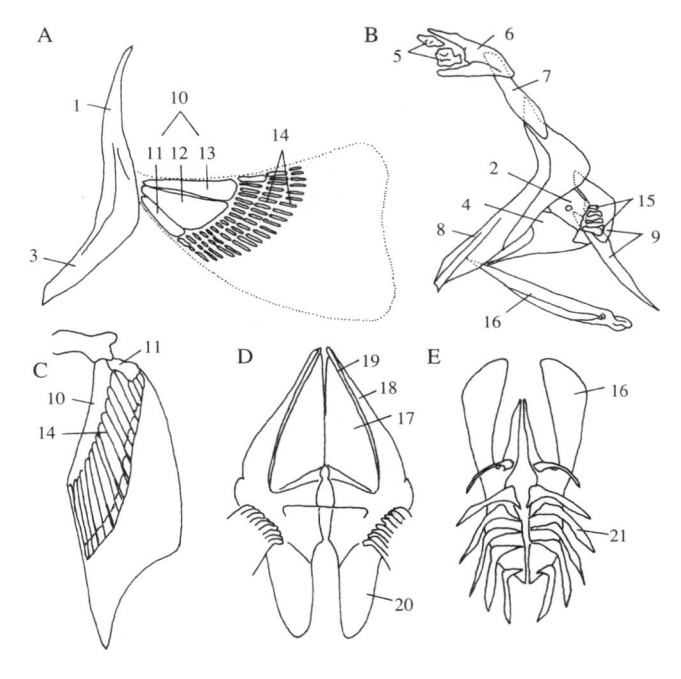

図12・7　魚類の肩帯（A，B）と腰帯（C～E）
A・C：アブラツノザメ　B：スズキ　D：トカゲエソ　E：ビクニン（吸盤に変形）
1：肩甲軟骨（肩甲突起）　2：肩甲骨　3：烏口軟骨　4：烏口骨　5：上側頭骨　6：後側頭骨　7：上擬鎖骨　8：擬鎖骨　9：後擬鎖骨　10：基底軟骨　11：前担鰭軟骨　12：中担鰭軟骨　13：後担鰭軟骨　14：輻射軟骨　15：射出骨　16：腰帯　17：内翼　18：外翼　19：中央部　20：後突起　21：腹鰭鰭条

構造が複雑なシーラカンスなどを除くと，硬骨魚類では長三角形または葉状の基鰭骨basipterygiumによって構成され，中心部の形や後突起の形は，腰帯の存在部位とともに分類群の特徴にもなる[12]．真骨類では棘を備える腹鰭が胸位にある分類群になると，通常，その前端は肩帯に接する．腹鰭が吸盤に変形するクサウオの仲間，ダンゴウオの仲間，ハゼの仲間，ウバウオの仲間など

では，腰帯は鰭条とともに吸盤の骨組みを形成する．

12・2・6　担鰭骨

各鰭の鰭条を支える担鰭骨は，軟骨魚類，肉鰭類，条鰭類など，分類群によって多少形態が異なる．

軟骨魚類では，鰭の基部に基盤となる基底軟骨 basal と輻射軟骨 radial とが発達する（図12・7，12・8）．基底軟骨は1～数個の板状の軟骨からなる．この軟骨は前担鰭軟骨 propterygium，中担鰭軟骨 mesopterygium，および後担鰭軟骨 metapterygium に分けられることもある．

シーラカンス，ハイギョの仲間，チョウザメの仲間，ポリプテルスの仲間などでは，担鰭骨は多くの骨片によって構成され，複雑な構造になっている．

真骨類では担鰭骨の多くは軟骨性硬骨である．胸鰭鰭条を支える骨片は輻射骨 radial あるいは射出骨 actinost と呼ばれる．

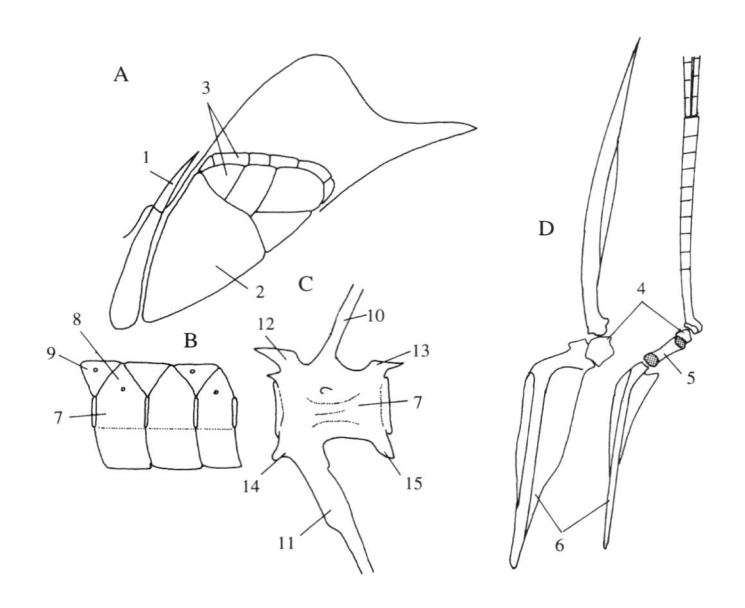

図12・8　魚類の背鰭担鰭骨と脊椎骨
A・B：アブラツノザメ　C・D：真骨類
1：棘　2：基底軟骨　3：輻射骨　4：遠位担鰭骨　5：間担鰭骨　6：近位担鰭骨　7：椎体　8：神経突起　9：介在板　10：神経棘　11：血管棘　12：前神経関節突起　13：後神経関節突起　14：前血管関節突起　15：後血管関節突起

背鰭と臀鰭の担鰭骨は，鰭条と関節する骨片から内側へ向かって，遠位担鰭骨 distal pterygiophore，間担鰭骨 median pterygiophore，近位担鰭骨 proximal pterygiophore の順に並ぶ．また，多くの真骨類では，背鰭前方の神経棘の間に，鰭条を伴わない何本かの棘が1列に並ぶ．これらは上神経棘 supuraneural と呼ばれる [6]．

文　献

1) Compagno, L.J.V. 1999. Endoskeleton. *In* "W.C. Hamlett, ed. Sharks, skates, and rays. The biology of elasmobranch fishes." pp.69-92. Johns Hopkins Univ. Press, Baltimore.
2) 藤田　清．1990．魚類尾部骨格の比較形態図説．897 pp. 東海大学出版会，東京．
3) Grogan, E.D., R. Lund, and D. Didier. 1999. Description of the chimaerid jaw and its phylogenetic origins. *J. Morphol.*, **239**: 45-59.
4) Harrington, Jr., R.W. 1955. The osteocranium of the American cyprinid fish, *Notropis bifrenatus*, with an annoted synonymy of teleost skull bones. *Copeia*, 1955: 267-290.
5) Jollie, M. 1986. A primer of bone names for the understanding of the actinopterygian head and pectoral girdle skeletons. *Can. J. Zool.*, **64**: 365-379.
6) Mabee, P.M. 1988. Supraneural and predorsal bones in fishes: development and homologies. *Copeia*, 1988: 827-838.
7) Patterson, C. 1975. The braincase of pholidophorid and leptolepid fishes, with a review of the actinopterygian braincase. *Phil. Trans. Roy. Soc. Lond.*, B, **269**: 275-579.
8) Patterson, C. 1977. Cartilage bones, dermal bones and membrane bones, or the exoskeleton versus the endoskeleton. *In* "S.M. Andrews, R.S. Miles, and A.D. Walker, eds. Problems in vertebrate evolution." *Zool. J. Linn. Soc.*, 59 (Suppl. 1) : 77-121.
9) Patterson, C. and G.D. Johnson. 1995. The intermuscular bones and ligaments of teleostean fishes. *Smithson. Contr. Zool.*, (559) : 1-85.
10) Rosen, D.E., P.L. Forey, B.G. Gardiner, and C. Patterson. 1981. Lungfishes, tetrapods, paleontology, and plesiomorphy. *Bull. Amer. Mus. Nat. Hist.*, **167**: 159-276.
11) Starks, E.C. 1901. Synonomy of the fish skeleton. *Proc. Wash. Acad. Sci.*, **3**: 507-539.
12) Stiassny, M.L.J. and J.A. Moore. 1992. A review of the pelvic girdle of acanthomorph fishes, with comments on hypotheses of acanthomorph intrarelationships. *Zool. J. Linn. Soc.*, **104**: 209-242.
13) 須田有輔．1991．日本産マアジ *Trachurus japonicus* の骨格系．*Bull. Kitakyushu Mus. Nat. Hist.*, **10**：53-89．
14) 上野輝彌・坂本一男．1999．魚の分類の図鑑―世界の魚の種類を考える．155pp. 東海大学出版会，東京．
15) Wright, G.M., F.W. Keeley, J.H. Youson, and D.L. Babineau. 1984. Cartilage in the Atlantic hagfish, *Myxine glutinosa*. *Amer. J. Anat.*, **169**: 407-424.

第13章
摂食・消化系

　食物は魚類の個体維持や種族維持に必要なエネルギー源であり，魚類は水界の食物連鎖の中にあって，いろいろな方法で摂食行動をする．摂食機構は無顎類と有顎魚類とでは基本的に違うが，顎をもつ魚類でも，餌の種類と性質，摂食場所，他の動物との「食う」「食われる」の相互関係，魚類自身の成長段階などによって，摂食する食物の種類はかなり違う．

13・1　食　　性

　魚類は生息場所にいる餌生物を無差別に摂食するのではなく，好みの餌を選んで摂食する傾向がある．しかし，生息場所に好みの餌生物が存在しなかったり，存在していても量的に不足したり時には，その魚類は他の餌生物を求めざるをえないので，魚類の餌の選択性は必ずしも固定的とはいえない．また，同じ量の餌生物がいても，それが集団になっている時と，分散している時とでは，摂食量は異なる．このような変化はあるが，魚類の消化管の内容物組成は，積極的に摂食する主要な餌生物を反映している．魚類の食性 food habit; feeding habit は消化管内の餌生物の種類によって，あるいはこれに摂食方法などを加味して判断する．

　食性の表し方にはいろいろの方法がある．大きく分けると，動物食性 zoophagous；肉食性 carnivorous，植物食性 phytophagous；草食性 herbivorous，および雑食性 omnivorous というようになる．また，食べられる餌生物を特定して分類すると，藻類食者 algal feeder，デトリタス食者 detritus feeder，プランクトン食者 plankton feeder，底生生物食者 benthos feeder，魚食者 piscivore，貝食者 molluscivore，サンゴ食者 corallivore，雑食者 omnivore などになる．

　食性の違いは，口の位置，大きさ，開閉機構を始めとし，歯，鰓耙，消化管などの形態と密接に関係することが多く（図 13・1），これらの器官の特徴から，その魚類の食性を推察することが可能な場合もある．また，魚類の生息場

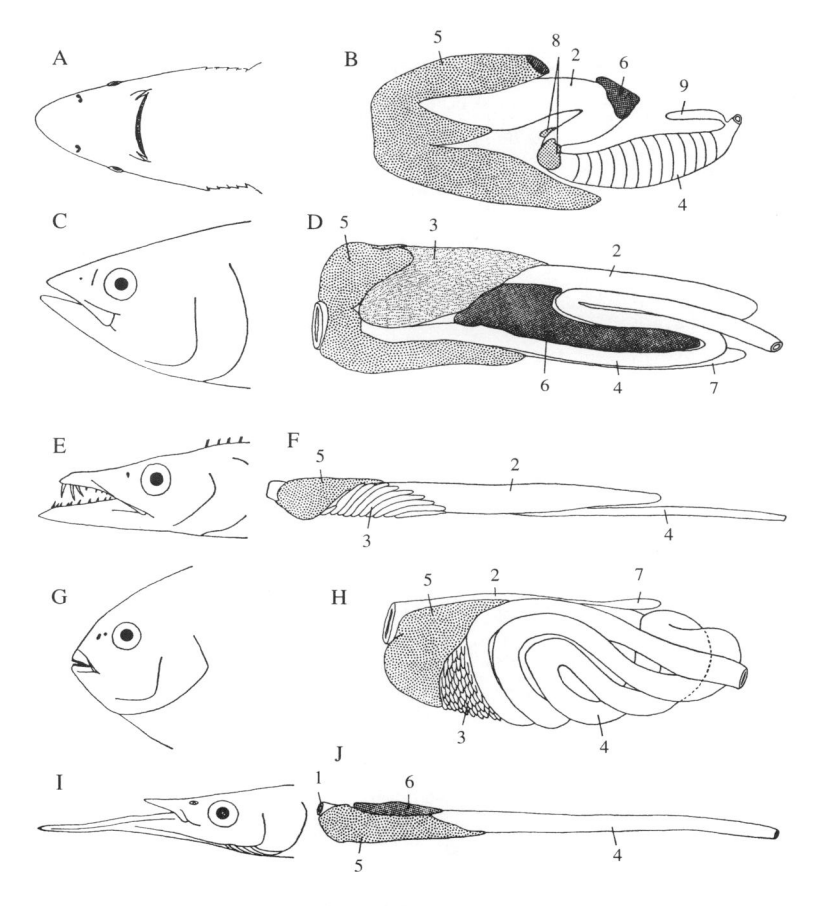

図13・1　魚類の消化系（C～Jは [24] を改変）
A：アブラツノザメ頭部　B：同消化管など　C：キハダ頭部　D：同消化管など　E：タチウオ頭部　F：同消化管など　G：メジナ頭部　H：同消化管など　I：サヨリ頭部　J：同消化管など
1：食道　2：胃　3：幽門垂　4：腸　5：肝臓　6：脾臓　7：胆嚢　8：膵臓　9：直腸腺

所と食性との間に深い関係がある例も少なくない．

13・2　口と口腔

口の形態は顎の構造および機能と密接な関係がある．

現存の無顎類は顎が形成されないので，口は特異な形態を示す．とくにヤツ

第13章　摂食・消化系　　　　　　　　　　　　　　　　　　　　　　　　　103

メウナギの仲間の口は，寄生生活に適応して吸盤状になっている（図2・1）.

軟骨魚類では，通常，口は頭部下面に開く．口蓋方形軟骨と頭蓋骨との関節状態によって，顎の開閉効率に多少の違いがあり，舌接型の上顎は可動状態にあるが，大きく伸出させることはできない．

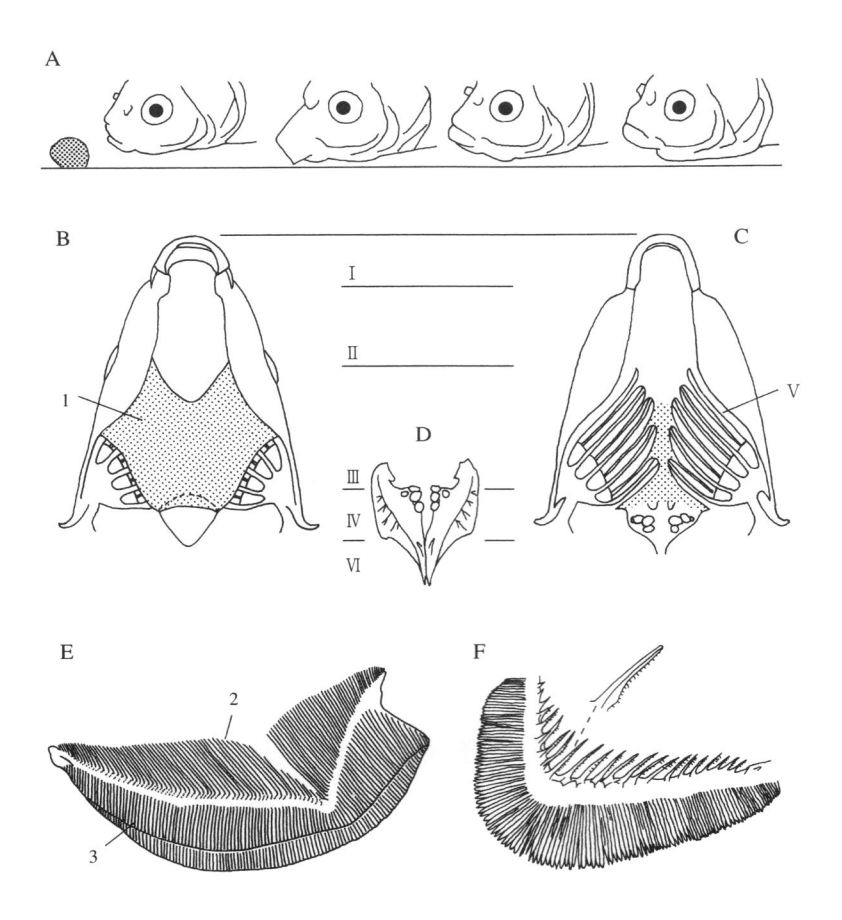

図13・2 フナの摂食に伴う口の動き（A）[1]，コイの口腔・咽頭部（B〜D）[22] を改変，および真骨類の鰓耙（E, F）
B：口腔・咽頭部背面　C：同腹面　D：咽頭歯　E：マイワシ　F：ニベ
1：口腔器官　2：鰓耙　3：鰓弁
Ⅰ：口腔前部 oral cavity　Ⅱ：口腔後部 buccal cavity　Ⅲ：咽頭前部　Ⅳ：咽頭後部
Ⅴ：鰓腔　Ⅵ：食道

硬骨魚類，とくに真骨類では，開口時に上顎を伸出させるものが多い．伸出機構には上顎を縁取る骨の動きが深く関与する．原始的な真骨類では，上顎の縁辺は前上顎骨と主上顎骨とによって縁取られ，伸出の度合いは小さい．進化した真骨類では前上顎骨が長く後方へ伸びて上顎の縁辺を縁取り，さらにその前端背方に上向突起が発達する（図6・1）．これによって上顎の可動性は向上し，前方へ伸出させることによって口は前へ突出して，餌生物を効率よく口内に吸い取ることができる（図13・2）．

　口の位置や大きさは魚類の摂食行動と密接な関係がある．たとえば，遊泳しながら小魚に襲いかかるマサバやカツオなどでは，口は頭部前端に位置する．底生生物を主な餌とするチョウザメやヒメジなどでは，口は下位または下方へ曲がっている．前上方の餌を捕食するミシマオコゼ，アンコウなどでは，口は上位または上向きになっている．これは一般的な傾向であり，もちろん例外もある．カタクチイワシは，下顎を大きく開くことに関連して吻が長く突出し，口は下位にある．マイワシやアカカマスにみられるように，口が多少上向きになっていても，開口時には体軸の前端に開く状態になる例もある．このような口は機能的には前向きの口といえよう．

　口の位置は，また，成長段階によって変わることがある．多くの魚類は仔稚魚期には前向きの口を備える．このような口は仔稚魚が遊泳しながらプランクトンを摂食するのに適している．成長とともに餌生物の種類や大きさが変化するのに伴って顎の形に変化が生じ，上向きあるいは下向きの口になる．

　口裂の大きさも摂食生態を反映することが多い．デトリタス食者（ボラ），プランクトン食者（キビナゴ，トウゴロウイワシなど，ただしカタクチイワシは例外），小型底生生物食者（ヒメジ，カレイの仲間の一部など）の口は一般に小さい．魚食者（サケ，マダラなど）の口は大きい．また，自らよく動いて摂食する魚類の口は相対的に小さく，餌生物の接近を待ち伏せして襲う魚類の口は大きい傾向があるという．餌生物の少ない深海に生息するフクロウナギ，ホウライエソ，クロボウズギスなどは，多量の餌あるいは大型の餌を捕食できるように著しく大きい口を備える．

　口内に取り入れられた食物は，口腔 oral cavity; buccal cavity，舌弓，鰓弓の内側を経由して咽頭 pharynx へ運ばれる．魚類の口腔では消化酵素は分泌されない．口腔は食物のみならず呼吸水の通路にもなるので，内圧は複雑に変化する．また，咽頭顎が重要な役割を演じるコイの仲間では，摂食機構に基づいて

口腔はoral cavityとbuccal cavityに二分して扱われることがある[22].

13・3　歯

歯は摂食に際して重要な役割を果たすが，無顎類と，軟骨魚類および硬骨魚類とでは，その基本構造に違いがある．

無顎類の歯は角質歯honey toothと呼ばれ，ケラチン質の層を中心に構成される[28]．構造は単純であるが，宿主動物に吸着するとか，他の動物の外皮に穴をあける習性に適応して先端は鋭くとがる．

軟骨魚類と硬骨魚類の歯は種によって外形には著しい違いがあるが，基本構造はほぼ同じで，外側からエナメル質enamel，象牙質dentine，および歯髄dental pulpの3層によって構成される．魚類の歯のエナメル質はエナメロイドenameroidとも呼ばれ，その発達程度は種によって異なり，歯の全表層を覆う型や，歯の先端部に冠状に付着する型などがあるが，時には欠落することもある．象牙質もその構造によって，細胞体を内蔵する骨様象牙質osteodentine，血管が分布する脈管象牙質vasodentine，象牙細管を内蔵する真正象牙質orthodentineなどに分けられることがある．歯髄は歯の中心部に位置し，ここに血管や神経が入り込んでいる．

魚類の歯の形とその配列様式は食性を反映していることが多い．

軟骨魚類では，一般に肉食性の種の歯は鋭くとがり，硬い餌生物を好む種の歯は押し潰すのに適した臼歯状で，プランクトン食性の種の歯は退化傾向にある．肉食性のホオジロザメの仲間では上顎の歯は鋸歯縁のある三角形で，下顎の歯は鋭くとがる．下顎歯は餌生物を捕捉し，上顎歯は嚙み切るのに適しているという[9]．甲殻類や貝類などを好んで摂食するネコザメでは顎の前部の歯は鋭く，後部の歯は臼歯状で，サザエの殻でも嚙み潰す（図13・3）．硬い甲殻で覆われるカニを摂食するシュモクザメの仲間でも顎の後部に臼歯状の歯が並ぶ[26]．トビエイの仲間では，貝殻を割って摂食するトビエイやマダラトビエイの歯は扁平で敷石状に並び，プランクトンを専食するイトマキエイやオニイトマキエイの歯は葉状で歯間に隙間がある[23]．

サメ・エイの仲間では，最前列の作用歯の後方に数列の歯が並んでいて，歯は定期的に，かなり頻繁に交換される．その頻度は種によって，また，成長段階によって異なるが，平均して1～2週間といわれる．作用歯の後列の歯が順次ベルトコンベヤー式に送り出されて交換が行われる（図13・3）．また，作用

歯が欠損するか，あるいは脱落しても，同様の方式によって補充される．

真骨類では円錐歯 conical tooth と呼ばれる歯が一般的であるが，種によっていくつかの変形がある．活発に遊泳しながら魚類などを捕食するカツオやサワラなどの歯は小さいが円錐形で鋭い．待ち伏せ式の摂食法をとるマエソやアンコウなどの歯は細く鋭く，かつ多数並ぶ．貪食のミズウオやタチウオの歯は鋭く強固で，犬歯状歯 caninelike tooth または牙状歯 fanglike tooth と呼ばれる（図 13・4）．餌を噛み切る食性のアオブダイやフグの仲間の歯は板状の切歯状歯 incisorlike tooth と呼ばれる．甲殻類などを破砕して食べるマダイなどは鋭い円錐歯と臼歯 molar tooth とを備える．アユは川へ上って付着藻類を摂食するようになると，両顎に櫛状歯 comblike teeth が発達する．藻類食者のメジナの歯は先端が指状である（図 13・4）．

条鰭類の顎の歯の付着様式には 4 型があり，(1) 顎骨に固着する型，(2) 歯と顎骨の間にコラーゲン繊維層が介在する型，(3) 歯の基部前面では顎骨と接着し，後部ではコラーゲン繊維層が介在する型，および (4) 歯の基部前面は顎骨から遊離し，後部ではコラーゲン繊維層によって顎骨とつながる型に分けられるという [8]．

真骨類では歯の補充様式は萌出式で，作用歯の前後の真皮中に補充歯となる歯胚 tooth germ が用意されていて，作用歯が脱落すると，それらが萌出して作用歯になる（図 13・3）．

摂食に直接作用するのは両顎の歯であるが，真骨類では両顎のほかに口腔に面する骨に歯を備える種が少なくない．上顎の伸出機構が未発達の種では，前鋤骨，副蝶形骨，口蓋骨，内翼状骨，基舌骨，基鰓骨などのいずれかに歯が発達し，摂食に関与する（図 13・3）．これらの骨の歯の有無は分類形質として利用される．

真骨類には咽頭歯 pharyngeal tooth を備える種が多い．咽頭歯は腹側の第 5 角鰓骨と，背側の上鰓骨，咽鰓骨に付着し，口腔から送られてきた食物を捕らえて食道へ送り込む．その発達状態は種によって，また，食性によって異なる．オオクチバスの仲間，ベラ・ブダイの仲間，ウミタナゴ，カワスズメの仲間などでは背腹両面の咽頭歯が発達してよく機能する咽頭顎 pharyngeal jaw を形成し，咀嚼の機能をもつ [15, 16]．両顎の歯を欠くコイの仲間では下咽頭歯のみが発達し，咽頭部背面に相対して発達する咀嚼台 chewing pad と噛み合わせて食物を咀嚼する [22]．

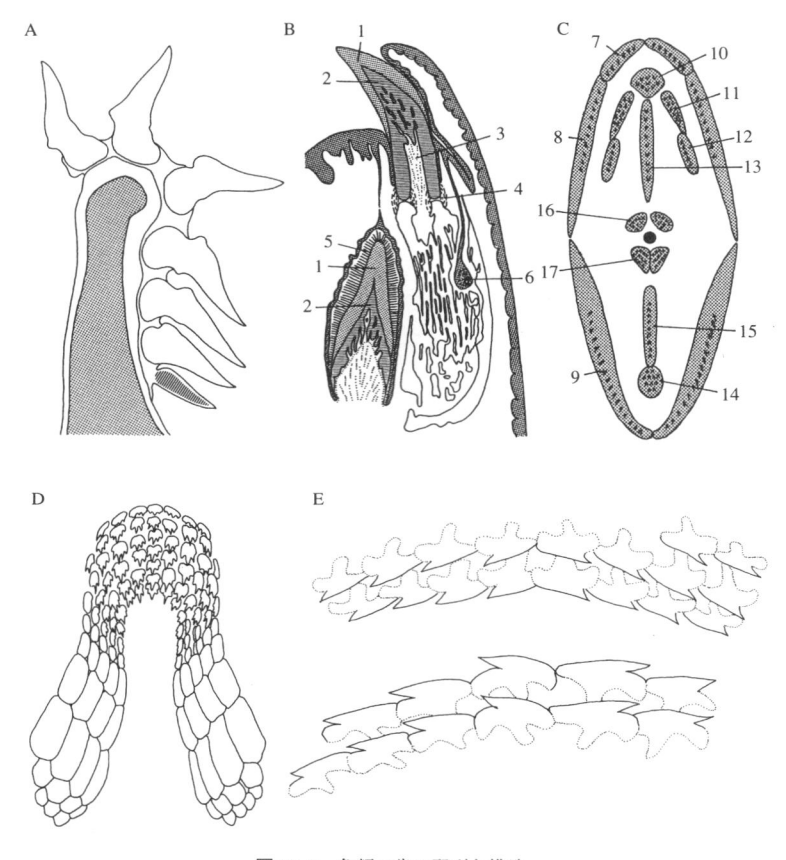

図13・3　魚類の歯の配列と構造
A：ネズミザメ上顎縦断模式図 [12] を改変　B：ニザダイ [25]　C：真骨類口部の歯の配列模式図　D：ネコザメ下顎歯　E：アブラツノザメの上下顎歯の一部
1：エナメル質　2：象牙質　3：歯髄　4：結合組織　5：舌側歯胚の上皮層　6：唇側歯胚　7：前上顎骨　8：主上顎骨　9：歯骨　10：前鋤骨　11：口蓋骨　12：内翼状骨　13：副蝶形骨　14：基舌骨　15：基鰓骨の歯板　16：上喉頭骨　17：下喉頭骨

13・4　鰓　耙

　無顎類を除く魚類では，鰓弓の内縁に鰓耙 gill raker と呼ばれる突起が並ぶ．鰓耙は前後2列に並び，第1鰓弓では前列のものが長い．鰓耙の形，数，発達状態は種によって異なり，食性と関係があるといわれるが，例外もある．また，分類形質としても重視される．

軟骨魚類では一部のプランクトン食性の種を除いて，鰓耙はあまり発達しない．ウバザメでは摂食活動が活発な時期には細長い鰓耙が密生するが，摂食活動が低下する寒冷期には脱落し，春季に再び新生する．

　真骨類の多くは鰓耙を備える．その形は，棘状，へら状，葉状，こぶ状など，種によってさまざまである．マイワシ，コノシロ，ボラなどのように微細なプランクトンやデトリタスを濾過して摂食する魚類では，鰓耙は長く，かつ密生する．また，鰓耙にはさらに二次的に微小な突起が並び（図13・4），濾過時に鰓耙のふるいを形成するようになっている．

　一方，肉食性の魚類では鰓耙は短く，数も少ない．マエソやタチウオの鰓耙は鋭い歯状突起となっていて，数は少ない．ハモ，アカカマス，アンコウなど，貪食の魚類では鰓耙は退化消失している．このような例は一般的な傾向であって，鰓耙数の多い種がすべてプランクトン食性とは限らないし，鰓耙の発達が悪い種がすべて肉食性とは限らない．

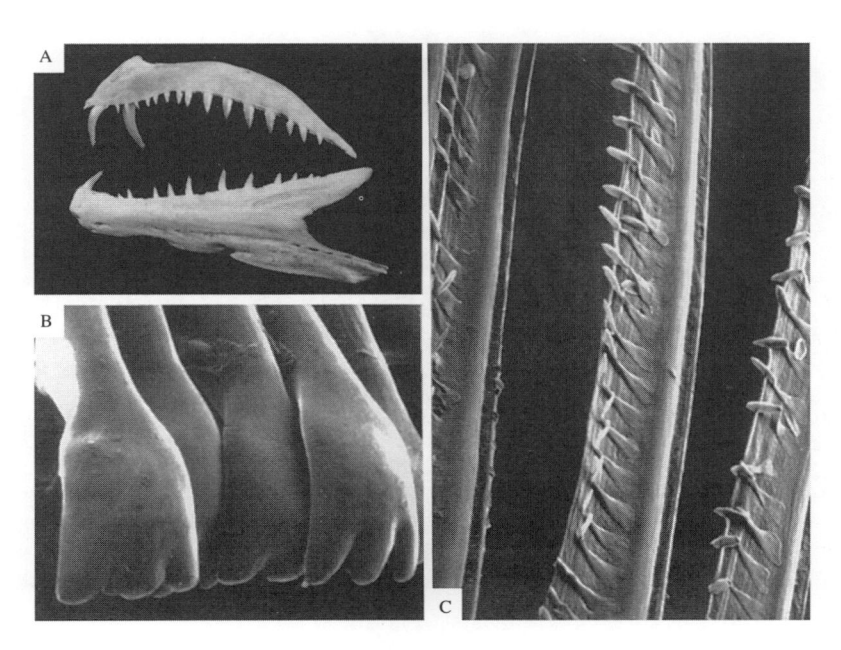

図13・4　真骨類の顎歯（A，B）と鰓耙（C）
A：タチウオ　B：メジナ　C：マイワシ

第13章　摂食・消化系

13・5 消化器

消化管 digestive tract; alimentary canal は発生初期には1本の直走する管であるが，成長するにしたがって長さは増し，種によっては複雑に湾曲する．消化管は成魚では，前から食道 esophagus，胃 stomach，および腸 intestine に区分される．その壁の基本構造は内側から外側へ向かって粘膜 mucosa，粘膜下組織 submucosa，筋肉層 muscular layer，および漿膜 serosa の各部からなる．消化管は消化酵素の分泌などの消化にかかわる肝臓，胆嚢，膵臓などの器官とともに腹腔内に収納されている．

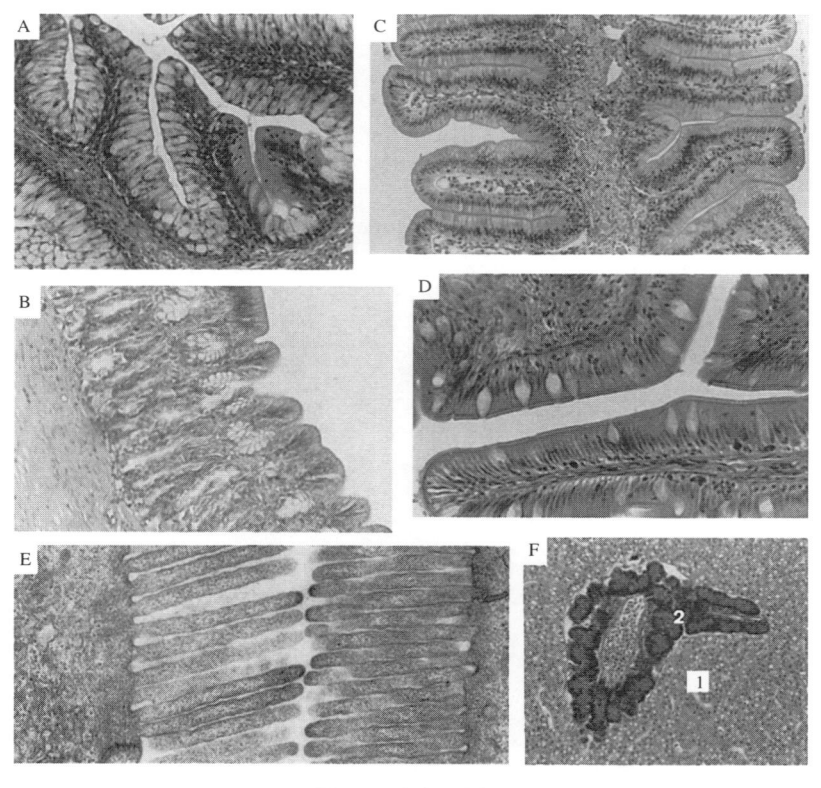

図13・5　魚類の消化器
A：コイの食道　B：スズキの胃腺　C：ドチザメの螺旋腸の上皮　D：マダイ腸管上皮
E：コイの腸管上皮の条紋縁を形成する微絨毛　F：イシガレイの肝膵臓
1：肝臓組織　2：膵臓組織

13・5・1 食　　道

　食道は咽頭と胃を結ぶ短い管で，内面には皺の多い粘膜が発達する．粘膜上皮は前部では多層扁平上皮であるが，後部では単層円柱上皮へ移行する．多層上皮中には多数の粘液細胞があり（図13・5），染色性から少なくとも2種類の粘液が分泌される．

　円柱上皮の部分は海水中で浸透調節に関与するといわれる．ウナギを淡水から海水へ移すと，食道の上皮は水にもイオンにも透過性の低い淡水型から透過性の高い海水型へ変化し，ここで飲み込んだ海水の脱塩が行われる[13]．ボラの食道上皮は海水中でも淡水中でも形態に大きな変化はないという[5]．また，種によってはこの部分が消化に関与するともいわれる[18]．

　粘膜下組織の発達状態はさまざまであるが，主として結合組織からなる．筋肉層は内側の縦走筋と外側の環走筋の2層からなるが，前者は薄い層である．いずれも骨格筋によって構成されるが，後部は内臓筋の層に変わる．漿膜はきわめて薄く，食道の外面を覆う．

13・5・2 胃

　胃は食物の貯蔵と消化を行う器官で，胃壁は伸縮性に富み，満腹時には著しく拡張する．魚類の胃は入口の噴門部 cardiac portion，腸への出口となる幽門部 pyloric portion，および両者の中間にあって食物の貯蔵部となる盲嚢 blind sac の3部からなるが，各部の発達状態の差異によって次の5型に分けられる[24]．

　（1）I型．各部の分化が不明瞭で，胃は直線状（シラウオ，ヤガラの仲間など）．

　（2）U型．盲嚢部は発達せず，噴門部と幽門部は緩やかにU字状に連結する（軟骨魚類，コノシロなど）．

　（3）V字型．盲嚢部がわずかに分化し，噴門部と幽門部の境界はとがってV字状に連結する（サケ，マダイなど）．

　（4）Y字型．盲嚢部は発達し，噴門部と幽門部の境界から後方へ突出する（マイワシ，カタクチイワシ，ウナギなど）．

　（5）ト型．盲嚢部は著しく大きく，幽門部は盲嚢部の横に付着する（マエソ，マダラ，マサバ，カツオなど）．

　なお，コイの仲間，ダツ，サンマ，サヨリ，トビウオ，ベラ・ブダイの仲間などには胃がない．フグの仲間は大きく膨らむ胃と呼ばれる部分を備えるが，

この部分にはペプシノゲンを分泌する細胞は認められない[27]．胃がない魚類は無胃魚 stomachless fish と呼ばれる．

胃の粘膜は発達し，上皮，固有層 tunica propria，緻密層 stratum compactum，顆粒層 stratum granulosum，粘膜筋層 muscularis mucosae などからなり，胃の内腔へ向かって多数の襞が複雑に隆起する．内面は単層円柱上皮によって覆われる．噴門部の粘膜は肥厚し，上皮の下に多数の腺細胞からなる胃腺 gastric gland が発達する（図13・5）．胃腺は上皮の小孔を通して胃の内腔へ開口し，ペプシンの前駆体のペプシノゲンと塩酸を分泌する[20]．魚類では同型の腺細胞からペプシノゲンと塩酸が分泌され，塩酸の分泌はヒスタミンの刺激によって促進されることも知られている[17]．食物が胃に入ると，その刺激によって胃液の分泌が活発になり，胃の中のpHが低下してペプシンによるタンパク質の消化が進む．しかし，ドチザメの仲間では，空腹時でも胃液は常時分泌され，胃の中のpHは低い値で安定しているという[19]．

胃壁の筋肉層は食道と違って内臓筋からなり，内側の環走筋と外側の縦走筋の2層に分かれる．胃に食物が入ると，筋肉層が伸びて胃は大きく膨れる．コノシロやボラの仲間では，幽門部の筋肉層が著しく肥厚して，ソロバン玉あるいは砂嚢 gizzard と呼ばれる．

13・5・3 腸

腸は胃の幽門部（無胃魚では食道後端）と肛門または総排出腔を結ぶ管で，食物の消化・吸収の中心的役割を果たす．

魚類の腸は十二指腸 duodenum，中腸 midgut，直腸 rectum などに区分されることもあるが，それらの境界は明らかでない．しかし，いわゆる直腸部の前端はくびれ，内腔には直腸弁 ilio-rectal valve が付属する．軟骨魚類やシーラカンスでは，直腸部から背方へ向かって直腸腺 rectal gland が突出する．直腸腺は Na^+，Cl^- など，1価のイオンの排出機能をもつ．

腸の長さは種によって異なり，著しく長い種では腸は腹腔内で複雑に湾曲する．無顎類では腸は短く，直走する．軟骨魚類，チョウザメ，ハイギョの仲間などでは，腸は外観的には太く短い管であるが，内面に螺旋弁 spiral valve が発達し，上皮の面積は比較的広くなっている（図13・5）．

腸の長さは食性と関係があるといわれ，一般に植物食性魚類は，肉食性魚類と比べて相対的に長い腸を備える[11]．

紅海の魚類では，消化管（咽頭後端から肛門まで）の全長と体長の比は，プ

ランクトン食者では0.5～0.7倍，肉食者では0.6～2.4倍，雑食者では1.4～4.2倍，植物食者では3.7～6.0倍であるという[2]．

しかし，この計測法では，体長は体形の影響を受けるので，体長の代わりに腸の始部から肛門までの直線距離を使って比較するのが適当であるとし，日本産の魚類について求められた値は，両者がほぼ同長（ニシン，サケ，アユ，サンマなど），1.5倍（クロマグロ，アンコウ），2.0～2.2倍（マイワシ，マカジキ，スズキなど），4倍（コイ，ウミタナゴなど），6倍（ヒイラギ，イシダイ，メジナなど），8倍（アイゴ，マンボウなど），10倍以上（フナ，ボラなど）となり，よく似た結果になっている[24]．この場合も肛門の位置の影響がないわけではない．

同じ食性の魚類でも分類群によって微妙に違うこともある[7]．サンゴ礁に生息するベラ科，チョウチョウウオ科，およびスズメダイ科の魚類の腸管の長さを比較すると，一般にサンゴ食者では細長く，肉食者では太く短く，植物食者では太く長いが，3科の魚類の腸型を比較すると，チョウチョウウオ科魚類では細く長く，スズメダイ科魚類では太く長く，ベラ科魚類では太く短い傾向があるという．

腸の長さは，また，同一種でも摂食状態や栄養状態によって変化し，継続的に摂食中には長く，絶食中には短くなる傾向がある．

腸壁は胃壁と基本構造は似ているが，厚さは薄い．その主因は筋肉層が薄いことにある．粘膜には襞がよく発達し，吸収面を広くしている．粘膜の襞は摂食状態に左右され，絶食時には急速に退縮する．また，冬季に摂食を停止する種では，その時期に粘膜の襞は退縮する．

粘膜は上皮，固有層，緻密層，および顆粒層からなるが，最後の2層は種によっては不明瞭である．

上皮は単層で，円柱上皮細胞とその間に混在する杯状細胞 goblet cell とによって構成される．直腸部には杯状細胞が密に分布する．円柱上皮細胞の遊離縁には微絨毛 microvilli が発達し，条紋縁 striated border を形成する（図13・5）．腸管内では消化酵素による食物の化学的消化が進み，消化された栄養物質は微絨毛の間隙に入って上皮細胞中へ吸収される．植物食性のイスズミの仲間，ニザダイの仲間，キンチャクダイの仲間などの一部は腸管内に共生する微生物の発酵作用によって海藻などを消化することが明らかにされている[6]．

筋肉層は内臓筋からなり，内側の環走筋と，外側の縦走筋の2層に分かれる．

筋肉の蠕動 peristalsis によって腸の内容物は後方へ運ばれる．

13・5・4　幽門垂

真骨類と，一部の軟骨魚類[10]や軟質類などでは，胃と腸の始部の境界付近に幽門垂 pyloric caecum と呼ばれる盲嚢が付属する．その形や数は種によって異なり（図13・1），しばしば分類形質に使われる．マイワシ，アユ，マダラ，マサバ，カツオ・マグロの仲間などでは小さくて無数にあり，幽門垂塊を形成する．マアジ，マハタ，スズキなどでは細長く，十数本ある．ヒラメでは太く短くて4本，ボラではわずか2本しかない．そしてシラウオやウナギにはない．また，無胃魚は幽門垂を欠く．

幽門垂は腸と同じ構造になっていて，粘膜上皮には吸収機能がある．腸管上皮の総表面積に対する幽門垂上皮の総表面積の割合はニジマスでは70％，マダラでは69％，オオクチバスでは42％に達する[4]．幽門垂直後の腸管の逆走蠕動によって消化酵素を含む消化管内容物は幽門垂内へ送り込まれる．X線造影剤を咽頭から注入すると，その過程を追跡することができる．

13・5・5　肝臓と胆嚢

肝臓 liver は胆液を産生して直接消化に関与すると同時に，栄養物質の代謝，血液成分の調整，異物の分解など，生命の維持にかかわる重要な働きをする．

魚類の肝臓は腹腔前部で胃に接して位置し，通常左右2葉に分かれる．しかし，無顎類やアユなどのように単葉に近い型，マダラやクロマグロなどのように3葉に分かれる型，コイのように不定形で腸管の周囲に一塊になる型など，外形は種によって違う．

肝臓の大きさも，種によって，季節によって，あるいは雌雄によって異なることが多い．肝臓の大きさの表示には比肝重値 hepatosomatic index（肝臓重量×100/体重）が用いられる．軟骨魚類では肝臓が大きく，比肝重値は10〜20に達するが，深海に生息するサメの仲間では29を超えることがある．多くの真骨類では比肝重値は1〜2である．サヨリ，トビウオ，マサバ，マアジなどでは，産卵期近くに雌の肝臓が雄のそれより著しく大きくなると指摘されてきた[3]．多くの真骨類では，雌の卵巣から分泌されるエストラジオール-17βの刺激を受けて，肝臓で卵黄の前駆体となるビテロゲニン vitellogenin の産生が進むので肝臓が肥大すると考えられている．

肝臓は多数の肝小葉 hepatic lobule からなり，各肝小葉はその中心となる静脈から放射状に広がる肝細胞索の集合体である．各肝細胞中にはグリコーゲン顆

粒や脂質滴が含まれる．養殖魚ではしばしば脂質を異常に多く含む肝細胞がみられる．

　肝臓には多数の胆細管が分布し，肝細胞で産生された胆液はこの細管を通って胆嚢 gall bladder へ入って，一時貯蔵される．胆嚢は種によっては肝臓中に埋没することもあるし，肝臓と腸の間に位置することもある．その形はヒラメやフグの仲間のように豆状のもの，クロマグロやタチウオなどのように著しく細長いものなど，さまざまである．色は黄色または緑色を呈する．

　胆嚢に貯蔵された胆液は濃縮され，食物が消化管に入ると，総胆管 bile duct を通して腸の始部へ流入する．胆液に含まれる胆汁酸や胆汁アルコールは主として脂質の消化・吸収に関与する．

13・5・6　膵　　臓

　膵臓 pancreas は各種消化酵素を含む膵液を外分泌するとともに，インスリンのようなホルモンの内分泌も行う重要な器官である．その形態は無顎類，軟骨魚類，および硬骨魚類でかなり異なる．

　無顎類では独立した器官として存在せず，腸管の粘膜中に細胞の集合体として存在する．

　軟骨魚類では1～2葉の充実した器官として胃と腸の境界付近に付属する．

　硬骨魚類のうち真骨類では，ウナギやナマズなど一部の例外を除くと，膵臓組織は腸の周辺，腸間膜，幽門垂の間隙などに分散していて，肉眼で確認するのは難しい．また，かなり多くの種では門脈を取り囲むようにして肝臓中に広がり，いわゆる肝膵臓 hepatopancreas を形成する[21]（図13・5）．コイ，ゴンズイ，サヨリ，メジナ，マダイ，クロダイ，シロギス，メバル，キュウセン，ブダイ，マハゼ，ヒラメ，イシガレイなどは肝膵臓を備える．コイでは膵臓組織は脾臓中にも入り込んでいる．フナ，マイワシ，アユ，ウナギ，ナマズ，ボラ，マアジ，スズキなどの肝臓内には膵臓組織は認められないという．

　膵臓組織は房状に並ぶ腺細胞群によって構成され，アミラーゼ，トリプシンの前駆体トリプシノゲン，リパーゼなどが産生される．各房の縁辺部の細胞は多数のチモーゲン顆粒 zymogen granule を含む．ヒラメの膵臓組織のチモーゲン顆粒はトリプシノゲンを含むことが確認されている[14]．

　分泌された膵液を輸送する膵管は総胆管と並んで腸管始部へ開口する．無胃魚ではこの位置が腸管始部の目安になる．

　膵臓組織中には導管を欠き，染色性の異なる細胞塊が散在する．これらは膵

島またはランゲルハンス島と呼ばれる内分泌器官である．

文　献

1) Alexander, R.McN. 1970. Mechanics of the feeding action of various teleost fishes. *J. Zool., Lond.*, 162: 145-156.
2) Al-Hussaini, A.H. 1947. The feeding habits and the morphology of the alimentary tract of some teleosts living in the neighbourhood of the Marine Biological Station, Ghardaqa, Red Sea. *Publ. Mar. Biol. Stat. Ghardaqa (Red Sea), Fouad 1 Univ.*, (5): 1-61.
3) 雨宮育作・田村　保．1948．魚類肝臓重量の雌雄差に就て．水産学会報, 10：10-13.
4) Buddington, R. K. and J.M. Diamond. 1987. Pyloric ceca of fish: a "new" absorptive organ. *Amer. J. Physiol.*, 252: G65-G76.
5) Cataldi, E., D. de Merich, M. Pesce, and C. Cioni. 1993. Ultrastructural study of the esophagus of seawater- and freshwater-acclimated *Mugil cephalus* (Perciformes, Mugilidae), euryhaline marine fish. *J. Morphol.*, 217: 337-345.
6) Clements, K.D. 1996. Fermentation and gastrointestinal microorganisms in fishes. *In* "R.I. Mackie and B.A. White, eds. Gastrointestinal microbiology. Vol.1. Gastrointestinal ecosystems and fermentations." pp. 156-198. Chapman & Hall, New York.
7) Elliott, J.P. and D.R. Bellwood. 2003. Alimentary tract morphology and diet in three coral reef fish families. *J. Fish Biol.*, 63: 1598-1609.
8) Fink, W.L. 1981. Ontogeny and phylogeny of tooth attachment modes in actinopterygian fishes. *J. Morphol.*, 167: 167-184.
9) Frazzetta, T.H. 1994. Feeding mechanisms in sharks and other elasmobranchs. *Adv. Comp. Env. Physiol.*, 18: 31-57.
10) Holmgren, S. and S.Nilsson.1999.Digestive system. *In* "W.C. Hamlett, ed. Sharks,skates, and rays. The biology of elasmobranch fishes." pp.144-173. Johns Hopkins Univ. Press, Baltimore.
11) Horn, M.H. 1989. Biology of marine herbivorous fishes. *Oceanogr. Mar. Biol. Ann. Rev.*, 27: 167-272.
12) James, W.W. 1953. The succession of teeth in elasmobranchs. *Proc. Zool. Soc. Lond.*, 123: 419-474.
13) 金子豊二．2002．浸透圧調節・回遊．"会田勝美（編）．魚類生理学の基礎．" pp.215-232．恒星社厚生閣，東京．
14) Kurokawa, T. and T. Suzuki. 1995. Structure of the exocrine pancreas of flounder (*Paralichthys olivaceus*): immunological localization of zymogen granules in the digestive tract using anti-trypsinogen antibody. *J. Fish Biol.*, 46: 292-301.
15) Lauder, G.V. 1983. Functional design and evolution of the pharyngeal jaw apparatus in euteleostean fishes. *Zool. J. Linn. Soc.*, 77: 1-38.
16) Liem, K.F. and P.H. Greenwood. 1981. A functional approach to the phylogeny of the pharyngognath teleosts. *Amer. Zool.*, 21: 83-101.
17) Mattisson, A. and B. Holstein. 1980. The ultrastructure of the gastric glands and its relation to induced secretory activity of cod, *Gadus morhua* (Day). *Acta Physiol. Scand.*, 109: 51-59.
18) Murray, H. M., G. M. Wright, and G. P. Goff, 1994. A study of the posterior esophagus in the

winter flounder, *Pleuronectes americanus*, and the yellowtail flounder, *Pleuronectes ferruginea*: morphological evidence for pregastric digestion? *Can. J. Zool.*, 72: 1191-1198.

19) Papastamatiou, Y.P. and C.G. Lowe. 2004. Postprandial response of gastric pH in leopard sharks (*Triakis semifasciata*) and its use to study foraging ecology. *J. Exp. Biol.*, 207: 225-232.

20) Reifel, C.W., M. Marin-Sorensen, and I.M. Samloff. 1985. Cellular localization of pepsinogens by immunofluorescence in the gastrointestinal tracts from four species of fish. *Can. J. Zool.*, 63: 1692-1694.

21) 佐本敏彦．1958．魚類の肝臓内に於ける膵臓組織について．医学研究，28：3244-3270.

22) Sibbing, F.A. 1991. Food capture and oral processing. *In* "I.J. Winfield and J.S. Nelson, eds. Cyprinid fishes: systematics, biology and exploitation." pp.377-412. Chapman & Hall, London.

23) Summers, A. P. 2000. Stiffening the stingray skeleton – an investigation of durophagy in myliobatid stingrays (Chondrichthyes, Batoidea, Myliobatidae). *J. Morphol.*, 243: 113-126.

24) Suyehiro, Y. 1942. A study on the digestive system and feeding habits of fish. *Jpn. J. Zool.*, 10: 1-303.

25) Wakita, M., K. Itoh, and S. Kobayashi. 1977. Tooth replacement in the teleost fish *Prionurus microlepidotus* Lacépède. *J. Morphol.*, 153: 129-142.

26) Wilga, C.D. and P.J. Motta. Durophagy in sharks: feeding mechanics of the hammerhead *Sphyrna tiburo. J. Exp. Biol.*, 203: 2781-2796.

27) Yasugi, S., T. Matsunaga, and T. Mizuno. 1988. Presence of pepsinogens immunoreactive to anti-embryonic chicken pepsinogen antiserum in fish stomachs: possible ancestor molecules of chymosin of higher vertebrates. *Comp. Biochem. Physiol.* 91A: 565-569.

28) Yoshie, S. and Y. Honma. 1979. Scanning electron microscopy of the buccal funnel of the arctic lamprey, *Lampetra japonicus*, during its metamorphosis, with special reference to tooth formation. *Jpn. J. Ichthyol.*, 25: 181-191.

第 14 章
鰾

　鰾 swim bladder; gas bladder; air bladder は肉鰭類や条鰭類に特有の器官で，無顎類と軟骨魚類にはない．鰾はもともと空気呼吸が可能な呼吸嚢として発達したといわれ，現在でもハイギョの仲間やポリプテルスなどの鰾は空気呼吸の機能をもっている．しかし，現存の真骨類の鰾の機能は主として浮力調節へと変化するとともに，発音や聴覚補助の役割をするなど，かなり多様化している．

14・1　鰾の構造

　鰾は消化管から膨出して形成され，体腔背部の腎臓と消化管の間に位置する．胚期には鰾はすべて気道 pneumatic duct によって消化管と連絡している．ウナギの仲間，イワシの仲間，サケの仲間，コイの仲間，ナマズの仲間などでは成魚になっても鰾は気道を通して消化管に開口する（図14・1）．このような鰾は有気管鰾 physostomous swimbladder と呼ばれる．これら真骨類では気道は消化管の背側に開口する．また，空気呼吸が可能なハイギョの仲間やポリプテルスの仲間では気道は消化管の腹側に，チョウザメ，アミア，ガーの仲間などでは背側に開口する [7]．

　一方，タラの仲間，マダイ，スズキの仲間などの鰾は無気管鰾 physoclistous swimbladder と呼ばれ，気道は胚期または仔魚期に消失する．水深1,000 m 以深に生息する真骨類では鰾は退化消失していることが多いが，7,000 m を超える深海底でも機能的な鰾を備えるイタチウオの仲間がいる．逆に浅海域でも，ハゼの仲間やヒラメの仲間の成魚には鰾を欠く種が多い．

　鰾の外形はさまざまで（図14・1），イワシの仲間やサケの仲間などでは長紡錘形，コイの仲間ではダンベル状，スズキの仲間では卵形，タラの仲間では袋状で前端に1対の盲嚢があり，ニベの仲間では袋状で両側に多数の樹枝状突起が付属する．

　鰾壁の厚さも種によってさまざまであるが，基本構造としては，内膜と外膜

の2層に分けられる．内膜は上皮と，内臓筋からなる粘膜筋の層に分けられ，外膜は粘膜下組織の層と，コラーゲン繊維を含む外被膜の層に分けられる．最外層は消化管と同様に漿膜に包まれる [6]．

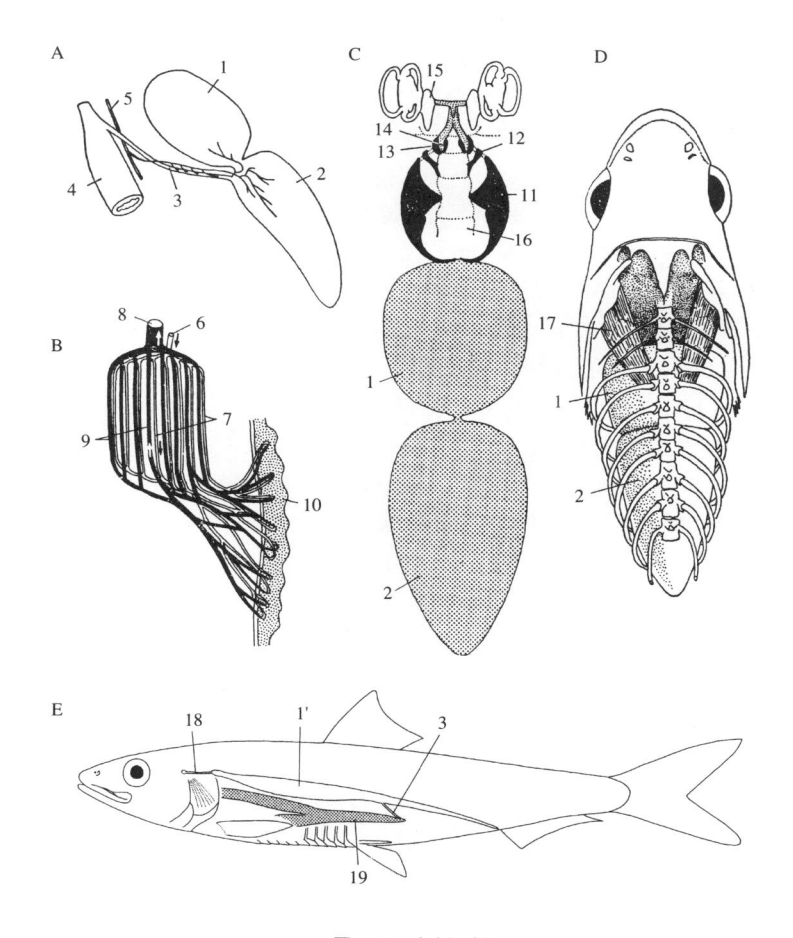

図14・1　魚類の鰾
A：フナの有気管鰾 [1]　B：マハゼの鰾のガス腺と奇網 [1]　C：コイの仲間のウェバー器官 [5]　D：コトヒキの鰾 [12]　E：マイワシの鰾 [10] を改変
1：鰾前室　1′：鰾　2：同後室　3：気道　4：消化管　5：内臓動脈　6：動脈　7：奇網を形成する動脈　8：静脈　9：奇網を形成する静脈　10：ガス腺上皮　11：三脚骨　12：挿入骨　13：舟状骨　14：結骨　15：球形囊　16：椎体　17：発音筋　18：内耳への導管　19：胃盲囊部

第14章　鰾

14・2　鰾と浮力調節

　魚類が鰾によって浮力を得る例は多いが，淡水魚なら体の約8％の容積の鰾によって，また海水魚なら体の約5％の容積の鰾によって，魚体の浮力は中立状態になるという[11]．鰾内のガス組成は無気管鰾では窒素ガスの占める割合が多く，有気管鰾ではほとんど酸素である[2]．

　有気管鰾と無気管鰾とでは鰾内へガスを送り込む機構が違う．

　有気管鰾を備える魚類は水面へ浮上して空気を吸い込み，消化管と気道を通して鰾内へ補充する．

　無気管鰾の魚類では鰾壁の一部にガス腺 gas gland が発達し，ここに奇網が付属する．奇網中には多数の動脈と静脈の毛細血管が互いに接して並び，対向流の原理によって，ガス腺を出て動脈血と逆方向へ流れる静脈血は乳酸などの影響でpHは低下していても，酸素分圧は動脈血の酸素分圧より高く，酸素は動脈血中へ拡散し，新鮮な動脈血に運ばれてきた酸素とともにガス腺へ流入する仕組みになっている[2, 6]（図14・1）．なお，ウナギの鰾は有気管鰾であるが，ガス腺も発達する．

　しかし，無気管鰾に含まれるガスがほとんど窒素ガスという例もあるので，すべてのガス腺の機能がこのような仕組みになっているとは断定できない．

　無気管鰾では過剰のガスを調節するために放出する時には，鰾壁に発達する卵円体 oval body がその役割を果たす．卵円体には血管が集合しているが，鰾内ガスが過剰にならない限り，括約筋によって血管と鰾内面の上皮とは遮断されている．ガス放出時にはこの連絡路が開き，ここでガスを吸収して鰾内ガスの量を調節する．

　深浅移動をする魚類の鰾は水深の変化に伴って水圧の増減の影響を直接受けるので，鰾内ガスの調節が必要になる．大規模な日周鉛直回遊をするハダカイワシの仲間では，成長とともにガスが詰まった鰾は退化し，鰾内にはガスに代わって脂質含量が増加する傾向にある[3]．中深層に生息するオニハダカの仲間やヨコエソの仲間などでは，鰾内にガスの代わりに脂質が蓄積している例も少なくない[8]．

　現存のシーラカンスの鰾にも脂質が詰まっていて，空気呼吸の機能は失われている[9]．

　カタクチイワシやマイワシのシラスでは，鰾の容積は日周的に変化し，群れをつくって活発に摂食活動をする昼間には小さく，群れが分散して摂食活動を

停止する夜間には膨張するという[13].

14・3 鰾と内耳の連絡機構

鰾にはガスが詰まっているので，水中音はここで共鳴し，鰾は聴覚補助の働きをする．とくに直接または間接的に内耳と連絡する鰾を備える魚類の聴覚感度は格段によくなっている．

鰾と内耳の連絡機構のうちで，よく知られているのは骨鰾類にみられるウェバー器官 Weberian apparatus である（図14・1）．この器官は靱帯によって鎖状に連なる4個のウェバー骨片と，これを内耳の球形嚢へ導く細管の鎖とからなる．前者は第1〜第4脊椎骨の骨片が変化したもので，鰾前室に接する三脚骨 tripus から前方へ向かって挿入骨 intercalarium，舟状骨 scaphium，結骨 claustrum の順に並ぶ．ウェバー器官によって鰾の振動は増幅され，聴覚能力は格段によくなる．骨鰾類のウェバー骨片の進化の過程では挿入骨の出現時期の重要性が指摘されている[4]．

マイワシ，カタクチイワシなど，イワシの仲間の多くの種では，鰾の前端は直径数 μm の細管によって内耳の卵形嚢に接する前耳胞 prootic bulla と連絡し，聴覚を補助する[14]（図14・1）．この構造はまた，水圧変化に対する補償作用もするといわれる[2]．

アカマツカサ，チゴダラ，クロサギの仲間などでは，鰾の前端両側から突出する角状の盲嚢が膜を介して耳殻と接し，聴覚を鋭くしている．同じイットウダイの仲間でも，鰾が角状突起によって耳殻と連絡しているアカマツカサは，頭蓋骨が鰾と分離している *Adioryx* と比較して聴覚は明らかに敏感である（図19・6）．

文　献

1) 有田泰士. 1956. 鰾の解剖学的並びに組織学的研究. 医学研究, **26**：1514-1541.
2) Blaxter, J.H.S and P. Tytler. 1978. Physiology and function of the swimbladder. *Adv. Comp. Physiol. Biochem.*, **7**: 311-367.
3) Butler, J. L. and W.G. Pearcy. 1972. Swimbladder morphology and specific gravity of myctophids off Oregon. *J. Fish. Res. Board. Can.*, **29**: 1145-1150.
4) Chardon, M. and P. Vandewalle. 1997. Evolutionary trends and possible origin of the Weberian apparatus. *Neth. J. Zool.*, **47**: 383-403.
5) Chranilov, N.S. 1927. Beiträge zur Kenntnis des Weber'schen Apparates der Ostariophysi. 1. Vergleichend-anatomische Übersicht der Knochenelemente des Weber'schen Apparates bei

Cypriniformes. *Zool. Jb.*（Anat. Ontog.），**49**: 501-597.
6) Fänge, R. 1953. The mechanisms of gas transport in the euphysoclist swimbladder. *Acta Physiol. Scand.* **30**（Suppl. 110）: 1-133.
7) Liem, K.F. 1988. Form and function of lungs: the evolution of air breathing mechanisms. *Amer. Zool.*, **28**: 739-759.
8) Marshall, N.B. 1960. Swimbladder structure of deep-sea fishes in relation to their systematics and biology. *Discovery Rep.*, **31**: 1-122.
9) Nevenzel, J.C., W. Rodegker, J.F. Mead, and M.S. Gordon. 1966. Lipids of the living coelacanth, *Latimeria chalumnae. Science*, **152**: 1753-1755.
10) O'Connell, C.P. 1955. The gas bladder and its relation to the inner ear in *Sardinops caerulea* and *Engraulis mordax. Fish. Bull., U.S.*, **56**: 504-533.
11) Pelster, B. 1998. Buoyancy. *In* "D.H. Evans, ed. The physiology of fishes. 2nd ed." pp. 25-42. CRC Press, Boca Raton.
12) Schneider, H. 1964. Physiologische und morphologische Untersuchungen zur Bioakustik der Tigerfische（Pisces, Teraponidae）. *Z. vergl. Physiol.*, **47**: 493-558.
13) 魚谷逸朗．1973．カタクチその他イワシ類シラスの鰾と生態について．日本水産学会誌，**39**：867-876.
14) Whitehead, P.J.P and J.H.S. Blaxter. 1989. Swimbladder form in clupeoid fishes. *Zool. J. Linn. Soc.*, **97**: 299-372.

第15章
呼吸器

　水は空気と比べて酸素容量が小さく，かつ，水中では酸素の拡散速度も小さいので，酸素が欠乏しやすい．したがって魚類の呼吸条件は決して良好とはいえない．しかし，魚類は水中の呼吸に適した鰓gillを備え，絶えず新しい水を鰓へ送る換水機構が発達していて，水中で効率よく呼吸をすることができる．また，鰓以外でも皮膚呼吸が可能な魚類も知られているし，ハイギョの仲間やナギナタナマズの仲間のように鰾を使って空気呼吸をする魚類もいるが，魚類の主要な呼吸器は鰓である．

15・1　鰓の構造
　鰓は咽頭部の膨出と，それに対応する部分の体表の陥入によって形成され，何対かの鰓裂gill cleftの壁面に，嚢状または弓状の構造物に支持されて並ぶ多数の鰓弁gill filamentがガス交換の場となる．
　無顎類では鰓裂の数が多く，ヌタウナギの仲間では5〜15対，ヤツメウナギの仲間では7対ある．各鰓裂の中央部は球状に膨らみ，鰓嚢gill pouchを形成し，その内面の前後縁に鰓弁が並ぶ．各鰓嚢は体軸側ではそれぞれ流入管によって食道部と合流するが，ヤツメウナギの仲間の成魚では，食道の下方に分枝する鰓管branchial canal（呼吸管respiratory tube）へ開き，この管を通して咽頭部と連絡する（図2・1）．各鰓嚢から体表へ向かう流出管は円形の鰓孔として開口する．無顎類の鰓孔の数は鰓嚢の数と一致するのがふつうであるが，ヌタウナギの仲間には，流出管が途中で合流して1個の鰓孔によって体表に開く例がある．また，ヌタウナギの仲間では左側最後部の鰓裂は鰓嚢を形成せず，咽皮管pharyngocutaneous ductとなり，その直前に位置する鰓嚢の流出管に合流する．このように無顎類の鰓の形態は一般の魚類と比較して異様にみえるが，鰓弁の配列様式などの基本構造に大きな相違点はないといわれる[19]．
　軟骨魚類と硬骨魚類では鰓裂は5〜7対あり，鰓裂の境界に鰓弓が発達する．

各鰓弓の外側には多数の鰓弁が2列に並ぶ（図15・1）．

軟骨魚類では鰓裂は5～7対あり，ギンザメの仲間を除き，各鰓弓の鰓弁列の間に介在する鰓隔膜 interbranchial septum が長く伸びて体表まで達しているので，鰓孔も5～7対ある（図15・1）．また，第1鰓弓と舌弓との間に残存する裂腔が眼の後背方に呼吸孔（噴水孔）spiracle として開口する．ギンザメの仲間では鰓隔膜は退縮して体表まで届かず，鰓が収納される鰓腔 branchial cavity は薄い鰓蓋状の構造物で保護され，1個の鰓孔によって体表へ開く．

真骨類では5対の鰓弓が発達し，多くの場合，前4対の鰓弓に鰓弁が並ぶ．また，鰓隔膜は退縮して短くなり，鰓弁列は鰓腔内に納まる．鰓腔の外側は鰓蓋 opercle によって覆われ，呼吸水は鰓蓋の後縁に開く1個の鰓孔を通って体外へ流出する（図15・1）．

鰓弓に並ぶ2列の鰓弁のうち，片側の鰓弁列を片鰓 hemibranch，2列合わせて全鰓 holobranch と呼ぶ．したがって，サメ・エイの仲間の第1鰓弓は片鰓ということになる．

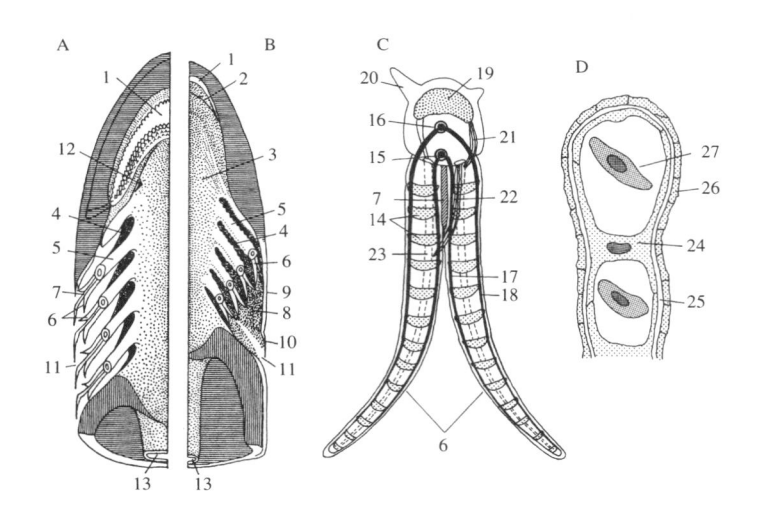

図15・1　魚類の鰓の構造
A：サメの仲間　B：真骨類　C：真骨類の鰓の構造　D：同二次鰓弁［17］
1：口　2：口腔弁　3：口腔　4：鰓裂　5：鰓弓　6：鰓弁　7：鰓隔膜　8：鰓腔　9：鰓蓋　10：鰓蓋弁　11：鰓孔　12：呼吸孔　13：食道　14：二次鰓弁　15：入鰓動脈　16：出鰓動脈　17：入鰓弁動脈　18：出鰓弁動脈　19：角鰓骨　20：鰓耙　21：外転筋　22：内転筋　23：中肋　24：壁柱細胞　25：基底膜　26：被蓋細胞　27：赤血球

鰓弁は薄くて細長く，基部にある内転筋と外転筋の働きによって，その先端は外側へ曲がって隣接する鰓弓の鰓弁の先端と接触し，呼吸水の流れに対する抵抗を大きくする．各鰓弁の両側面には葉状の二次鰓弁 secondary lamella が多数並び，これらが呼吸水の流れに対して網目を形成し，ガス交換の効率をよくしている（図15・1）．

　二次鰓弁中の血液の流路は，血管の内皮細胞が変形した壁柱細胞 pillar cell によって支持される狭い空間で，赤血球がかろうじて通過できる広さである（図15・1）[16]．入鰓動脈からここへ到達した静脈血は，壁柱細胞の薄縁，基底膜，および被蓋細胞の層からなるきわめて薄い壁を境界にして水と接し，ガス交換が行われる．その際，血流は上皮の外側を洗う水流とは逆方向に動くので，対抗流の原理によって水と血液の間に酸素と二酸化炭素の分圧の差が保たれ，ガス交換は効率よく行われる．

　ガス交換の場となる二次鰓弁の体重当たりの総表面積を鰓面積 gill area と呼ぶ．種によって，また成長段階によって鰓弁の長さと数は異なるし，さらに二次鰓弁の形や数なども異なるので，鰓面積の値もまた変化する．一般に鰓面積

表15・1　鰓弁および二次鰓弁の計測値 [6, 7]

魚　　種	体重 (g)	全鰓弁数	鰓弁上の二次 鰓弁数 mm^{-1}	鰓面積		水と血液間 の距離 μm
				$mm^2 \cdot g^{-1}$	A_{200}*	
Scyliorhinus canicula （トラザメの仲間）	520	749	11.25	210	217.9	11.27
アブラツノザメ	1,000	1,000	7	370	—	10.14
カツオ	3,258	6,066	31.8	1,350	2,051.7	0.598
クロマグロ	26,600	6,480	24.3	885	1,436.1	—
Trachurus trachurus （マアジの仲間）	26	1,665	38.5	783	—	2.221
Pleuronectes platessa （ツノガレイの仲間）	86	218	20	443	—	3.85
Lophius piscatorius （アンコウの仲間）	1,550	385	11	143	—	—
Opsanus tau （ガマアンコウの仲間）	251	660	10.9	192	201.3	5
コイ	531	2,567	20	139	—	—
Anguilla anguilla （ヨーロッパウナギ）	69.5	119	15	990	—	—
ニジマス	394.3	1,606	18.5	197	206.3	6.37

* A_{200} は体重200 g の個体の計算値

の値は活発に遊泳する魚類では大きく，底生性の動作の緩慢な魚類では小さい（表15・1）．また，二次鰓弁は前者では密に並び，その上皮の厚さはきわめて薄いが，後者では二次鰓弁間の間隔で広く，その上皮は比較的厚い傾向がある[3, 7]．高体温を維持できるカツオ，マグロの仲間，アオザメ，ホオジロザメなどは，外温性の魚類より鰓面積は大きい[4, 7]．また，ヤツメウナギの仲間の鰓面積は意外に大きく，活動的な真骨類に匹敵する値を示すが，その原因としては鰓囊数や独特の呼吸機構などが考えられている[11]．

15・2 換水機構

　魚類の呼吸に必要な水は巧妙な仕組みによって絶えず口から流入し，鰓腔を経由して体外へ抜けるようになっている．

　無顎類では主として鰓囊に付属する筋肉の働きによって換水が行われる．

　軟骨魚類と硬骨魚類では，基本的には水を口から鰓腔へ押し込む加圧ポンプと，水を鰓腔（サメ・エイの仲間では口・鰓腔と副鰓腔に区分することもある）へ引き込む吸引ポンプからなる二重ポンプdouble-pumping機構によって換水が行われる[6]．

　コイの換水機構を例にとると，加圧ポンプ相は口を開いた状態から閉じる方向に動く時である．口腔弁は閉じ，口腔の容積は小さくなる．口腔の内圧は上昇して水は鰓弁と二次鰓弁が形成する網の抵抗を押して鰓腔へ入り，鰓蓋弁を押し開いて鰓孔から流出する（図15・2）．吸引ポンプ相は鰓蓋が外側へ開く方向に働く時である．鰓蓋弁は閉じ，鰓腔が拡大して内圧は低下し，水は口腔から鰓腔へ吸い込まれる．同時に口腔の内圧も低下し，水は口腔弁を押し開いて口腔へ流入する．短い休止期を挟んでこのポンプ系は連動し，絶えず新鮮な水が鰓の表面を洗う．エイの仲間やカレイの仲間のような底生性の魚類では吸引ポンプの役割が大きい．

　コイやフナなどは，水が濁ったり，鰓に異物が付着したりすると，鰓腔から口腔へ向かって瞬間的に水を逆流させる洗浄運動cleaning movementを行う．

　ブリ，マサバ，カツオ，マグロの仲間などのように常時遊泳を続ける魚類は，口と鰓蓋を開いたまま泳ぎ，水を口腔から鰓腔へ流し込む．このような換水方式はラム換水ram ventilationと呼ばれる．これらの魚類は遊泳速度が低下すると二重ポンプ系の換水方式に切り替えるが，換水効率は悪くなり，場合によっては窒息することがある．ラム換水を行うカツオ，マグロの仲間，カジキの仲

間などでは，隣接する二次鰓弁間あるいは鰓弁間に部分的な融合がみられる．この特異な構造は高速遊泳によって鰓の呼吸面にかかる圧力に対して，これを補強する役割を演ずるという[15]．

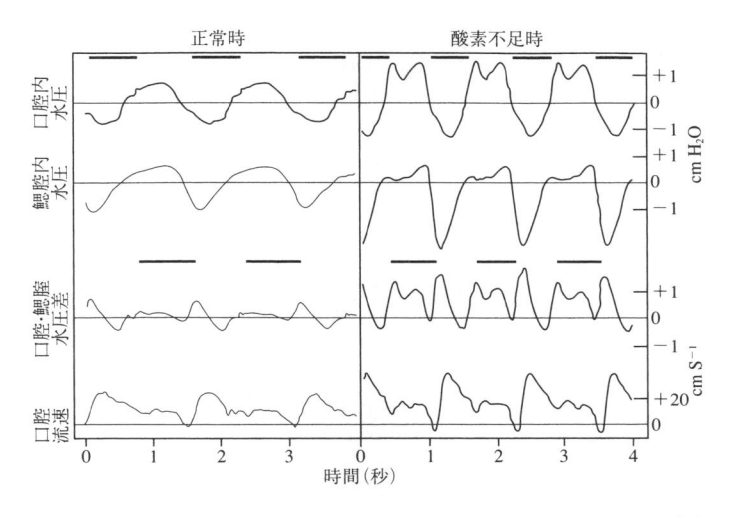

図15・2 正常時と酸素不足時（P_{O_2} 30～45 mmHg）におけるコイの呼吸運動[5]
太横線は口腔弁および鰓蓋弁が開いている期間を示す

　換水量は魚類の呼吸条件に合わせて調整される．水中の酸素濃度が低下したり，鰓弁の損傷などによって動脈血中の酸素濃度が低下したりすると，呼吸頻度や呼吸振幅は大きくなり（図15・2），換水量も増大する．これに合わせて血液が鰓を通過する時間を長くして，呼吸の効率を高めるように心拍数は減少する．水中では酸素欠乏が生じやすいので，このような現象は有機物の多い内湾などでは，夏の成層期によく起こるし，水の交換が悪い養魚場でも残餌や排出物が堆積する時によくみられる．このような水中では魚類は酸素不足症 hypoxia に陥り，最悪の場合には窒息死する．魚類が健全に生活できる水中の最小酸素飽和度は種によって異なるが，ニジマスでは60％，コイでは50％，ウナギでは30％であるという[9]．

15・3　酸素消費量

　呼吸による酸素消費量は単位時間に消費される単位体重当たりの値で表し，魚類のエネルギー代謝を論ずるうえで重要な指標となる．代謝量は安静な状態

で得られる標準代謝量 standard metabolism，最大活動時に得られる活動代謝量 active metabolism，平常運動時に得られる平常代謝量 routine metabolism などに分けて測定されるが，水中に生活する魚類の代謝量を正確に測定するには技術的に多くの困難を伴う．

魚類の酸素消費量は，生活様式，発育段階，栄養状態，性的成熟度などの内的要因や，水温，光，塩分，溶存酸素濃度，水質などの外的要因によって複雑に変化する．

水温は魚類の物質交代に大きく影響し，水温が上昇すれば酸素消費量も増加する．温帯や熱帯に生息する魚類にはこの傾向がよく現れる．

魚類は成長に伴って単位体重当たりの酸素消費量は減少する．これは体重の増加に伴って，脳や腎臓などのように代謝活性の高い組織の体全体に占める重量比が低下するのに対し，体側の白色筋などのように代謝活性の低い組織の体全体に占める重量比が増加するためといわれる [10]．

また，同一種でも群れの状態になると単独状態の時より単位体重当たりの酸素消費量は減少することが，ゴンズイなど，かなり多くの種で明らかにされている [10]．当然のことながら，酸素消費量は活動時には安静時より増加し，摂食中および摂食後には空腹時より増加する．

そのほか，日周的にも，季節的にも酸素消費量が変動する魚類も報告されている．カワマスでは酸素消費量に季節的変動がみられ，産卵期に最大になる．

15·4 空気呼吸

ふだんは水中で鰓呼吸をしながら，特殊化した器官で空気呼吸を併用する魚類がいる．空気呼吸器は鰾とか鰓弁が発達した器官であったり，独自に発達した上皮であったりして，構造は多様であるが，空気呼吸が可能な魚類は空気呼吸魚類 air-breathing fish と総称される．

鰾が空気呼吸器として機能する魚類のうち，ハイギョの仲間やポリプテルスの仲間などでは，気道が消化管の腹側に開口し，形態的にも機能的にも肺へ進化する歴史的過程を示唆している [13]．チョウザメの仲間，ガーの仲間，アミアなどでは，鰾の気道は消化管の背側に開口し，空気呼吸が可能であるが，真骨類でも同様の鰾はピラルクー，ナギナタナマズ，*Pangasius*（ナマズの仲間）など，かなり多くの魚類にみられる [14]．

上鰓腔 epibranchial cavity 由来の迷路器官，上鰓器官，空気嚢などの空気呼

吸器はタウナギの仲間，カムルチーの仲間，キノボリウオ，ヒレナマズの仲間など，系統と無関係に真骨類の分類群に独立して発達している [12]．ヒレナマズなどの呼吸上皮は鰓弁が変形したものであるが，カムルチーなどの呼吸上皮は鰓弁からではなく独自に発達したものであるという [8]．

　空気呼吸器を備える魚類の空気呼吸への依存度は生息場所の水中酸素の欠乏度にもよるが，通常の生活状態でも空気呼吸の頻度はかなり高い．カムルチーは水中の酸素濃度が飽和に近くても，酸素摂取量の約 60％を空気呼吸に依存し，空気呼吸を妨害すると清水中でも死亡する [10]．

　ドジョウは口から飲み込んだ空気を腸の上皮で酸素を摂取するし，ウナギは皮膚呼吸によって空気中で呼吸ができる．トビハゼやムツゴロウは水中でも空気中でも鰓と皮膚から酸素摂取が可能であるという [18]．

15・5　擬　　鰓

　アミアの仲間や多くの真骨類の鰓蓋基部の裏面背端には，擬鰓 pseudobranch と呼ばれる鰓弁構造が存在する．この構造はナマズの仲間など，一部の種では欠落していたり，上皮に覆われて不明瞭であったりして，擬鰓の有無や形態は分類形質にもなる．機能的には呼吸とは直接関係はないようで，塩類細胞が存在するところから浸透調節にかかわるとか，腺構造に類似するとして分泌機能があるとか，神経分布に基づいてある種の受容器であるとか，諸説がある．しかし，現在のところ，擬鰓は眼の脈絡膜の奇網と連携して網膜へ供給される血液の酸素分圧の増強と調整に関与するという説が有力である [1, 2]．

文　　献

1) Ballintijn, C.M., D.D. Beatty, and R.L. Saunders. 1977. Effects of pseudobranchectomy on visual pigment density and ocular PO_2 in Atlantic salmon, *Salmo salar*. *J. Fish. Res. Board Can.*, **34**: 2185-2192.

2) Bridges, C.R., M. Berenbrink, R. Müller, and W. Waser. 1998. Physiology and biochemistry of the pseudobranch: an unanswered question? *Comp. Biochem. Physiol.*, **119A**: 67-77.

3) de Jager, S. and W. J. Dekkers. 1975. Relations between gill structure and activity in fish. *Neth. J. Zool.*, **25**: 276-308.

4) Emery, S.H. and A. Szczepanski. 1986. Gill dimensions in pelagic elasmobranch fishes. *Biol. Bull.*, **171**: 441-449.

5) Holeton, G.F. and D.R. Jones. 1975. Water flow dynamics in the respiratory tract of the carp (*Cyprinus carpio* L.). *J. Exp. Biol.*, **63**: 537-549.

6) Hughes, G.M. 1984. General anatomy of the gills. *In* "W.S. Hoar and D.J. Randall, eds. Fish

physiology. Vol. 10. Gills. Pt. A. natomy, gas transfer, and acid-base regulation." pp. 1-72. Academic Press, Orlando.

7) Hughes, G.M. and M. Morgan. 1973. The structure of fish gills in relation to their respiratory function. *Biol. Rev.*, **48**: 419-475.

8) Hughes, G.M. and J.S.D. Munshi. 1973. Nature of the air-breathing organs of the Indian fishes *Channa, Amphipnous, Clarias* and *Saccobranchus* as shown by electron microscopy. *J. Zool., Lond.*, **170**: 245-270.

9) Itazawa, Y. 1971. An estimation of the minimum level of dissolved oxygen in water required for normal life of fish. *Bull. Jpn. Soc. Sci. Fish.*, **37**: 273-276.

10) 板沢靖男．1991．呼吸．"板沢靖男・羽生　功（編）．魚類生理学."pp.1-34．恒星社厚生閣，東京．

11) Lewis, S.V. and I.C. Potter. 1976. Gill morphometrics of the lampreys *Lampetra fluviatilis*（L.）and *Lampetra planeri*（Bloch）. *Acta Zool.*, **57**: 103-112.

12) Liem, K.F. 1987. Functional design of the air ventilation apparatus and overland excursions by teleosts. *Fieldiana, Zool. New Ser.*,（37）: 1-29.

13) Liem, K. F. 1988. Form and function of lungs: the evolution of air breathing mechanisms. *Amer. Zool.*, **28**: 739-759.

14) Liem, K.F. 1989. Respiratory gas bladders in teleosts: functional conservatism and morphological diversity. *Amer. Zool.*, **29**: 333-352.

15) Muir, B.S. and J. I. Kendall. 1968. Structural modifications in the gills of tunas and some other oceanic fishes. *Copeia*, 1968: 388-398.

16) Olson, K.R. 2002. Vascular anatomy of the fish gill. *J. Exp. Zool.*, **293**: 214-231.

17) Randall, D. 1982. The control of respiration and circulation in fish during exercise and hypoxia. *J. Exp. Biol.*, **100**: 275-288.

18) Tamura, S. O., H. Morii, and M. Yuzuriha. 1976. Respiration of the amphibious fishes *Periophthalmus cantonensis* and *Boleophthalmus chinensis* in water and on land. *J. Exp. Biol.*, **65**: 97-107.

19) Youson, J.H. and P.A. Freeman. 1976. Morphology of the gills of larval and parasitic adult sea lamprey, *Petromyzon marinus* L. *J. Morphol.*, **149**: 73-104.

第16章
循環系と血液

　呼吸，栄養物質の運搬，排出，浸透調節などに直接かかわる重要な役割をもつ循環系は血管系とリンパ系とからなる．前者は心臓と動脈および静脈によって構成される閉鎖血管系で，血液の流路となる．後者はリンパ液の通路となる管系であるが，魚類では未発達であるという[17]．

16・1　心　　臓

　魚類の血液の循環経路は心臓ポンプを起点として，呼吸器すなわち鰓を経て体内に張りめぐらされた血管を循環して心臓へ戻る構造になっている．

　魚類の心臓は胸部腹側の囲心腔 pericardium の中に位置し，心房と心室が部分的に左右に分かれるハイギョの仲間[3]を除くと，通常，後部から静脈洞 sinus venosus，心房 atrium; auricle，および心室 ventricle，心臓球 conus arteriosus または動脈球 bulbus arteriosus の各部に区分される（図16・1）．これら各部の境界はくびれ，血液の逆流を防ぐ弁がある．

　静脈洞へ戻ってきた静脈血はそのまま心臓を経て腹大動脈 ventral aorta へ拍出される．心臓ポンプの主要な働きをするのは心房と心室の壁を形成する心筋であるが，心房壁は薄く，拍出に深く関与する心室壁は厚い．心室壁には厚いスポンジ構造の層が発達し，その周囲を薄い緻密層が取り巻く．心房も心室も大きさと形は種によってかなりの違いがある．海産真骨類では心室の形は，管型，嚢型およびピラミッド型の3型に大別され，ピラミッド型の心室はイワシの仲間やサバの仲間など，表層遊泳魚類に多く，室壁は厚い[15]．体側筋中に熱保存機構を備えて高速遊泳をするアオザメ，ネズミザメなどは，他のサメの仲間と比べて心室壁のスポンジ構造の層が厚く，活発な運動に必要な多量の血液の拍出に適応した構造になっている[5]．

　心室の前には軟骨魚類，ハイギョの仲間，ポリプテルスの仲間，チョウザメ，アミアなどでは心臓球が付属する[12]．一方，ほとんどの真骨類では心室の出

口に動脈球が付属する．心臓球は心室前部が変形して形成されたといわれ，内面に弁が並び，心臓から腹大動脈への血液の拍出を調整するとともに逆流を防ぐ働きをする．また，サメ・エイの仲間では弁の配列様式は分類形質にもなる．動脈球は種によってはその筋肉の構成要素に内臓筋があるので腹大動脈の後部が拡張してできたといわれてきたが，心臓由来説も強調されている [13]．動脈球壁は厚くて弾性に富み，血液の拍出が途切れないように調整する．キハダ，メバチ，クロカジキなど，高速遊泳魚でも動脈球は腹大動脈の血圧保持に適応した構造を示す [2]．

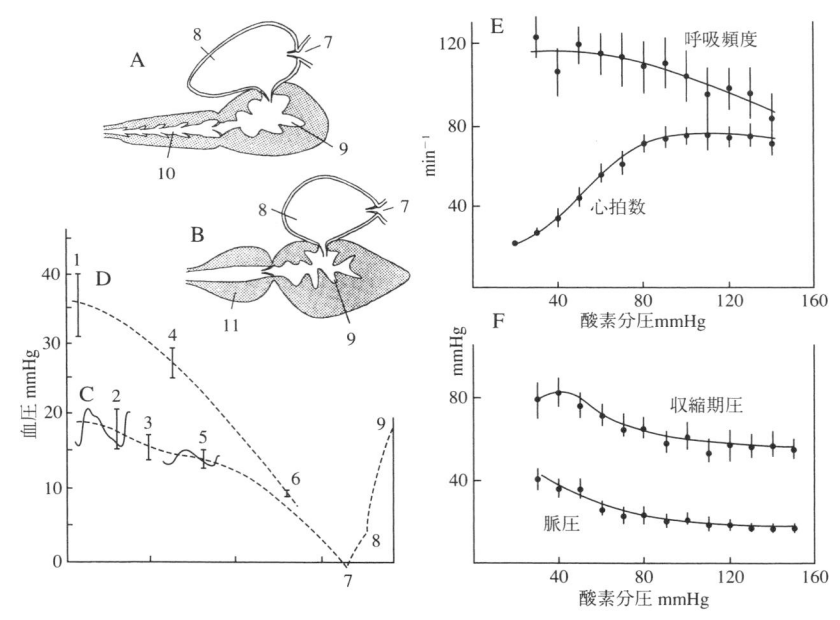

図16・1　魚類の心臓断面模式図（A・B），血管系各所における血圧（C・D），および水中の酸素分圧が呼吸頻度，心拍数，血圧に及ぼす影響（E・F）
　　　　A：板鰓類　B：真骨類　C：アブラツノザメ [11]　　D・E・F：ニジマス [10, 17]
　　　　1：腹大動脈　2：入鰓動脈　3：出鰓動脈　4：背大動脈　5：内臓動脈　6：腸下静脈　7：静脈洞　8：心房　9：心室　10：心臓球　11：動脈球

16・2　血　　管

　血管は動脈と静脈とからなり，動脈壁は静脈壁より厚い．心臓から拍出された静脈血は腹大動脈へ入る．空気呼吸をするカムルチーなどのような複式呼吸

魚を除くと，ここから左右の鰓へ向かって派出される何対かの入鰓動脈 afferent branchial artery へ入り，鰓弁ごとに並ぶ入鰓弁動脈を経て，二次鰓弁の毛細血管に入ってガス交換を行って動脈血となる．

動脈血は出鰓弁動脈，出鰓動脈 efferent branchial artery に集まり，背側の背大動脈 dorsal aorta へ入る．背大動脈は後頭部より前方では左右に分枝することが多く，側背大動脈 lateral dorsal aorta と呼ばれ，背大動脈と出鰓動脈との関係は種によって異なることがある．一般に軟骨魚類では背大動脈の分枝部分が短く，左右の出鰓動脈の多くは背大動脈の幹管へ合流するが，多くの真骨類では分枝部分が長く，左右の出鰓動脈はほとんどが左右の側背大動脈と連絡する．この分枝部が前方へ延長した部分は頸動脈 carotid artery と呼ばれ，脳を始めとする頭部の各方面へ分枝を派出する．

背大動脈はまた，体の後部へ向かって脊柱の直下を縦走し，内臓動脈 coeliac artery，腎動脈 renal artery，生殖腺動脈 gonadal artery，鎖骨下動脈 subclavian artery など，体の各部へ向かって多数の動脈を派生する（図 16・2）．背大動脈はさらに尾部を後方へ直走して尾端に達するが，この部分は尾動脈 caudal artery と呼ばれる．こうして動脈の分枝は脳，内臓，筋肉，皮膚，鰭など，体のすみずみまで広がる．

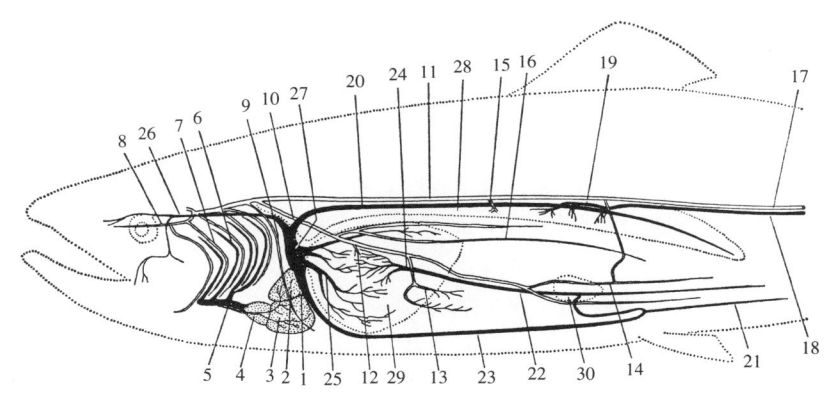

図 16・2 真骨類の血管系略図 [16]
1：静脈洞 2：心房 3：心室 4：動脈球 5：腹大動脈 6：入鰓動脈 7：出鰓動脈 8：頸動脈 9：鎖骨下動脈 10：内臓動脈 11：背大動脈 12：肝動脈 hepatic artery 13：胃動脈 gastric artery 14：腸動脈 instestinal artery 15：腎動脈 16：生殖腺動脈 17：尾動脈 18：尾静脈 19：腎門脈 20：後主静脈 21：腸下静脈 subintestinal vein 22：腸静脈 23：腹静脈 abdominal vein 24：肝門脈 25：肝静脈 26：前主静脈 27：キュビエ管 28：腎臓 29：肝臓 30：脾臓

心筋には冠状動脈 coronary artery が分布し，動脈血を供給する．魚類では心室の冠状動脈の分布様式は，心筋の層構造と深く関係し，4型に分けることができるという[8]．

静脈は体の各部から静脈洞へ戻る静脈血の通路となる．腎臓と肝臓では静脈が毛細血管に分枝し，それぞれ腎門脈 renal portal vein と肝門脈 hepatic portal vein を形成する．内臓や体の後部から静脈洞へ戻る静脈血は，最終的には左右の後主静脈 posterior cardinal vein およびキュビエ管 duct of Cuvier を経て静脈洞へ到達する．

頭部の静脈血は種々の静脈枝を経て左右の前主静脈 anterior cardinal vein へ合流して静脈洞へ戻る．

リンパ管は体内の組織のリンパ液が心臓に近い静脈へ戻る通路となる．ツノガレイの仲間などの真骨類では，主たるリンパ系は脊髄の背側に沿って縦走する神経リンパ管 neural lymph vessel を主幹とし，体節ごとに背方と腹側に伸びる枝管からのリンパ液を集め，第1椎体付近で左右のリンパ管に合流し，最終的にはキュビエ管へ入るという[20]．しかし，このような細管系は動脈と静脈に付随して存在し，二次脈管系 secondary vascular system と呼ばれ，リンパ系としては機能しないといわれる[17]．

16・3 奇　網

魚類では体内の特定の部分で，動脈と静脈がそれぞれ多数の毛細血管に分枝して互いに密着して並び網状の奇網 rete mirabile を形成することがある．奇網では動脈血と静脈血が薄い血管壁を挟んで互いに反対方向に流れ，対向流の原理によって生理的に重要な役割を果たす．

ネズミザメ，アオザメの仲間などと，クロマグロ，メバチなどマグロの仲間では，体側の皮下を縦走する皮膚動脈（体側動脈）と皮膚静脈（体側静脈）から体側筋中へ分枝する血管が奇網を形成し，対向流によって静脈血の熱が効率よく動脈血へ拡散する熱保存機構が発達する．その結果，体側筋の温度を環境水の温度より高く保持し，筋収縮などに有利に働く．この構造が系統分類上かけ離れた高速遊泳をするサメの仲間とマグロの仲間に発達することは収束現象として注目されている[1]．ネズミザメ，アオザメなどと，クロマグロ，ビンナガ，メバチなどは，循環経路は少々違うが，内臓血管系にも奇網を備え，消化器を高温に保持する．

多くの真骨類の眼の脈絡膜には奇網が付属し，網膜へ酸素を供給する [21]．
真骨類の無気管鰾のガス腺にも奇網が付属し，血液のpHと酸素分圧の組合わせを安定させ，ガス腺へ効率よく酸素を拡散させる．

16・4　血液循環

魚類では血管内を循環する血液の血管壁に与える圧力，つまり血圧は体の部位によって大きく変化する．

心臓から拍出された血液は短い腹大動脈を経て鰓の毛細血管へ入るので，鰓を出る時には血圧は著しく降下している（図16・1）．収縮期圧 systolic pressure も弛緩期圧 diastolic pressure も，ともに腹大動脈と背大動脈とでは大きな差がある．サメの仲間では後主静脈や静脈洞の弛緩期圧は負圧になる．このような静脈の血圧降下に対し，種々の血流補助機構が発達する．たとえば，ヌタウナギの仲間では前主静脈，後主静脈に心臓のように拍動する部分があり，血流を維持する．サメの仲間では動脈や静脈に弁が点在して血液の逆流を防ぐし，尾部の静脈にはいくつかの小洞が付属し，遊泳運動に伴う筋肉の動きによってこれらがポンプの働きをする．

血液の循環は魚類の運動などの内的要因や，生活環境などの外的要因によって変化する．運動時には心拍数は増加し，心臓からの血液の拍出量も増し，血圧も上昇する．

また，水中の酸素濃度が低下すると心拍数は低下して徐脈 bradycardia が生じ，鰓や末梢血管の抵抗は大きくなって血圧は上昇する（図16・1）．サメの仲間では徐脈によって心臓からの血液の拍出量は減少するが，ニジマスでは増加する．徐脈をもたらす酸素欠乏の程度は種によって異なり，ニジマスでは酸素分圧が 80～100 mmHg，コイ科の *Tinca* では 45 mmHg，ウナギでは 30～60 mmHg であるという [9]．

16・5　血　　液

魚類の血液の総量は種によって，また測定方法の違いによって異なるが，真骨類では体重 1 kg 当たり 20～132 ml といわれる．

血液は液性成分としての血漿 plasma と，有形成分としての血球 blood cell とからなる．

血漿は，血液が血管外に漏れると血小板と結びついて凝固を引き起こすフィ

ブリンのもととなるフィブリノーゲン fibrinogen と，タンパク質その他の成分を含む透明な血清 serum とに分けられる．

血球は赤血球 erythrocyte，白血球 leucocyte，および血小板 thrombocyte の3種類に大別される．

魚類の赤血球は円盤状または楕円体で，核をもつのが特徴である（図16・3）．細胞質中に血色素ヘモグロビン hemoglobin を含有し，酸素運搬の中心的役割を果たす．血液中の赤血球は絶えず更新されるが，若い赤血球は時間の経過とともに長径が長くなる．赤血球の大きさと総数は種によって異なるし，同一種でも変異があるが，小型の赤血球が多数ある魚類ほど酸素を効率よく摂取する．一般に無顎類や軟骨魚類では真骨類と比較して，赤血球は大型でその数は少ない．真骨類でも活発に遊泳するサバの仲間は，動作が緩慢なアンコウの仲間などより赤血球数は多い（表16・1）．南極海のコオリウオの仲間は赤血球がほとんどなく，ヘモグロビンを欠くことで有名である[6]．

表16・1 魚類の赤血球の特徴 [4, 14]

魚 種	赤血球			ヘマトクリット値%	ヘモグロビン量 g 100 ml^{-1}
	長径 μm	短径 μm	数 10^6mm^{-3}		
イタチザメ	15.8〜28.2	12.4〜24.2	0.308	25.4	6.3
ヨシキリザメ	22.8	15.0		22.3	5.7
ツマジロ	16.2〜35.0	12.0〜28.0	0.242	18.0	4.0
ウナギ	9.9	6.9	2.721	33.7	9.4
コイ	10.4〜15.0	7.0〜9.8	2.21	35.2	8.6
ボラ	8.5	7.5	2.8	41.8	8.2
シイラ	7.8〜14.8	6.8〜9.4	3.173	41.2	9.9
チダイ	8.8〜14.8	7.2〜9.8	2.978	39.0	8.6
ゴマサバ	8.4〜14.2	6.6〜9.8	3.512	47.0	13.9
カツオ	7.4〜13.8	6.6〜9.0	3.396	48.3	14.4
サバフグ	10.8〜14.8	7.0〜10.0	2.592	41.3	8.8
アンコウの仲間	11.6	10.3	0.867	15.45	
ハイギョ Protopterus	41	31	0.063	27.4	
同夏眠中			0.110	45.0	

血液を遠心分離すると，赤血球の層，白血球・血小板の層，および血漿の層に分かれるが，赤血球の血液全体に対する容積百分率をヘマトクリット値 hematocrit（Ht）と呼ぶ．この値は種によって，また，その個体の健康状態によって異なる．たとえば，軟骨魚類では通常25%以下，多くの真骨類では20〜40%といわれる[6]．しかし，活動的なマグロの仲間などでは50%以上あるし，

定着性のアンコウの仲間やダンゴウオの仲間などでは17～19％前後になっている[6]．絶食や疾病はヘマトクリット値の低下の大きな要因となる．

　白血球は形状や染色性などによってリンパ球lymphocyte，顆粒細胞granulocyte（好中性白血球neutrophil，好酸性白血球acidphil，好塩基性白血球basophilに区分される），単核白血球monocyteなどに分類され，体内に侵入した病原体や異物に対する食作用や免疫に関与するなど，生体防御の働きをする．白血球はほぼ円盤状で変形しやすく，大きさは真骨類では長径約10～20μmである．その数は赤血球より少なく，数千～数万mm^{-3}であるが，種によって，または健康状態によって変わる．

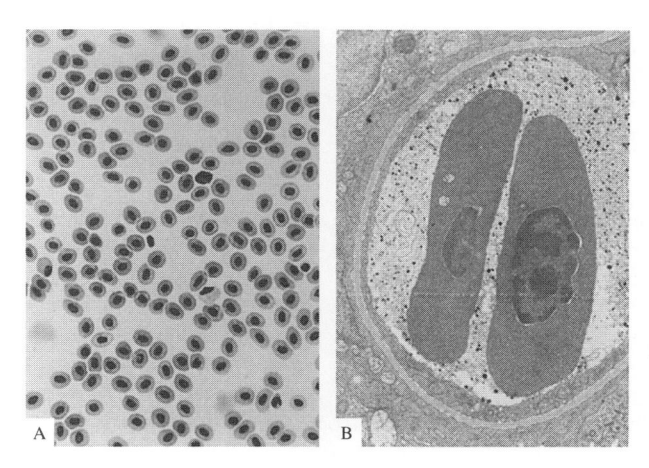

図16・3　魚類の赤血球
A：アカエイ　B：イシダイの二次鰓弁中の赤血球

　血小板は血球のうち最も小さい細胞で，長径約5μmの細長形である．その数は数万mm^{-3}といわれ，血漿中のフィブリノーゲンとともに血液凝固に関与する．また，細菌や異物を包み込む作用もある．

16・6　造血と脾臓

　造血器官hematopoietic organ; hemopoietic organは多くの魚類では腎臓と脾臓spleenであるといわれる．前者は主として白血球の，後者は主として赤血球の造血に関与する．リンパ球は胸腺thymusでも生成される．胸腺は左右1対あり，鰓腔背壁の上皮下に埋没していて，存在場所と形状は種によって異なる

[19]．真骨類では仔魚期にはよく発達するが，その後退縮し，成魚では再び肥厚して季節的に大きさが変化する．

軟骨魚類ではこのほかに食道粘膜下組織中のライディヒ器官 Leydig organ や，生殖腺に接するエピゴナル器官 epigonal organ にも造血機能があるといわれる．

脾臓は無顎類にはないが，造血細胞群がヌタウナギの仲間では腸管壁中に，ヤツメウナギの仲間の幼生では腸内縦隆起にある．軟骨魚類では胃の付近に，真骨類では胃の付近で腸管に接して脾臓が存在し，その外形は種によって変異がある．脾臓は造血器官であるばかりでなく，老成した血球の破壊場所でもあり，さらに赤血球の貯蔵場所でもある[7]．全速遊泳をさせた後のブリの血液のヘマトクリット値とヘモグロビン含量は40％以上も上昇する．これは主として脾臓に保有されていた赤血球が必要に応じて血液中へ放出されるからであるという[22]．

文　献

1) Bernal, D., K.A. Dickson, R.E. Shadwick, and J.B. Graham. 2001. Review: analysis of the evolutionary convergence for high performance swimming in lamnid sharks and tunas. *Comp. Biochem. Physiol.*, **129A**: 695-726.

2) Braun, M.H., R.W. Brill, J.M. Gosline, and D.R. Jones. 2003. Form and function of the bulbus arteriosus in yellowfin tuna (*Thunnus albacares*), bigeye tuna (*Thunnus obesus*) and blue marlin (*Makaira nigricans*): static properties. *J. Exp. Biol.*, **206**: 3311-3326.

3) Burggren, W.W. and K. Johansen. 1987. Circulation and respiration in lungfishes (Dipnoi). *In* "W.E.Bemis, W.W. Burggren, and N.E. Kemp, ed. The biology and evolution of lungfishes. (*J. Morphol.* 1986 Suppl. 1)." pp. 217-236. Alan R. Liss, Inc., New York.

4) DeLaney, R.G. C. Shub, and A.P. Fishman. 1976. Hematologic observations on the aquatic and estivating African lungfish, *Protopterus aethiopicus*. *Copeia*, 1976: 423-434.

5) Emery, S. H., C. Mangano, and V. Randazzo. 1985. Ventricle morphology in pelagic elasmobranch fishes. *Comp. Biochem. Physiol.*, **82A**: 635-643.

6) Fänge, R. 1992. Fish blood cells. *In* "W.S. Hoar, D.J. Randall, and A.P. Farrell, eds. Fish physiology. Vol. 12. Pt. B. The cardiovascular system." pp. 1-54. Academic Press, San Diego.

7) Fänge, R. and S. Nilsson. 1985. The fish spleen: structure and function. *Experientia*, 41: 152-158.

8) Farrell, A. P. and D. R. Jones. 1992. The heart. *In* "W. S. Hoar, D.J. Randall, and A. P. Farrell, eds. Fish physiology. Vol. 12. Pt. A. The cardiovascular system." pp. 1-88. Academic Press, San Diego.

9) 羽生　功．1978．循環の生理．"日本水産学会（編）．魚の呼吸と循環，水産学シリーズ（24）．" pp. 37-50．恒星社厚生閣，東京．

10) Holeton, G. F. and D. J. Randall. 1967. Changes in blood pressure in the rainbow trout during hypoxia. *J. Exp. Biol.*, 46: 297-305.

11) Marshall, R.T. and G.M. Hughes. 1967. The physiology of mammals and other vertebrates. 292pp. Cambridge Univ. Press, Cambridge.
12) Parsons, C.W. 1929. The conus arteriosus in fishes. *Quart. J. Microscop. Sci.*, 73: 145-176.
13) Pried, I. G. 1976. Functional morphology of the bulbus arteriosus of rainbow trout (*Salmo gairdneri* Richardson). *J. Fish Biol.*, 9: 209-216.
14) 斉藤　要．1954．魚類血液の生化学的研究－Ⅰ．血球の形態に就て．日本水産学会誌，19：1134-1138.
15) Santer, R.M., M. Greer Walker, L. Emerson, and P.R. Witthames. 1983. On the morphology of the heart ventricle in marine teleost fish (Teleostei). *Comp. Biochem. Physiol.*, 76A: 453-457.
16) Smith, L.S. and G.R. Bell. 1976. A practical guide to the anatomy and physiology of Pacific salmon. *Can. Dept. Env., Fish. Mar. Serv., Miscel. Spec. Publ.* (27): 1-14.
17) Steffensen, J.F. and J.P. Lomholt. 1992. The secondary vascular system. *In* "W.S. Hoar, D.J. Randall, and A.P. Farrell, eds. Fish physiology. Vol. 12. Pt. A. The cardiovascular system." pp. 185-217. Academic Press, San Diego.
18) Stevens, E. D. and D. J. Randall. 1967. Changes in blood pressure, heart rate and breathing rate during moderate swimming activity in rainbow trout. *J. Exp. Biol.*, 46: 307-315.
19) 田村栄光．1978．日本産魚類の胸腺に関する形態学的研究．新潟大学佐渡臨海実験所特別報告，(1)：1-75.
20) Wardle, C.S. 1971. New observations on the lymph system of the plaice *Pleuronectes platessa* and other teleosts. *J. Mar. Biol. Assoc. U.K.*, 51: 977-990.
21) Wittenberg, J. B. and B. A. Wittenberg. 1974. The choroid rete mirabile of the fish eye. Ⅰ. Oxygen secretion and structure: comparison with the swimbladder rete mirabile. *Biol. Bull.*, 146: 116-136.
22) Yamamoto, K., Y. Itazawa, and H. Kobayashi. 1980. Supply of erythrocytes into the circulating blood from the spleen of exercised fish. *Comp. Biochem. Physiol.*, 65A: 5-11.

第17章
腎臓と浸透調節

　物質交代によって魚類の体内に生じた老廃物質や，浸透調節 osmoregulation に伴う過剰の水分や塩類は主として腎臓 kidney や鰓などを通して排出される．窒素を含む主たる老廃物はアンモニアであるが，高等脊椎動物はこれを尿素または尿酸に変えて排出する．前者は尿素排出動物 ureotelic animal，後者は尿酸排出動物 uricotelic animal と呼ばれる．ところが多くの真骨類はアンモニアのまま排出するのでアンモニア排出動物 ammonotelic animal ということになる．しかも多くの場合，腎臓とともに鰓が主要な役割を果たす．また，含窒素排出物のすべてがアンモニアというわけではなく，一部は尿素，トリメチルアミンオキシド trimethylamine oxide（TMAO），クレアチンなどの状態で尿中に排出される．サメ・エイの仲間はアンモニアのほとんどを尿素に変えて排出するので，尿素排出動物の部類に入るが，体内に多量の尿素を保持して浸透調節を行うので，尿素浸透性動物 ureosmotic animal とも呼ばれる．

　さらに腎臓や鰓は水中に生活する魚類の宿命ともいわれる浸透調節にも深くかかわる．淡水魚の体液は環境水より高浸透 hyperosmotic であり，つねに水の浸透により水脹れになる危険にさらされている．逆にサメ・エイの仲間を除く多くの海水魚の体液は環境水より低浸透 hypoosmotic であり，生理的脱水の危険にさらされている．体液の恒常性を維持するために腎臓や鰓などは水や塩類の出入りを調節するうえで重要な役割を果たす．

17・1　腎　　臓

　魚類の腎臓は成体では主として中腎 mesonephros が機能する．発生の初期には前腎 pronephros が形成されるが，これは成長とともに退縮する．多くの真骨類では腎臓は頭腎 head kidney と体腎 body kidney とに分かれるが，頭腎は前腎の残存組織からなり，実質的には副腎として機能する．

　腎臓は左右1対の器官で，体腔背部にあって脊椎骨の腹側に接して位置する

が，その外形はさまざまである．

　無顎類の腎臓は十分に発達しているといえない．ヌタウナギの仲間では充実した組織になっていないし，ヤツメウナギの仲間では背大動脈の腹側に沿って縦走する1対のひも状の組織として認められるにすぎない．

　軟骨魚類では腎臓はサメの仲間にみられるような細長い型と，エイの仲間にみられるような葉状の型に大別できる．

　真骨類では腎臓の外形は次の4型に大別できる［11］．(1) 左右の腎臓は接合し，前端の頭腎部がやや膨らむ（ニシン，マイワシ，サケ，アユなど）．(2) 左右の腎臓は後半部で接合し，前半は分離していて，頭腎は明瞭（コイの仲間，ナマズの仲間など）．(3) 左右の腎臓は後部だけが接合し，前部は分離して発達する（多くのスズキ目魚類，カサゴの仲間，カレイの仲間など）．(4) 左右の腎臓は完全に分離し，頭腎は不明瞭（アンコウの仲間，フグの仲間など）（図17・1）．

17・1・1　ネフロン

　腎臓の内部構造は多数のネフロン nephron と，その間質を埋めるリンパ様組織からなる．それぞれのネフロンは腎小体 renal corpuscle と細尿管 renal tubule; uriniferous tubule とからなる（図17・1）．

　腎小体は腎動脈の毛細血管が多数集合して形成される糸球体 glomerulus と，これを包むボーマン嚢 Bowman's capsule とからなり，ここで血漿中の成分の濾過が行われ，尿の生成が始まる．真骨類の糸球体は尿量の多い淡水魚では大きく，数も多いが，尿量の少ない海水魚では小さく，数も少ない傾向がある．また，ヨウジウオ，タツノオトシゴ，アンコウの仲間などの腎臓には糸球体がない．このような腎臓は無糸球体腎 aglomerular kidney と呼ばれる．

　細尿管は複雑に湾曲する微細な管で，内腔上皮の構造と機能に基づいて，腎小体に接する部分から，頸節 neck segment，基部曲節（近位曲細尿管）proximal convoluted segment，および末部曲節（遠位曲細尿管）distal convoluted segment の各部に分けられ，集合管 collecting duct を経て輸尿管 ureter へ連結する．真骨類では基部曲節はさらに第1部と第2部に分けられる．また，多くの淡水魚では基部曲節と末部曲節の間に中間節 intermediate segment が存在する．

　細尿管の構造は魚類全般にわたって一様ではない．
　ヌタウナギの仲間では，ネフロンは体節ごとに点在し，細尿管は短く，各節

に分化していない．ヤツメウナギの仲間では3節と集合管からなる細尿管が存在する．

　サメ・エイの仲間では細尿管は中間節を含む4節と集合管に分化し，複雑に湾曲する．細尿管は血洞層と鞘膜に包まれた鞘膜層の間をヘアピン状に湾曲し（図17・1），鞘膜層では隣接する管内の濾液は対向流となる[8]．

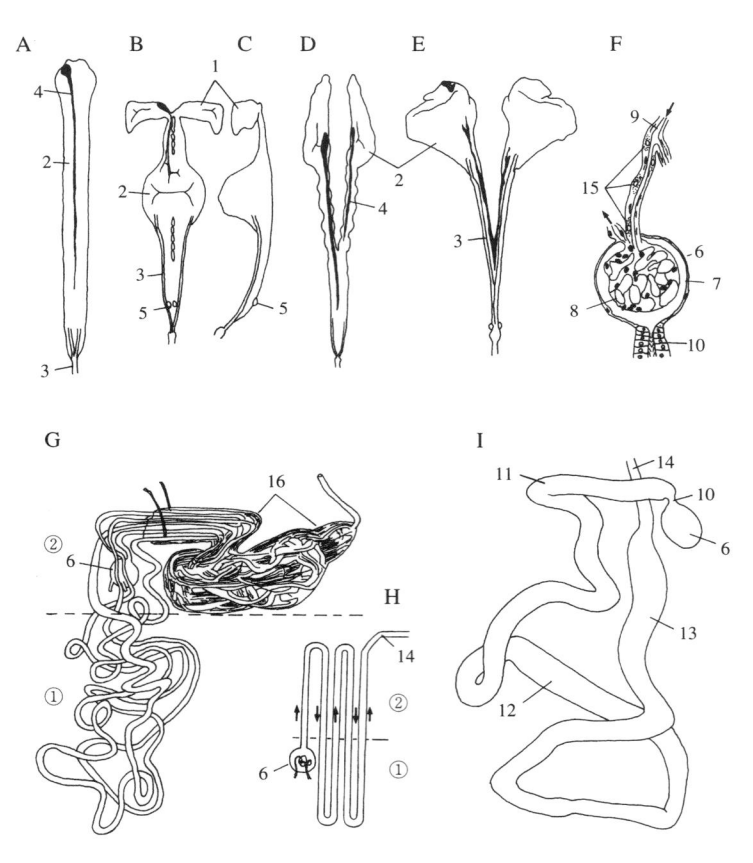

図17・1　魚類の腎臓（A〜F）[10, 11]，（G, H）[8] を改変
A：アユ　B・C：フナ　D：スズキ　E：クサフグ　F：金魚のネフロン頸節, 腎小体, 傍糸球体細胞　G・H：サメの仲間のネフロン　I：コイのネフロン
1：頭腎　2：体腎　3：輸尿管　4：後主静脈　5：スタニウス小体　6：腎小体　7：ボーマン嚢
8：糸球体　9：動脈　10：頸節　11：基部曲節第1部　12：基部曲節第2部　13：末部曲節
14：集合管　15：傍糸球体細胞　16：細尿管周囲鞘膜
①：血洞層　②：鞘膜層

真骨類のうち淡水魚ではネフロンは発達するが，多くの海水魚では末部曲節を欠く．また，無糸球体腎の細尿管は基部曲節第2部のみによって構成される．

細尿管には血管が密に分布し，尿の成分の調整が行われる．淡水の真骨類では糸球体で水とともに濾過されたブドウ糖，Na^+やCl^-などの1価のイオンは細尿管で再吸収される．海産の真骨類ではMg^{2+}やCa^{2+}など2価のイオンは細尿管へ能動的に排出され，1価のイオンは主として鰓から排出される．サメの仲間では細尿管のヘアピン湾曲部に尿素の再吸収にかかわる部分があり，ドチザメでは集合管の直前の細尿管で尿素の再吸収が行われるという[5]．

17・1・2　傍糸球体装置

軟骨魚類と真骨類では，糸球体へ入る動脈壁に傍糸球体細胞 juxtaglomerular cell が分布する[9, 14]．この細胞はアンコウの仲間やヨウジウオの仲間のような無糸球体腎でも腎組織中の動脈壁に集中して存在する．これらの細胞群の基本構造は哺乳類などの傍糸球体装置と比べると構成要素が不完全とされていた．しかし，アブラツノザメやガンギエイの仲間では典型的な傍糸球体装置が確認されている[9]．傍糸球体細胞は，血圧上昇，飲水誘起などの作用があるアンギオテンシンⅡ産生にかかわる酵素レニン renin を分泌する．サメ・エイの仲間にもレニン-アンギオテンシン系は存在する[2]．

17・2　浸透調節

体内の浸透調節には，淡水魚は常時体内へ浸透してくる水の排出につとめ，逆に海水魚は常時脱水を補うために水を体内に取り込む必要がある（図17・2）．

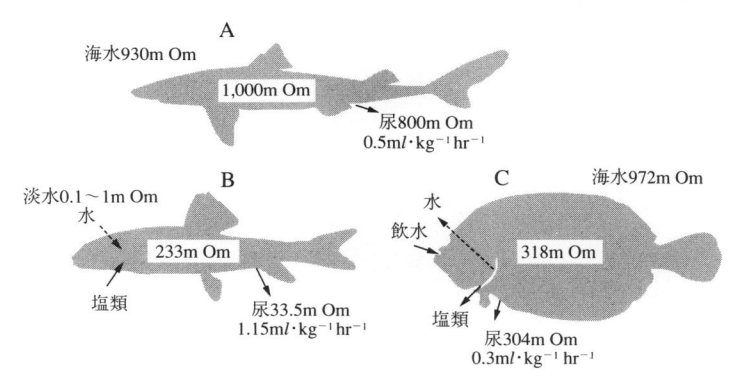

図17・2　サメ（A），淡水魚（B），および海水魚（C）における水・塩類の出入りと尿量 [1, 3] 魚体の中の数値は血漿の浸透濃度．浸透濃度はすべて m osmoles l^{-1}

淡水魚は口からの水の摂取を極力おさえ，鰓，体表などから入る水を多量の尿として排出する．したがって腎臓における糸球体濾過量 glomerular filtration ratio (GFR) は大きく，水の摂取量は少ない．一方，海水魚は多量の水を飲み込んで脱水される水の補給をし，尿の量を極力抑える．したがって腎臓における糸球体濾過量は小さく，細尿管における水の再吸収率は高い．そして過剰になりがちのNa^+，Cl^-など，1価のイオンは主として鰓その他の部位に発達する塩類細胞を通して排出する．

海産のサメ・エイの仲間は体組織や血液中に多量の尿素やトリメチルアミンオキシドを含有し，海水よりやや高い浸透濃度を保つ．そのため真骨類のように水の出入りは激しくなく，尿の量も目だって多くはない．この仲間は過剰のNa^+，Cl^-など，1価のイオンは主として直腸腺を通して排出する．

ウナギのように淡水域と海洋の間を回遊する魚類は浸透環境の変化に合わせて浸透調節作業の切り替えを行う．たとえば，淡水から海水へ移されたウナギでは6時間後には尿量は著しく減少し，GFRも低下するが，細尿管における水の再吸収率は増加する．10日後には尿量はさらに少なくなり，GFRは増加し，水の再吸収率は80％を超え，海水生活に適応した浸透調節を行う（表17・1）．ウナギの尿量やGFRは季節的に変化し，夏に高く，10月ころから減少し，冬に低くなる[12]．

表17・1　淡水中と海水中におけるウナギの尿量，GFR，水の再吸収率[12]

	尿量（$ml \cdot kg^{-1} day^{-1}$）	GFR（$ml \cdot kg^{-1} day^{-1}$）	水の再吸収率（％）
淡水	46.8 ± 3.60	66.7 ± 5.04	30.2 ± 3.29
海水（6時間後）	13.4 ± 2.16	26.4 ± 3.84	42.7 ± 6.48
海水（10日後）	6.96 ± 0.24	59.0 ± 19.7	80.6 ± 2.34

17・3　塩類細胞と直腸腺

魚類，とくに真骨類では鰓弁を中心とする鰓域に多数の塩類細胞 chloride cell が分布する．この細胞は細胞質にミトコンドリアを多く含むのが特徴で，基底部は血管と接し，遊離縁は環境水と接する．塩類細胞は鰓上皮では二次鰓弁の基部の鰓弁と，二次鰓弁上に分布する．塩類細胞には海水型と淡水型の2型があるという[4,6]．サケ，ウナギなどでは，海水中では鰓弁上の塩類細胞（海水型）の活性が高く，二次鰓弁上にも扁平な塩類細胞（淡水型）は存在するが，これらは淡水中で活性が高くなる．海水中では海水型の塩類細胞は過剰の

Cl$^-$を排出するとともに，隣接するアクセサリー細胞との間隙を通してNa$^+$を排出する．淡水中では淡水型の塩類細胞はその形態と機能によってさらに3亜型に分けられ，それぞれ不足するNa$^+$，Cl$^-$，Ca^{2+}の取り込みに深くかかわる[4]．

塩類細胞は鰓弁に限って分布するのではなく，種によっては鰓蓋内面の表皮中，口の周辺，腎臓の細尿管上皮，発生中の胚や仔魚の卵黄嚢膜や体表の表皮中などにも出現する[6, 7]．

海産のサメ・エイの仲間では鰓に塩類細胞が分布し，Na$^+$やCl$^-$の排出機能を備えているが，腸の最後部に付属する直腸腺 rectal gland にも同様の排出機能がある[13]．直腸腺は腸の後端で背側前方へ向かって突出する盲嚢で，ソーセージ状とか葉状など，形は種によって多少異なる．直腸腺には中央部を縦走する内腔があり，ここから無数の分泌細管が周縁部へ向かって分布して実質を形成する．

文　献

1) Burger, J.W. 1967. Problems in the electrolyte economy of the spiny dogfish, *Squalus acanthias*. *In* "P.W. Gilbert, R.F. Mathewson, and D.P. Rall, eds. Sharks, skates, and rays." pp.177-185. Johns Hopkins Press, Baltimore.
2) Hazon, N., M. L. Tierney, and Y. Takei. 1999. Renin-angiotensin system in elasmobranch fish: a review. *J. Exp. Zool.*, **284**: 526-534.
3) Hickman, C. P. and B. F. Trump. 1969. The kidney. *In* "W. S. Hoar and D. J. Randall, eds. Fish physiology. Vol. 1. Excretion, ionic regulation, and metabolism." pp.91-239. Academic Press, New York.
4) Hirose, S., T. Kaneko, N. Naito, and Y. Takei. 2003. Molecular biology of major components of chloride cells. *Comp. Biochem. Physiol.*, **136B**: 593-620.
5) Hyodo, S., F. Katoh, T. Kaneko, and Y. Takei. 2004. A facilitative urea transporter is localized in the renal collecting tubule of the dogfish *Triakis scyllia*. *J. Exp. Biol.*, **207**: 347-356.
6) 金子豊二．2002．浸透圧調節・回遊．"会田勝美（編）．魚類生理学の基礎．" pp. 215-232．恒星社厚生閣，東京．
7) Komuro, T. and T. Yamamoto. 1975. The renal chloride cell of the fresh-water catfish, *Parasilurus asotus*, with special reference to the tubular membrane system. *Cell Tiss. Res.*, **160**: 263-271.
8) Lacy, E.R. and E. Reale. 1985. The elasmobranch kidney. II . Sequence and structure of the nephrons. *Anat. Embryol.*, **173**: 163-186.
9) Lacy, E.R. and E. Reale. 1990. The presence of a juxtaglomerular apparatus in elasmobranch fish. *Anat. Embryol.*, **182**: 249-262.
10) Ogawa,M. 1961. Comparative study of the external shape of the teleostean kidney with relation to phylogeny. *Sci. Rep. Tokyo Kyoiku Daigaku, Sec. B*, **10**: 61-88.
11) 小川瑞穂．1978．腎の生物学．UPバイオロジー．120pp．東京大学出版会，東京．

12) Oide, H. and S. Utida. 1968. Changes in intestinal absorption and renal excretion of water during adaptation to sea-water in the Japanese eel. *Mar. Biol.*, **1**: 172-177.
13) Olson, K.R. 1999. Rectal gland and volume homeostasis. *In* "W.C. Hamlett, ed. Sharks, skates, and rays. The biology of elasmobranch fishes." pp. 329-352. Johns Hopkins Univ. Press, Baltimore.
14) Sokabe, H. and M. Ogawa. 1974. Comparative studies of the juxtaglomerular apparatus. *Int. Rev. Cytol.*, **37**: 271-327.

第18章
神経系

　魚類の行動は，魚類が備える各種の受容器に入った情報が中枢へ伝えられ，そこで統合され，その反応が各種の効果器へ伝達されて発現する．これら一連の伝達系は神経系と呼ばれる．神経系は中枢神経系 central nervous system と末梢神経系 peripheral nervous system とからなる．

18・1　中枢神経系

　中枢神経系は脳 brain と脊髄 spinal cord とによって構成される．脳は胚期の神経管の前端部が膨らんで形成される．脊髄は脳に続く部分の神経管が発達したもので，体軸に沿って尾端まで縦走する．神経管の管腔は脳内では脳室となり，脊髄では中心管となる．ヌタウナギの仲間では脳室は退化的である．

18・1・1　脳

　魚類の脳は高等脊椎動物と比較して相対的に小さいが，サメ・エイの仲間では，種によっては哺乳類に匹敵する値が脳重・体重関係に現れている [13, 14]．

　脳は前方から終脳 telencephalon，間脳 diencephalon，中脳 mesencephalon，後脳 metencephalon（小脳 cerebellum），髄脳 myelencephalon（延髄 medula oblongata）の各部に分けられる（図18・1）．無顎類では小脳の存在が不明確である [17]．軟骨魚類では脳の各部は明瞭に分化するが，分類群によって各部の形態は異なる [6]．真骨類では脳形に種固有の特徴があり，また，生活様式を暗示するような形態的特徴もみられ，魚類の行動様式を論ずる材料になる [11, 15]．脳の各部の相対的な大きさに基づいて魚類の嗅覚，視覚，味覚，内耳・側線感覚などの特性を推察することは可能であるが，各部位には外形だけでは推察できない機能もあり，脳形から安易に機能を特定しにくいことがある．

　(1) 終脳．終脳は脳の前端に位置し，その前端に嗅球 olfactory bulb と呼ばれる膨らみがある．

　無顎類ではヌタウナギの仲間とヤツメウナギの仲間とでは脳形はかなり異な

り，とくにヌタウナギ仲間の終脳は大きい（図18・1）．

　軟骨魚類と真骨類とでは終脳の発生過程は異なり，その構造に大きな違いがある[14, 18]．サメ・エイの仲間では終脳の形成過程で天井部の蓋板が中央部で陥入し，左右1対の側脳室が形成される．真骨類では天井部の蓋板が左右の外側に広がって終脳完成時には外側を膜状に覆い，その結果，脳室は左右に分かれない（図18・1）．

　魚類の終脳には層構造の分化はみられず，哺乳類にみられるような大脳新皮質は存在しないといわれてきたが，嗅覚のみにとどまらず，視覚，味覚，内耳・

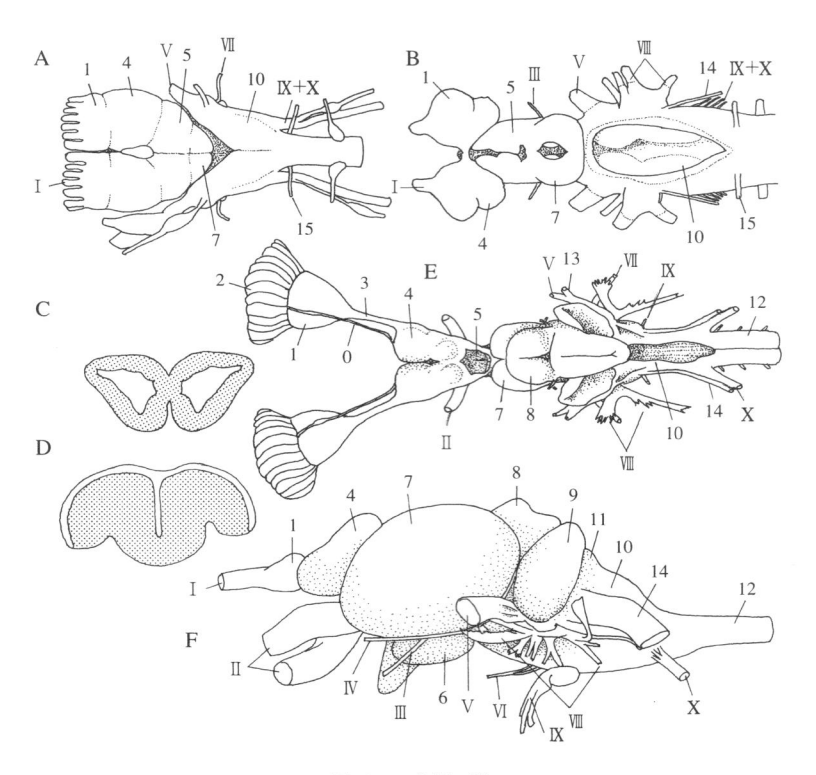

図18・1　魚類の脳
A：ヌタウナギの仲間[17]　　B：ヤツメウナギの仲間[17]　　C：サメの終脳の断面[14]
D：真骨類の終脳の断面[3]　　E：アブラツノザメの脳[14]　　F：タチウオの仲間の脳[5]
1：嗅球　2：嗅板　3：嗅索　4：終脳　5：間脳　6：下葉　7：視蓋　8：小脳体　9：顆粒隆起　10：延髄　11：迷走葉　12：脊髄　13：前側線神経　14：後側線神経　15：脊髄神経　0：終神経　Ⅰ～Ⅹ：第Ⅰ～第Ⅹ脳神経

側線感覚など，ほとんどの感覚情報の入力部位があり，大脳新皮質と相同の部分の存在が示唆されている [18]．

サメ・エイの仲間では終脳腹側野は嗅球から嗅覚の情報を受け，主として嗅覚にかかわる．背側野はいくつかの領域に区分され，視覚，電気感覚，側線感覚などの情報が入る [6]．

真骨類では終脳の前部に嗅球が発達する．嗅球は多くの場合，終脳の前端に位置するが，コイの仲間やタラの仲間では鼻腔に隣接していて，嗅索 olfactory tract によって終脳に連結する．嗅覚依存性の高い魚類では嗅球は相対的に大きい．また，ヒラメ・カレイの仲間では左右の嗅球は非対称で，有眼側の嗅球が大きい．

真骨類でも終脳は腹側野と背側野に大別される．前者には主として嗅覚の情報が入り，後者には内耳・側線感覚，味覚，視覚などの情報の入る領域がある [18]．また，真骨類の終脳では種々の行動の発現との関係が明らかにされていて，終脳の特定部位を傷つけたり，電気刺激を与えたりすると，生殖行動，攻撃行動などが減退したり，誘発されたりする [1]．

(2) **間脳**．終脳に続く間脳では，内部は第3脳室を挟んで，背部の視床上部 epithalamus，中央部の背側視床 dorsal thalamus，腹側視床 ventral thalamus，および腹部の視床下部 hypothalamus に区分される．

間脳には視覚，味覚，内耳・側線感覚などの情報の入力領域があり，終脳の感覚領域と相互に連絡する．視床下部は種々の行動の調節，内分泌系の活動の調節など，生命活動の維持に深くかかわる．その腹縁は膨隆して下葉 inferior lobe を形成し，ここに脳下垂体が付属し，その直後には血管嚢 saccus vasculosus がある．

視床下部の特定の部位に電気刺激を与えることによって，摂食行動，生殖行動，攻撃行動，温度変化に反応する行動などが誘発される [1]．また，視床下部の神経分泌細胞からは，脳下垂体で産生される各種のホルモンの分泌を促進する放出ホルモンや，逆に分泌を抑制する抑制ホルモンが分泌され，脳下垂体のホルモン分泌活動が調節される．

なお，視床上部からは松果体（上生体）が背方へ突出する．

(3) **中脳・視蓋**．中脳は背方へ半球状に膨隆する1対の視蓋 optic tectum と，その腹側に位置する中脳被蓋 tegmentum mesencephalon とに区分される．

視蓋は視神経からの情報を受け，視覚の一次中枢となっていて，視葉 optic

lobe とも呼ばれるが，それ以外にも内耳・側線感覚情報なども入力される．一般に視覚依存度の高い行動をする魚類では視蓋が大きく膨らむ．真骨類では視蓋は7種類の神経細胞を含む6層に区分され，各層の厚さは種によって異なり，その習性と密接な関係があるといわれる [9]．

真骨類では視蓋の直下に縦走堤 torus longitudinalis が縦走し，その役割は眼球運動や姿勢制御にかかわるという．

(4) 小脳．小脳は中脳の直後に位置し，背方へ突出する小脳体 corpus cerebelli と，視蓋内側の中脳脳室へ向かって突出する小脳弁 valvula cerebelli などによって構成される．小脳体の基部外側には顆粒隆起 eminentia granularis が膨隆する．

活動的な魚類，たとえば海洋の表層を高速遊泳する魚類や岩礁域で頻繁に方向転換をする魚類では小脳体が大きいことや，その表面に襞が発達することが多い．サメ・エイの仲間では小脳体の大きさや表面の皺の発達状態は種によって異なり，アオザメやヨシキリザメなどの小脳体は3葉に分かれ，複雑な襞がみられる [14]．

小脳体は運動の調節にかかわるといわれ，延髄や脊髄からの情報が入力される．小脳弁は姿勢制御などの機能をもつ．

(5) 延髄．延髄は脳の最後部に位置し，後端は脊髄につながる．その背側は感覚系領域，腹側は運動系領域となっている．

真骨類では延髄に種々の膨隆部がある．その主なものとしては，前部の小脳体下に伸びる小脳稜 crista cerebelli，迷走葉 vagal lobe，顔面葉 facial lobe などが並び，膨隆部の発達状態は種によって異なる．

小脳稜には聴覚や側線感覚にかかわる内耳側線野がある．側線や電気受容器が発達する真骨類では小脳稜は顆粒隆起の腹外側へ大きく膨隆して側線葉 lateral line lobe を形成する [12]．

味覚に依存度の高い魚類では延髄が相対的に大きく，膨隆部も大きい傾向がある．迷走葉と顔面葉は主として味覚の一次中枢として機能する．前者には第X脳神経（迷走神経）が，後者には第Ⅶ脳神経（顔面神経）が入る．口腔内の味覚が発達するコイの仲間では迷走葉が大きく，体表の味覚が発達するナマズの仲間では顔面葉が大きい．また，真骨類の顔面葉の形態は左右1対の単純な感覚柱から7～8本の襞を形成する複雑なものまで6型に大別でき，それぞれ味覚の発達程度と対応するという [10]．

多くの真骨類では，延髄にマウスナー細胞 Mauthner cell と呼ばれる1対の大型神経細胞があり，その軸索は左右交叉した後，後方へ伸びて脊髄に入る．この細胞は瞬発的な逃避行動を起こす時などに活動する[2]．その発達状態は種によって異なり，活動的な魚類ではよく発達するが，定住性の魚類では小さいか，欠落する傾向がある．

18・1・2 脊　　髄

魚類では脊髄は延髄の後端から脊柱背側に沿って尾端まで縦走する．無顎類の脊髄は背腹に扁平で脊索によって支えられる．それ以外のほとんどの魚類では脊髄は円柱状で脊椎骨によって保護される．脊髄は中心管 central canal を中心にして，神経細胞が密集する灰白質 gray matter の層と，これを取り囲む有髄神経線維に富む白質 white matter の層とからなる．灰白質の背部には感覚系の神経細胞，腹部には運動系の神経細胞が分布する．脊髄には情報伝達経路として，脊髄と脳の間，あるいは脊髄各部の間を結ぶ神経網がある．

18・2　末梢神経系

末梢神経は脳および脊髄と魚体の各部との間に張りめぐらされ，末梢部から中枢へ情報を伝達する求心性の感覚神経 sensory nerve と，中枢から効果器へ情報を伝達する遠心性の運動神経 motor nerve とからなる．これらの神経は分布様式と生理学的性質に基づいて，脳神経 cranial nerve，脊髄神経 spinal nerve，および中枢の支配を受けない自律神経 autonomic nerve に分けられる．

18・2・1　脳神経

魚類の脳神経は魚類特有の神経を加えて図18・1のように12対に分類される[7]．

(1) **終神経** terminal nerve．0脳神経とも呼ばれる．軟骨魚類と一部の真骨類に存在し，終脳と鼻腔を結ぶ．生殖と関係があり，生殖腺刺激ホルモン放出ホルモン GnRH の分泌にかかわる[1]．

(2) **嗅神経** olfactory nerve（第Ⅰ脳神経）．鼻腔の感覚上皮と嗅球を結ぶ．

(3) **視神経** optic nerve（第Ⅱ脳神経）．網膜と中脳を結ぶ．間脳の腹側で視神経交叉 optic chiasma を形成する．

(4) **動眼神経** oculomotor nerve（第Ⅲ脳神経）．中脳から発し，水晶体の調節などにかかわる筋肉を支配する遠心性神経．

(5) **滑車神経** trochlear nerve（第Ⅳ脳神経）．中脳から発し，眼の動きに関与

する遠心性神経．

(6) **三叉神経** trigeminal nerve（第Ⅴ脳神経）．頭部の感覚情報を脳へ伝える求心性神経と，延髄から出て鰓などの運動に関与する遠心性神経とからなる．

(7) **外転神経** abducent nerve（第Ⅵ脳神経）．動眼神経，滑車神経とともに眼の動きに関与する．

(8) **顔面神経** facial nerve（第Ⅶ脳神経）．頭部体表に分布する味蕾からの味覚情報を脳へ伝える求心性神経．

(9) **内耳神経** octavus (octaval) nerve（第Ⅷ脳神経）．内耳の三半規管からの情報を伝える求心性神経で，延髄の内耳側線野に入る．

(10) **側線神経** lateral line nerve．魚類に特有の頭部・体表の側線感覚情報を伝える求心性神経．頭部に分布し，顔面神経とともに脳内に入る前側線神経と，体の各部に分布し，迷走神経とともに脳内に入る後側線神経に分かれる．電気受容器の情報伝達にも関与する．

(11) **舌咽神経** glossopharyngeal nerve（第Ⅸ脳神経）．口腔，咽頭，鰓などから味覚，内臓感覚情報を伝える求心性神経と，延髄から派出されて鰓域を支配する遠心性神経の混合神経．

(12) **迷走神経** vagus (vagal) nerve（第Ⅹ脳神経）．体全体へ分布し，味覚，内臓感覚などの情報を伝える求心性神経と，延髄から派出されて内臓全域を支配する遠心性神経の混合神経．

18・2・2　脊髄神経

脊髄からはほぼ体節ごとに対をなして有髄神経が派出される．皮膚や鰭などの一般体性情報を伝える求心性神経と，体の筋肉などを支配する遠心性神経の混合神経．

ホウボウの仲間の胸鰭下端にある3本の遊離軟条に密に分布する単独化学受容器は，脊髄前端の4対の肥大した副葉のうちの後部3対から派出される脊髄神経の支配を受ける [3]．

18・2・3　自律神経系

自律神経系には交感神経 sympathetic nerve と副交感神経 parasympathetic nerve とがあり，両者は互いに拮抗的に作用する．前者の起始細胞は脊髄にあり，後者の起始細胞は脳内にある [4]．真骨類では，心臓の拍動，血流の調節，消化管の運動，鰾内ガスの調節，色素胞中のクロマトソームの移動，虹彩の運動などに深くかかわる．

18・3 脳内神経回路

魚類，とくに真骨類の脳の構造と機能に関する研究の発展は目ざましく，種々の情報伝達にかかわる脳内の複雑な神経回路が明らかにされ，魚類の中枢神経系の発達程度が改めて注目されている[16]．

脳内の各種感覚の神経回路は，脳形と同様に，種によって特徴がある．ナマズの仲間の味覚に関する脳内神経回路を例にとると図18・2のようになる．すなわち，味覚の一次中枢がある延髄の顔面葉と迷走葉は膨隆し，とくに前者は大きく膨らむ．体の各部に広く分布する味蕾から，第Ⅶ，第Ⅸ，および第Ⅹ脳神経を通して延髄の一次味覚核に入った味覚情報は，小脳弁腹側の峡部にある二次味覚核へ投射され，ここから，さらに，間脳の背側視床と視床下部の三次味覚核へ投射される．また，間脳の三次中枢と終脳の背側野との間にも神経回路がある．

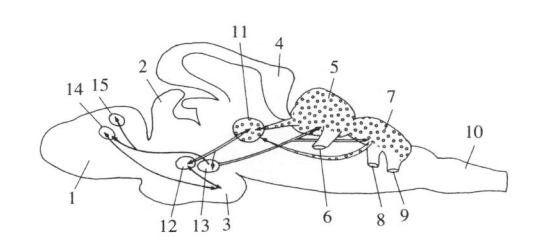

図18・2 ナマズの仲間の味覚中枢 [8]
1：終脳 2：視蓋 3：下葉 4：小脳体 5：顔面葉 6：第Ⅶ脳神経 7：迷走葉 8：第Ⅸ脳神経 9：第Ⅹ脳神経 10：脊髄 11：味覚二次中枢 12・13：間脳の味覚性核 14：終脳背側領域中心部 15：終脳背側領域内側部

文　献

1) Demski, L.S. 1983. Behavioral effects of electrical stimulation of the brain. *In* "R.E. Davis and R.G. Northcutt, eds. Fish neurobiology. Vol. 2. Higher brain areas and functions." pp. 317-359. Univ. Michigan Press, Ann Arbor.

2) Eaton, R.C. and J.T. Hackett. 1984. The role of the Mauthner cell in fast-starts involving escape in teleost fishes. *In* "R.C. Eaton, ed. Neural mechanisms of startle behavior." pp. 213-266. Plenum Press, New York.

3) Finger, T.E. 1988. Organization of chemosensory systems within the brains of bony fishes. *In* "J.Atema, R.R. Fay, A.N. Popper, and W.N. Tavolga, eds. Sensory biology of aquatic animals." pp. 339-363. Springer-Verlag, New York.

4）船越健悟．2002．自律神経系．"植松一眞・岡　良隆・伊藤博信（編）．魚類のニューロサイエンス．" pp.263-273．恒星社厚生閣，東京．
5）Harrison, G. 1981. The cranial nerves of the teleost *Trichiurus lepturus*. *J. Morphol.*, 167: 119-134.
6）Hofmann, M.H. 1999. Nervous system. *In* "W.C. Hamlett, ed. Sharks, skates, and rays. The biology of elasmobranch fishes." pp. 273-299. Johns Hopkins Univ. Press, Baltimore.
7）伊藤博信・吉本正美．1991．神経系．"板沢靖男・羽生　功（編）．魚類生理学．" pp. 363-402．恒星社厚生閣，東京．
8）Kanwal, J.S. and T.E. Finger. 1992. Central representation and projections of gustatory systems. *In* "T.J. Hara, ed. Fish chemoreception." pp.79-102. Chapman & Hall, London.
9）Kishida, R. 1979. Comparative study on the teleostean optic tectum. Lamination and cyto-architecture. *J. Hirnforsch.*, 20: 57-67.
10）Kiyohara, S. 1988. Anatomical studies of the facial taste system in teleost fish. *In* "I.J. Miller, ed. The Beidler symposium on taste and smell." pp. 127-136. Book Service Associates, Winston-Salem.
11）Kotrschal, K., M.J. van Staaden, and R. Huber. 1998. Fish brains: evolution and environmental relationships. *Rev. Fish Biol. Fish.*, 8: 373-408.
12）McCormick, C.A. 1983. Organization and evolution of the octavolateralis area of fishes. *In* "R.G. Northcutt and R.E. Davis, eds. Fish neurobiology. Vol. 1. Brain stem and sense organs." pp. 179-213. Univ. Michigan Press, Ann Arbor.
13）Northcutt, R.G. 1978. Brain organization in the cartilaginous fishes. *In* "E.S. Hodgson and R.F. Mathewson, eds. Sensory biology of sharks, skates, and rays." pp. 117-193. Office of Naval Research, Arlington.
14）Northcutt, R.G. 1989. Brain variation and phylogenetic trends in elsmobranch fishes. *J. Exp. Zool.*, Suppl. 2: 83-100.
15）内橋　潔．1953．脳髄の形態より見た日本産硬骨魚類の生態学的研究．日水研研究報告，（2）：1-166．
16）植松一眞．2002．神経系．"会田勝美（編）．魚類生理学の基礎．" pp. 28-44．恒星社厚生閣，東京．
17）Wicht, H. 1996. The brains of lampreys and hagfishes: characteristics, characters, and comparisons. *Brain, Behav. Evol.*, 48: 248-261.
18）吉本正美・伊藤博信．2002．終脳（端脳）の構造と機能．"植松一眞・岡　良隆・伊藤博信（編）．魚類のニューロサイエンス．" pp.178-195．恒星社厚生閣，東京．

第19章
感覚器

　魚類の生活には種々の感覚がからんでいる．たとえば，摂食時には，餌を探し出して捕食する過程で，魚類は体の各所に配置された種々の感覚網を活用する．その場合，視覚に強く依存する種とか，嗅覚や味覚に強く依存する種があり，それに伴って受容器の発達程度や脳の一次中枢の大きさなどに違いが生じる．また，水中に生息する魚類は「におい」と「味」の感覚の区別が不可能のように思われがちであるが，嗅覚 olfactory sense，味覚 gustatory sense，一般化学感覚 common chemical sense（自由神経終末 free nerve ending），単独化学受容細胞 solitary chemoreceptor cell などを使い分けることができ，水中生活に適応した化学感覚系 chemosensory system を備えている．

19・1　嗅覚器

　魚類の嗅覚器 olfactory organ は頭部前端近くにある鼻で，表皮の陥入によって鼻腔 nasal cavity が形成される．鼻腔は鼻孔 nostril を通して体表へ開く．

　無顎類では嗅神経は左右対をなしているが，鼻腔は対をなさず，1個の鼻孔によって頭部正中線上に開口する[36]．

　サメ・エイの仲間では鼻腔は吻の腹側に左右1対あり，それぞれ直接体表に開口するが，中央表面が皮弁に覆われているので，前後の鼻孔があるようにみえる（図19・1）．とくに定着性の種では，前孔から入り後孔へ抜ける水流は口の両端近くに出て呼吸水とともに口腔へ流入しやすい構造になっている[5]．

　多くの真骨類では鼻腔は吻の背側寄りにあり，前鼻孔と後鼻孔を備える．前鼻孔から鼻腔へ入った水は後鼻孔から出るが（図19・1），トゲウオやゲンゲの仲間などのように，鼻孔が左右に1個ずつしか開口していない種もある．

　においを受容する嗅細胞が並ぶ感覚上皮は鼻腔の嗅板 olfactory lamina の上にあり，嗅板の集合体は嗅房 olfactory rosette と呼ばれる（図19・1）．嗅房の形と嗅房上の嗅板の配列様式は種によって異なり，8型に大別される[31]．また，

嗅板表面の上皮に並ぶ嗅細胞の分布様式は種によって異なり，4型に分類される．嗅板の数が多く，かつ，その表面に嗅細胞がむらなく分布する嗅板を備える魚類は嗅覚が鋭いといわれる．

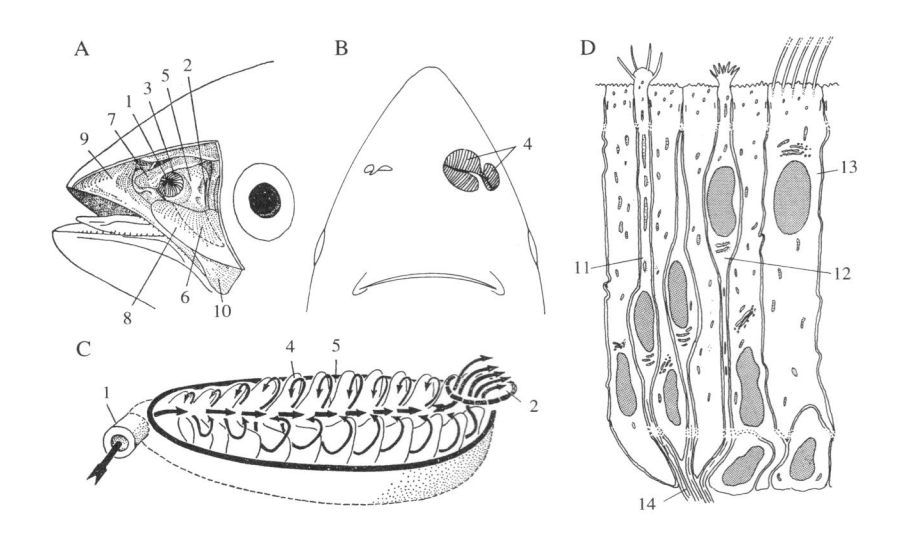

図19・1　魚類の嗅覚器
A：クロマグロの鼻　B：アブラツノザメの鼻　C：ウナギの嗅房[29]　D：真骨類の嗅細胞[36]
1：前鼻孔　2：後鼻孔　3：嗅房　4：嗅板　5：鼻腔　6：副鼻腔　7：鼻骨　8：第1眼下骨
9：前上顎骨　10：主上顎骨　11：繊毛嗅細胞　12：微絨毛嗅細胞　13：繊毛のある非感覚細胞
14：軸索

　嗅細胞には，その表面に突出する小円丘上に放射状に並ぶ繊毛を備える細胞と，表面に微絨毛を備える細胞の2型がある（図19・1）．においの情報は嗅神経によって嗅覚の一次中枢である嗅球へ伝達される．条鰭類には，これら2型以外にcrypt型と呼ばれる嗅細胞が存在するといわれる[14]．

　サケ，コイ，ナマズ，ウナギなどは，嗅板の配列様式に違いがあるが，感覚上皮に嗅細胞が発達していて，嗅覚は鋭い．

　水の流れが複雑な水中では，溶解している物質の分布に規則的な濃度勾配があるわけではないが，魚類はかなり離れた位置から，においの源泉を探り出す．アミノ酸，アルコール類，脂肪酸などは魚類の嗅覚を刺激する物質として知られている．このような事実から，嗅覚は魚類の索餌，捕食者からの逃避，フェロモンに誘引される行動などに深く関与すると考えられている．

19・2 味覚器

味の受容器は味蕾 taste bud であるが，魚類では味蕾の分布域は特定の部位に限定されず，口腔上皮はもとより，鰓杷，咽頭，種によっては体表にまで広がっている．これらのうち，口腔など体内にあるものを味蕾と呼び，ひげなど体表にあるものを終末味蕾 terminal bud と呼んで区別して扱うこともある．

味蕾の発達状態は種によって異なり，味覚に依存度の高い生活をする魚類は多数の味蕾を備える傾向がある．コイ，ドジョウ，ナマズ，ゴンズイ，ヒメジ

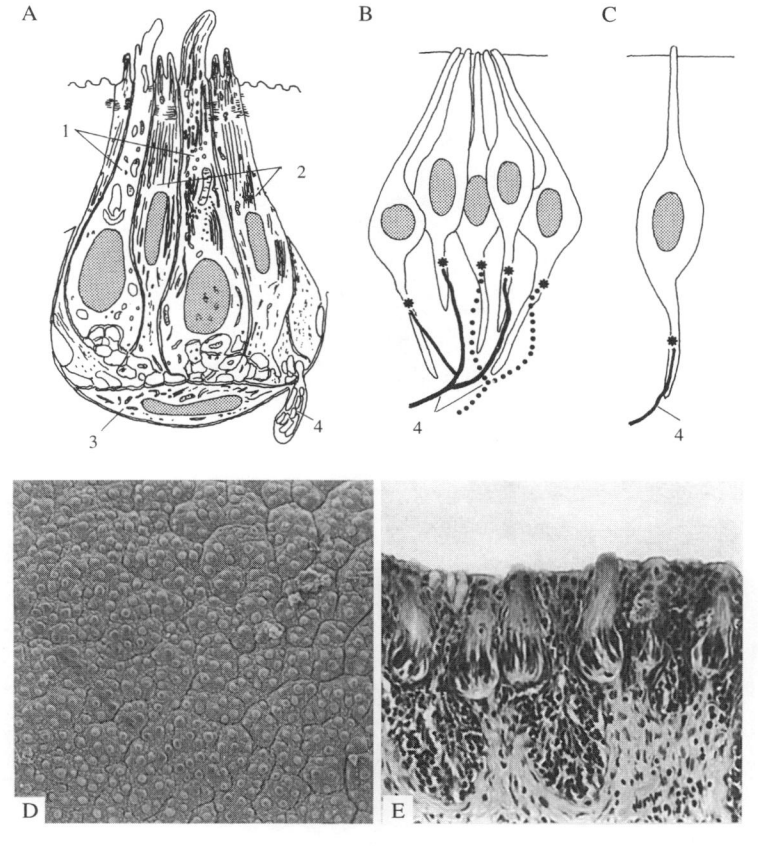

図19・2　魚類の味覚器
A：真骨類の味蕾[19]　B：味蕾模式図[12]　C：単独化学受容器模式図[12]
D・E：コイの口蓋器官の味蕾群
1：t細胞　2：f細胞　3：基底細胞　4：神経

第19章　感覚器

などはひげに多数の味蕾を備え，索餌行動にこれを活用する．コイの仲間では口腔背部に口蓋器官 palatal organ と呼ばれる味蕾の密集部位がある．

味蕾の形は基本的には洋ナシ形であるが，上皮層が厚い部位の味蕾は細長くなっている．

味蕾は3種類の細胞によって構成される（図19・2）．基底部には基底細胞 basal cell が横たわる．残りの2種類の細胞は細長く，味蕾の先端から基底細胞の位置まで達し，先端に1本の棒状突起を備え，細胞質中に多数の細管を含む t 細胞（明細胞）と，先端に数本の微絨毛を備え，細胞質中に多数の細繊維を含む f 細胞（暗細胞）に分けられる．前者は受容細胞で，後者は支持細胞であるという説と，両者はともに受容細胞として機能するという説とがある．ひげ，口唇，体表などの味蕾は顔面神経の支配を受け，口腔や鰓腔の味蕾は舌咽神経，迷走神経の支配を受ける[19]．

4種類の味，すなわち酸味，鹹味，苦味，甘味に対する魚類の感受性は種によって異なる．たとえば，多くの淡水魚は4種類の味刺激によく応答するが，ゴンズイやヒガンフグはショ糖の刺激に対して応答しない．また，種によって反応は違うが，各種アミノ酸，核酸関連物質，脂肪酸などの刺激に対して味蕾の神経が応答することも知られている．さらに，胴部と鰭に分布する顔面神経にはアミノ酸だけでなく，機械的刺激にも強く応答する神経線維が存在するという[19]．

アミノ酸などに対しては嗅覚器も味覚器もともに感受性があり，両者の役割分担は複雑なように考えられる．しかし，嗅覚は主として広く索餌行動や種内・種間の社会行動に関係するのに対し，味覚は食物の捕食，飲み込み，吐き出しなど，摂食行動の最終段階に機能するといわれる．

19・3 単独化学受容器

魚類の体表には味蕾のほかに，単独化学受容器と呼ばれる紡錘形あるいは洋ナシ形の単細胞が多数分布している[34]．

タラの仲間 *Ciliata mustela* の背鰭前部の鰭条には，顔面神経の支配を受ける多数の単独化学受容器がある．これらの受容器は魚類の粘液によく応答し，捕食者からの逃避行動にかかわるという．

また，ホウボウの仲間は胸鰭下端に3本の遊離鰭条を備え，これらを指のように動かして海底に潜む餌生物を探索する．この遊離軟条には脊髄神経の支配

を受ける多数の単独化学受容器が分布する.

　単独化学受容器は形態が味蕾中のt細胞に類似するところから，味蕾を構成する受容細胞の中にこの細胞が含まれるという説がある[12]．

19・4　光受容器

　光受容器photoreceptorは眼であるが，松果体pineal body（上生体epiphysis）にも光受容の機能がある．水中では深度や濁りの度合いによって，光の強さや波長は大幅に変化し，魚類の生活に大きい影響を及ぼす．魚類の生活様式は光受容器の構造や機能にもよく反映される．

19・4・1　眼の構造

　ヌタウナギの仲間や洞窟に生息する魚類のように外見的に眼が退化している例を除くと，眼は頭の両側面に存在する．ヒラメ・カレイの仲間では仔魚期に変態した後には両眼が頭の片側に並ぶようになる．

　眼の基本構造は，角膜cornea，虹彩iris，ガラス体hyaloid body，水晶体（レンズ）lens，網膜retina，脈絡膜choroid membrane，および強膜scleraの各部からなる（図19・3）．

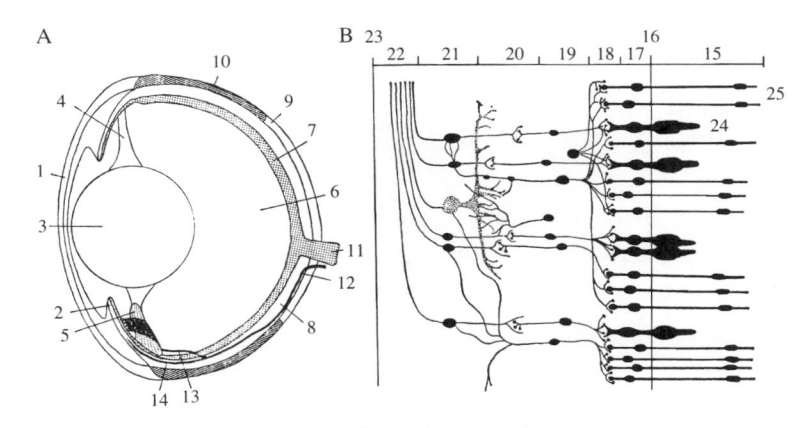

図19・3　魚類の眼の構造模式図
A：眼の断面[26]　　B：網膜（色素上皮は除いてある）[1]
1：角膜　2：虹彩　3：水晶体　4：懸垂靭帯　5：水晶体筋　6：ガラス体　7：網膜　8：脈絡膜　9：強膜　10：同軟骨　11：視神経　12：短毛様体神経　13：同水晶体筋分枝　14：同虹彩分枝　15：光受容細胞層　16：外限界膜　17：外顆粒層　18：外網状層　19：内顆粒層　20：内網状層　21：神経細胞層　22：神経繊維層　23：内限界膜　24：錐体　25：桿体

角膜は結合組織からなる透明な膜で，眼の表面を保護する．水晶体はガラス体の中に位置し，上部は靫帯によって，下部は水晶体筋によって支えられる．真骨類では水晶体が筋肉の作用によってガラス体内を移動し，遠近調節が行われる．

　網膜はガラス体の奥に位置し，眼に入った光が像を結ぶ場所で，光受容器の中心的役割を果たす．網膜は多くの層からなり，表面から奥に向かって，内限界膜 inner limiting membrane，神経繊維層 nerve fiber layer，神経細胞層 ganglion cell layer，内網状層 inner plexiform layer，内顆粒層 inner nuclear layer，外網状層 outer plexiform layer，外顆粒層 outer nuclear layer，外限界膜 outer limiting membrane，および光受容細胞層 photoreceptor cell layer の各層に区分され，光受容細胞層には色素上皮 pigment epithelium が付属する（図19・3）．

　多くの真骨類では網膜の腹側内面に沿って鎌状突起 falciform process が水晶体筋へ伸びる．これはガラス体動脈の分枝が集まって形成されたもので，突起の形は種によって特徴がある．

　脈絡膜は網膜の裏面を覆い，中には毛細血管が集まった奇網があり，逆流の原理によって効率よく酸素を網膜へ供給する［35］．軟骨魚類，ハダカイワシの仲間，チカメキントキなどでは脈絡膜の前縁にタペータム tapetum lucidum と呼ばれる小反射板が並ぶ．タペータムはグアニンの小結晶を含有し，薄明環境下で網膜へ向けて入射光を反射する．その他の多くの真骨類では網膜の色素上皮層中にタペータムが存在する．

　強膜は結合組織と軟骨（真骨類では一部骨化する）からなり，眼の裏面を保護する．

19・4・2　網膜の形態的特徴

　網膜の光受容細胞層には2種類の光受容細胞，すなわち錐体 cone と桿体 rod が並び，光刺激に反応して伸縮する．真骨類の錐体は存在様式によって単錐体，複錐体 double cone，および双錐体 twin cone に分類される．また，一部の軟骨魚類と深海に生息する真骨類の網膜には桿体だけが存在して錐体を欠く例がある．

　光受容細胞は外節 outer segment，楕円体 ellipsoid，および筋様体 myoid の各部からなる（図19・4）．外節には視物質 visual pigment が含まれ，筋様体は光の強さに応じて伸縮する．

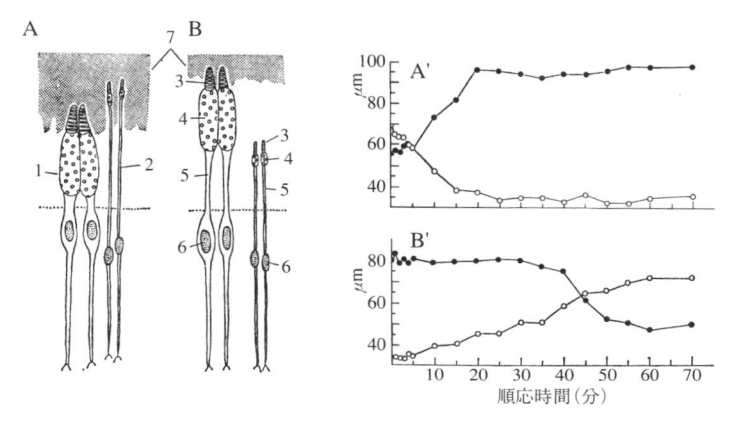

図19・4 錐体と桿体の模式図(A・B)およびギンザケ(銀毛)の網膜運動反応(A′・B′)[1,6]
A・A′：明順応時　B・B′：暗順応時
1：錐体　2：桿体　3：外節　4：：楕円体　5：筋様体　6：核　7：色素上皮
○：錐体の長さ　●；色素上皮の厚さ

　錐体は明るい時に働き，主として色彩の識別に関与する．桿体は暗い時に働き，薄明視覚に関与する．明順応下では錐体は筋様体が収縮して楕円体は外限界膜に接して並ぶ．一方，桿体は筋様体が伸長して楕円体は色素上皮中に隠れる．色素上皮は拡張して桿体の外節を光から遮断する．暗順応下では錐体と桿体の楕円体の位置関係は明順応の場合と逆になる（図19・4）．色素上皮も収縮する．明暗によって錐体と桿体がこのように変化する現象は網膜運動反応 retinomotor reaction と呼ばれる．

　網膜中の錐体の分布密度は一様ではなく，左右の眼の視野が前方で重なって形成される両眼視野の中心軸，すなわち視軸 visual axis と交わる部分に最も高密度に分布する．魚類の視精度 visual acuity はこの方向に対して最もよいことになる．視軸の向きは種によって異なり，マダイでは前下方に向き，スズキやカツオでは前上方に向く．

　錐体や桿体に達した光刺激はそれぞれの外節で視物質に吸収され，ここで生じた受容電位は，外網状層中で，筋様体の基部と，水平細胞や双極細胞との間で形成されるシナプシスを経て，網膜表面に分布する視神経へと伝達される．

　魚類に色彩感覚があることは生理学的研究によって確認されている．多くの魚類では3種類の錐体があって，最高感度を示す光の波長 $\lambda \max$ はそれぞれ青色，緑色，および赤色の範囲にある．その値は種によって多少異なり，生息場

所の光環境に適応している．また，スズメダイの仲間を始めとするサンゴ礁の浅海域に生息する魚類やニジマスの稚魚などでは，λmax が紫外部の低波長域にある錐体も明らかにされている．これらの魚類は紫外色を摂食行動や社会行動に利用するといわれる [20]．グッピーにも紫外色感覚があり，生殖行動時にこれを配偶者の選択に使っているという [25]．

19・4・3 松果体

松果体（上生体）は間脳の背側へ突出する小突起で，その構造は種によって多少違うが，先端の嚢胞部と，間脳に連なる柄部とからなる．松果体には，外節と内節とを備える光受容細胞や神経節細胞などがあり，光受容器として機能する [28]．

松果体はまたメラトニンを産生して分泌する内分泌の機能を有し，分泌量は明暗周期に同調していて，暗期に多く，明期に少なくなる．

19・5 内　耳

魚類の耳は内耳 inner ear，すなわち膜迷路 membranous labyrinth で，中耳と外耳は形成されない．内耳は頭蓋骨の耳殻内に位置し，3個の半規管 semicircular canal と3個の耳石器官すなわち卵形嚢（通嚢）utriculus，球形嚢（小嚢）sacculus，および壺 lagena によって構成され，内腔には内リンパが詰まっている．サメ・エイの仲間では球形嚢から背方へ向かって細い内リンパ管が延長し，頭蓋骨背面に開口する（図19・5）．

三半規管は軟骨魚類と硬骨魚類では，前，後，および水平の半規管からなるが，ヌタウナギの仲間には1本の弧状管，ヤツメウナギの仲間には前・後半規管しかない．各半規管の片側の端は膨れて膨大部 ampulla となり，その内腔には感覚上皮が発達して膨大部稜 crista ampullaris を形成する．また耳石器官の内腔壁面には斑 macula と呼ばれる感覚上皮があり，それぞれ卵形嚢斑，球形嚢斑，および壺斑と呼ばれる．これらの感覚上皮には感覚有毛細胞 sensory hair cell と支持細胞とが並び，その基底部には内耳神経の分枝が分布する（図19・5）．

それぞれの有毛細胞の先端には1本の動毛（繊毛）kinocilium と，数十本の不動毛 stereocilia が並び，動毛は毛束の一端に偏在する．有毛細胞群の表面はゼラチン質のクプラ cupula またはゼラチン質の膜で覆われる．

サメ・エイの仲間の感覚上皮は活動的で肉食性のメジロザメ仲間では著しく

大きいのに対し，定着性のエイの仲間やコモリザメでは小さく，有毛細胞の数も少ない[8]．

　真骨類では耳石器官の斑にゼラチン質の膜に包まれた耳石 otolith が付属する．耳石表面の体軸側には溝があり，ここが感覚上皮に接している．各嚢の耳石は大きさや形が異なり，卵形嚢のものを礫石 lapillus，球形嚢のものを扁平石 sagitta，壷のものを星状石 asteriscus と呼ぶ．通常，扁平石が最も大きく，単に耳石という時にはこれを指す（図19·5）．

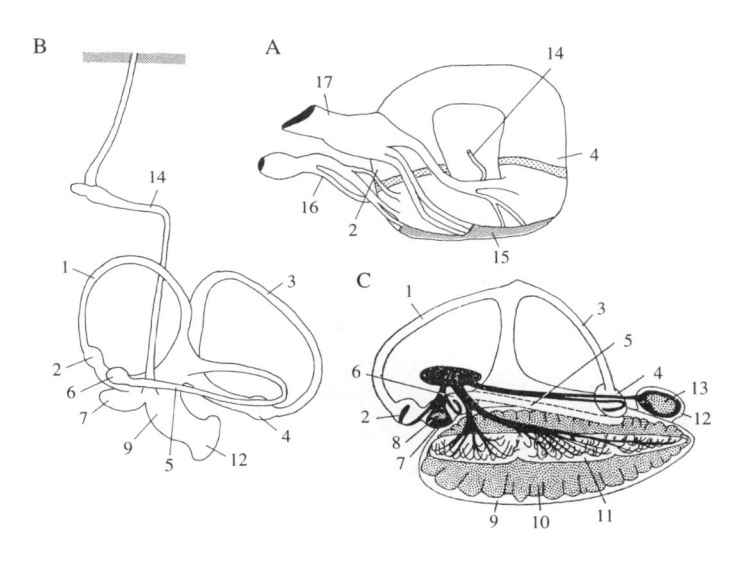

図19·5　魚類の内耳
A：ヌタウナギの仲間[21]　B：ネズミザメの仲間[8]　C：マダラ[17]
1：前半規管　2：同膨大部　3：後半規管　4：同膨大部　5：水平半規管　6：同膨大部　7：卵形嚢　8：礫石　9：球形嚢　10：扁平石　11：扁平石の溝　12：壷　13：星状石　14：内リンパ管　15：斑　16：内耳神経前枝　17：内耳神経後枝

　扁平石はまた，種によって形に特徴があり，しばしば分類形質になる．耳石は主として炭酸カルシウムの結晶が沈着して形成される．耳石には年周期をもって透明帯と不透明帯が形成され，この両帯（年輪）が明瞭に刻まれる耳石は年齢査定に利用される．

　また，海水中に比較的多く含まれ，淡水中にはほとんど含まれないストロンチュウム St は耳石中の微量成分として取り込まれているし，取り込みには水温

の影響もあるので,耳石中のストロンチュウムとカルシウムの比(St:Ca)を調べることによって,海洋と淡水を往復する魚類の生活履歴や,水温環境の履歴を知ることができる[24, 30, 37].さらに,耳石の微細構造には形成初期から日輪も刻印されていて,生活史初期の日齢の推定にも利用される.

サメ・エイの仲間では硬い耳石は形成されないが,平衡砂 statoconium と呼ばれる炭酸カルシウムの小顆粒の集合物が形成される.

球形嚢や壺嚢,またニシンの仲間では卵形嚢も音刺激の受容に関与するといわれる.魚類の内耳が受容できる音の周波数は種によって大きく違い,低周波の音刺激には比較的敏感であるが,2 kHz〜3 kHz 以上の音刺激には鈍感といわれてきたが[15],ニシンの仲間の *Alosa sapidissima* は稚魚期から 90 kHz の超音波を受容でき,成魚は 25 kHz〜180 kHz の超音波を受容できことが明らかになり,捕食者であるイルカの仲間などが発する超音波を感知できるという [16, 22].

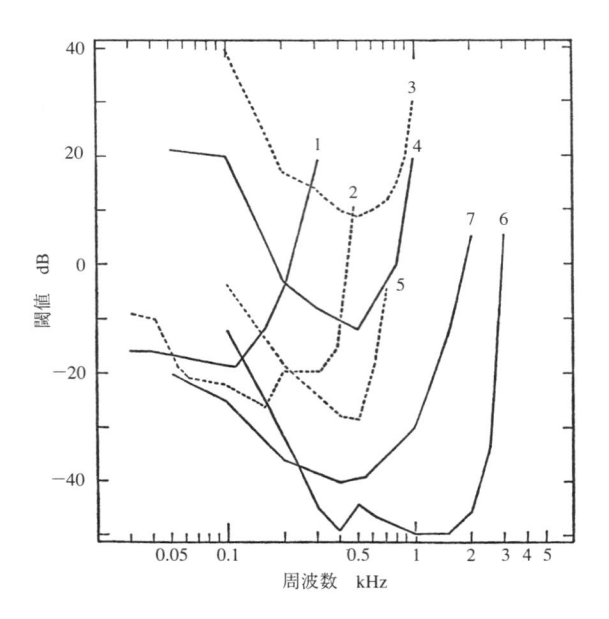

図19・6 魚類のオーディオグラム [10]
1:マガレイの仲間 2:マダラ 3:スマ 4:キハダ 5:イットウダイの仲間 *Adioryx xantherythrus* 6:アカマツカサの仲間 *Myripristis kuntee* 7:キンギョ

一般に鰾をもつ魚類はこれを欠く魚類より音の受容能力は高い．また，ニシンの仲間や骨鰾類など，内耳と鰾の間に特別な連絡路をもつ魚類は音刺激に対してきわめて敏感である．このような傾向は近縁の魚類であっても，鰾をもつキハダとこれを欠くスマの関係，あるいは鰾の前端の角状突起と耳殻が接するアカマツカサと鰾と頭蓋骨が分離しているイットウダイの仲間 *Adioryx* の関係によく現れている（図 19・6）．

また，三半規管と耳石器官は主として姿勢の制御など平衡感覚に関与する．

19・6　側線器

体表に発達するは側線 lateral line は水中に生活する魚類の大きな特徴である．側線の受容器は感丘 neuromast と呼ばれる．その数はきわめて多く，側線管内に並ぶものと，体表に分布するものとがある．前者は管感丘 canal neuromast または管器 canal organ，後者は表面感丘 superficial neuromast（遊離感丘 free neuromast）と呼ばれる．表面感丘のうち，表皮に開く微小な孔の底にあるものは孔器 pit organ と呼ばれる．

側線管の走行様式は必ずしも一定ではないが，通常，真骨類では頭部には眼上管 supraorbital canal，眼下管 infraorbital canal，前鰓蓋管 preopercular canal とそれに続く下顎管 mandibular canal，眼上管の後に続く耳管 otic canal，後耳管 postotic canal，側頭管 temporal canal があり，後頭部では左右に走る上側頭分枝 supratemporal division がある（図 19・7）．

一方，体側を走る側線管は体側管 trunk canal と呼ばれる．体側管は 1 本が体側の中央部を縦走するのが基本型で（カライワシ，サケなど），体側上部走行型（ミシマオコゼなど），体側下部走行型（トビウオなど），胸鰭上方で湾曲する型（シマアジなど），不連続型（スズメダイなど），不完全型（ソコアマダイなど），多側線型（アイナメなど），側線管退縮型（ニシンの仲間など）と，多様化したという [33]．側線の走行様式と胸鰭の位置とは深い関係があり，活発に遊泳する種では胸鰭の運動範囲を避けて走る傾向がある．

表面感丘は体表の表皮中に列をなして並ぶいわゆる孔器列や，不規則に点在する感丘の総称で，分布様式は種によって異なる．頭部の孔器列については存在部位によって名称が付され，分類形質になることもある．

感丘は通常タマネギ形をしていて，その基本構造は内耳の感覚上皮と同様に，有毛細胞，支持細胞，および先端を覆うクプラによって構成される．有毛細胞

の動毛と不動毛の位置関係は，動毛が一端に偏在し，隣接する有毛細胞の極性が逆になっている（図19・7）．頭部の側線器は前側線神経の支配をうけ，体側の側線器は後側線神経の支配を受ける．

側線器は機械的刺激受容器mechanoreceptorとして働き，水の動きや水中生物の動きの探知，音源が近距離にある音刺激の受容，群れの中での定位などに重要な役割を果たす．

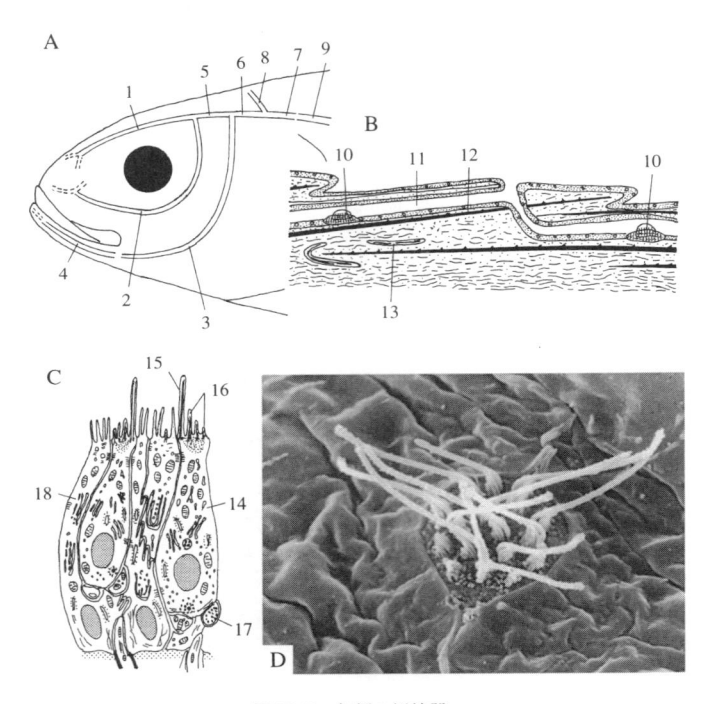

図19・7　魚類の側線器
A：真骨類の側線分布模式図［7］　B：体側管の水平断面図［3］　C：ホシザメの側線感丘の感覚上皮細胞［13］　D：コイ稚魚の表面感丘
1：眼上管　2：眼下管　3：前鰓蓋管　4：下顎管　5：耳管　6：後耳管　7：側頭管　8：上側頭分枝　9：体側管　10：感丘　11：管腔　12：鱗　13：神経　14：有毛細胞　15：動毛　16：不動毛　17：神経終末　18：支持細胞

19・7　呼吸孔器

サメ・エイの仲間では舌顎軟骨と神経頭蓋との関節付近で呼吸孔の壁面が陥入し，囊状（サメの仲間）または管状（エイの仲間）の器官が形成される．こ

れは呼吸孔器 spiracular organ と呼ばれ，ゼラチン質が充満した内腔に面して有毛細胞が並び，側線器類似の構造を示す．その機能は明確ではないが，顎の動きの感覚に関与するといわれる [4]．

19・8　電気受容器

一部の魚類では側線器に似た形の電気受容器 electroreceptor が発達するが，両者の受容細胞は微細構造が違う．電気受容器を備える魚類の分類群としては，ヤツメウナギの仲間，軟骨魚類，肉鰭類，軟質類，真骨類のモルミュルスの仲間，ギュムナルクスの仲間，ナマズの仲間，ギュムノトゥスの仲間，デンキウナギなどがある．この受容器は比較的原始的な脊椎動物が備え，いったん失われる方向にあったが，真骨類のいくつかの分類群で独立的に再び進化したともいわれる [23]．

電気受容器には瓶型器 ampullary organ と，結節型器 tuberous organ とがある（図 19・8）．受容器からの情報は側線神経を通して延髄の内耳・側線野の一次中枢となる電気感覚葉へ伝わる．

軟骨魚類が備えるロレンチーニ瓶器 ampulla of Lorenzini は典型的な瓶型器で，頭部の皮膚中に集中して分布する（図 19・8）．個々の瓶型器は管状でゼリー状物質が充満する．瓶の底部は膨らみ，その内腔に面して 1 本の動毛を備える受容細胞が並ぶが，感丘の有毛細胞にみられる不動毛の束やこれらに接するクプラはない [11]．

ゴンズイやナマズの電気受容器も管状の瓶型器である．ナマズの瓶型器は小孔器と呼ばれるが，受容細胞には動毛がない．これらは体表に広く分布するが，頭部背側と吻端に多数分布する [2]．

モルミュルスの仲間やギュムノトゥスの仲間のような弱発電魚の電気受容器には，管状の瓶型器と結節型器とがあり，体表に広く分布する．結節型器は種によって構造が多少違うが，受容細胞は底部に並ぶ（図 19・8）．

サメ・エイの仲間は，海底の砂中に潜伏する小魚の呼吸運動や心拍に伴って生じる微弱な生物電気を瓶型器で探知して，これを捕食することができる [18]．ナマズの仲間も摂食行動や定位に電気受容器を活用する．

弱発電魚は電気受容器によって，自身あるいは仲間の発電器から放電される電気を受容して，電気的定位や交信などに利用する．

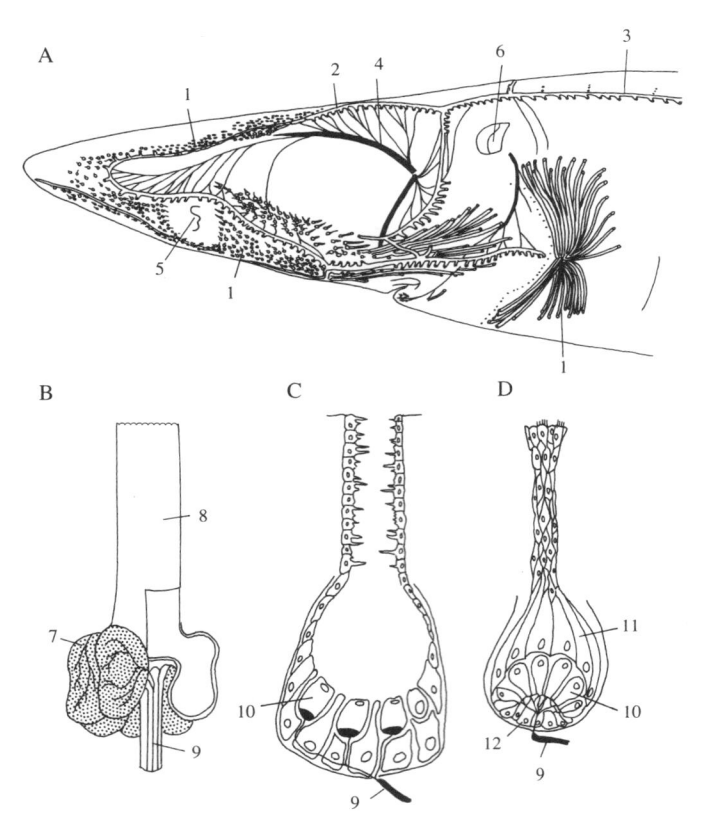

図19・8 魚類の電気受容器
A：アブラツノザメ頭部のロレンチーニ瓶器[9]　B：サメのロレンチーニ瓶器模式図 [32]　C・D：ギュムノートゥスの仲間の瓶型器（C）と結節型器（D）[27]
1：ロレンチーニ瓶　2：頭部側線管眼上枝　3：体側管　4：顔面神経眼枝　5：鼻孔　6：呼吸孔　7：瓶器膨大部　8：同管状部　9：神経　10：感覚細胞　11：上皮細胞　12：支持細胞

文　献

1) Ali, M.A. 1959. The ocular structure, retinomotor and photobehavioral responses of juvenile Pacific salmon. *Can. J. Zool.*, 37: 965-996.
2) 浅野昌充・羽生　功．1987．ナマズ小孔器が電気受容器であることの証明．東北水研研究報告，(49)：73-82.
3) Bailey, S.W. 1937. An experimental study of the origin of lateral-line structures in embryonic and adult teleosts. *J. Exp. Zool.*, 76: 187-233.

4) Barry, M.A. and M.V.L. Bennett. 1989. Specialized lateral line receptor systems in elasmobranchs: the spiracular organs and vesicles of Savi. In "S. Coombs, P. Görner, and H. Münz, eds. The mechanosensory lateral line. Neurobiology and evolution." pp. 591-606. Springer-Verlag, New York.

5) Bell, M.A. 1993. Convergent evolution of nasal structure in sedentary elasmobranchs. *Copeia*, 1993: 144-158.

6) Blaxter, J.H.S. and M.P. Jones. 1967. The development of the retina and retinomotor responses in the herring. *J. Mar.Biol. Assoc. U.K.*, **47**: 677-697.

7) Coombs, S., J. Janssen, and J.F. Webb. 1988. Diversity of lateral line systems: evolutionary and functional considerations. In "J. Atema, R.R. Fay, A.N. Popper, and W.N. Tavolga, eds. Sensory biology of aquatic animals." pp. 553-593. Springer-Verlag, New York.

8) Corwin, J.T. 1989. Functional anatomy of the auditory system in sharks and rays. *J. Exp. Zool.*, Suppl. 2: 62-74.

9) Disler, N.N. 1977. The system of sensory organs of the lateral line in elasmobranchs. 181pp. Academy of Sciences USSR, Moscow (in Russian).

10) Fay, R.R. and A.N. Popper. 1980. Structure and function in teleost auditory systems. In "A.N. Popper and R.R. Fay, eds. Comparative studies of hearing in vertebrates." pp. 3-42. Springer-Verlag, New York.

11) Fields, R.D., T.H. Bullock, and G.D. Lange. 1993. Ampullary sense organs, peripheral, central and behavioral electroreception in chimeras (*Hydrolagus*, Holocephali, Chondrichthyes). *Brain, Behav. Evol.*, **41**: 269-289.

12) Finger, T.E. 1997. Evolution of taste and solitary chemoreceptor cell systems. *Brain, Behav. Evol.*, **50**: 234-243

13) Hama, K. and Y. Yamada. 1977. Fine structure of the ordinary lateral line organ. II. The lateral line canal organ of spotted shark, *Mustelus manazo*. *Cell Tissue Res.*, **176**: 23-36.

14) Hansen, A. and T.E. Finger. 2000. Phyletic distribution of crypt-type olfactory receptor neurons in fishes. *Brain, Behav. Evol.*, **55**: 100-110.

15) Hawkins, A.D. 1993. Underwater sound and fish behaviour. In "T.J. Pitcher, ed. Behaviour of teleost fishes, 2nd ed." pp.129-169.

16) Higgs, D.M., D.T.T. Plachta, A.K. Rollo, M. Singheiser, M.C. Hastings, and A.N. Popper. 2004. Development of ultrasound detection in American shad (*Alosa sapidissima*). *J. Exp. Biol.*, **207**: 155-163.

17) Horner, K., A.D. Hawkins, and P.J. Fraser. 1981. Frequency characteristics of primary auditory neurons from the ear of the cod, *Gadus morhua* L. In "W.N. Tavolga, A.N. Popper, and R.R. Fay, eds. Hearing and sound communication in fishes." pp. 223-241. Springer-Verlag, New York.

18) Kalmijn, A.J. 1971. The electric sense of sharks and rays. *J. Exp. Biol.*, **55**: 371-383.

19) 清原貞夫．2002．魚類の味覚－その多様性と共通性からみる進化．"植松一眞・岡　良隆・伊藤博信（編）．魚類のニューロサイエンス．" pp. 58-76．恒星社厚生閣，東京．

20) Losey, G.S., T.W. Cronin, T.H. Goldsmith, D. Hyde, N.J. Marshall, and W.N. McFarland. 1999. The UV visual world of fishes: a review. *J. Fish Biol.*, **54**: 921-943.

21) Lowenstein, O. and R.A. Thornhill.1970.The labyrinth of *Myxine*: anatomy, ultrastructure and electrophysiology. *Proc. Roy. Soc. Lond.*, B, **176**: 21-42.

22) Mann, D.A., Z. Lu, and A.N. Popper. 1997. A clupeid fish can detect ultrasound. *Nature*, **389**:

341.
23) New, J.G. 1997. The evolution of vertebrate electrosensory systems. *Brain, Behav. Evol.*, **50**: 244-252.
24) Radtke, R.L. 1989. Strontium-calcium concentration ratios in fish otoliths as environmental indicators. *Comp. Biochem. Physiol.*, **92A**: 189-193.
25) Smith, E.J., J.C. Partridge, K.N. Parsons, E.M. White, I.C. Cuthill, A.T.D. Bennett, and S.C. Church. 2002. Ultraviolet vision and mate choice in the guppy (*Poecilia reticulata*). *Behav. Ecol.*, **13**: 11-19.
26) Somiya, H. 1987. Dynamic mechanism of visual accommodation in teleosts: structure of the lens muscle and its nerve control. *Proc. Roy. Soc. Lond.* B, **230**: 77-91.
27) Szabo, T. 1965. Sense organs of the lateral line system in some electric fish of the Gymnotidae, Mormyridae and Gymnarchidae. *J. Morph.*, **117**: 229-249.
28) 田端満生・大村百合.1991.松果体と光感覚."板沢靖男・羽生　功（編）.魚類生理学." pp. 443-470. 恒星社厚生閣，東京.
29) Teichmann, H. 1959. Über die Leistung des Geruchssinnes beim Aal (*Anguilla anguilla* L.). *Z. vergl. Physiol.*, **42**: 206-254.
30) Tsukamoto, K., J. Aoyama, and M.J. Miller. 2002. Migration, speciation, and the evolution of diadromy in anguillid eels. *Can. J. Fish. Aquat. Sci.*, **59**: 1989-1998.
31) 上田一夫・佐藤真彦・岡　良隆.1981.魚類嗅覚神経系の構造."日本水産学会（編）.魚類の化学感覚と摂餌促進物質.水産学シリーズ，(37)" pp. 9-25. 恒星社厚生閣，東京.
32) Waltman, B. 1966. Electrical properties and fine structure of the ampullary canals of Lorenzini. *Acta Physiol. Scand.* **66**, Suppl. 254: 1-60.
33) Webb, J.F. 1989. Gross morphology and evolution of the mechanoreceptive lateral-line system in teleost fishes. *Brain, Behav. Evol.*, **33**: 34-53.
34) Whitear, M. 1992. Solitary chemosensory cells. *In* "T.J. Hara, ed. Fish chemoreception." pp.103-125. Chapman & Hall, London.
35) Wittenberg, J.B. and B.A. Wittenberg. 1974. The choroid rete mirabile of the fish eye. Ⅰ. Oxygen secretion and structure: compoarison with the swimbladder rete mirabile. *Biol. Bull.*, **146**: 116-136.
36) Zeiske, E., B. Theisen, and H. Breucker. 1992. Structure, development, and evolutionary aspects of the peripheral olfactory system. *In* "Hara, T.J. ed. Fish chemoreception." pp. 13-39. Chapman & Hall, London.
37) Zimmerman, C. E. and G.H. Reeves. 2000. Population structure of sympatric anadromous and nonanadromous *Oncorhynchus mykiss*: evidence from spawning surveys and otolith microchemistry. *Can. J. Fish. Aquat. Sci.*, **57**: 2152-2162.

第20章
発音，発電，発光

　魚類の生活において，発音，発電，発光などは，コミュニケーション，防御，あるいは攻撃などの手段として重要な役割を果たす．一部の魚類ではこれらの行動に適応したと考えられる特殊化した構造が発達する．

20・1 発　　音
　多くの魚類は，警戒，威嚇，コミュニケーション，求愛などの行動に関連して音を発する．発音は，歯，鰭，肩帯，鰾などを使って行われる[15]．発音に際しては鰾の役割が大きく，咽頭歯のすり合わせ，肩帯や鰭の振動など，鰾自体による発音でない場合でも，鰾は共鳴あるいは増幅によって発音の効果を大きくする．
　魚類の発音システムは次の3種類に分けられるという[13]．
　(1) **摩擦型発音システム**．肩帯と棘の摩擦によって音を発するナマズの仲間など，咽頭歯をすり合わせて音を発するカワスズメの仲間など．摩擦音の周波数帯は1〜3 kHzで，比較的高い．
　(2) **筋振動型発音システム**．鰾に付属する発音筋 sonic muscle; drumming muscle によって鰾壁，または鰾内の隔壁に振動を起こして音を発するタラの仲間，ガマアンコウの仲間，コトヒキ（図14・1），ニベの仲間，カナガシラ・ホウボウの仲間，カサゴの仲間，アカマツカサの仲間（図20・1）など．鰓蓋筋を振動させて音を発するイシダイなど．発音筋による発音の周波数帯は100〜800 Hzで，比較的低い．
　(3) **その他の発音システム**．胸鰭で体側をたたいて音を発するモンガラカワハギの仲間など．頭蓋骨後端部と脊椎骨とのすり合わせによって音を発すると推察されるヨウジウオの仲間など．
　発音筋は骨格筋によって構成され，鰾との接着状態によって，筋の一端だけが鰾に付着する外在筋 extrinsic muscle（ナマズの仲間，カサゴの仲間，イット

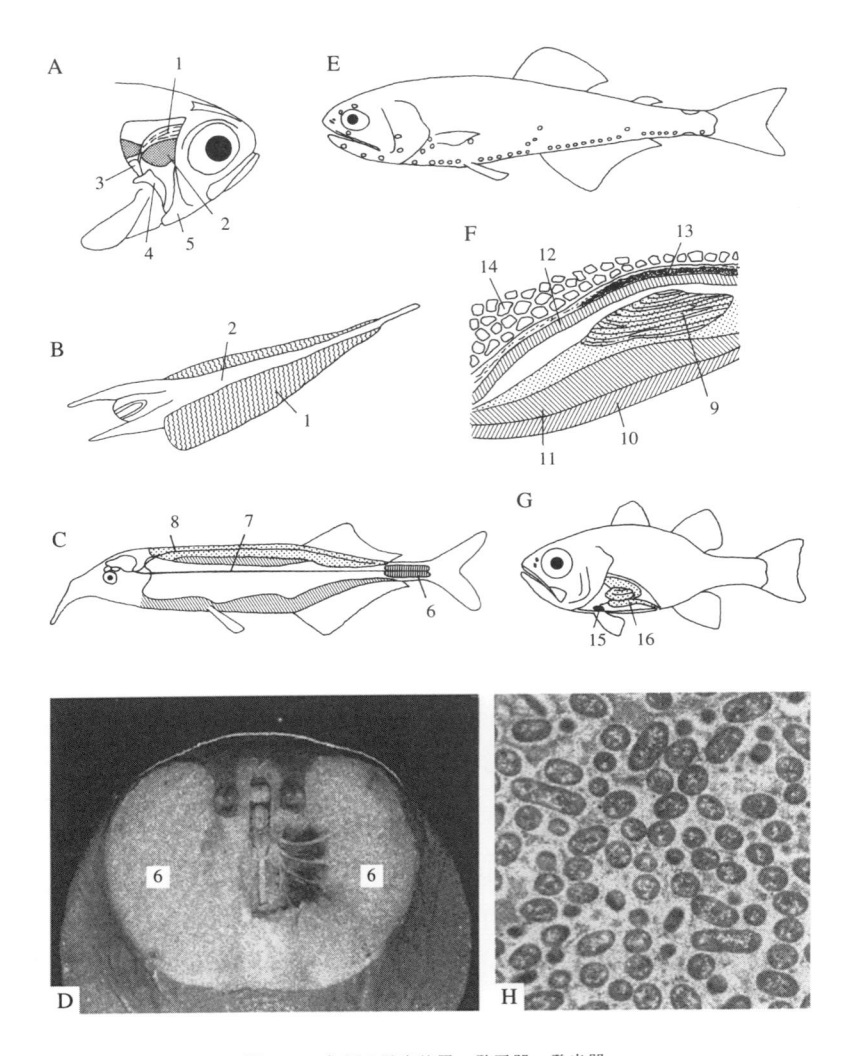

図20・1　魚類の発音装置，発電器，発光器
A：アカマツカサの仲間の発音装置[11]　B：ニベの仲間の発音筋[4]　C：モルミュルスの仲間の発電器[2]　D：シビレエイの発電器　E・F：ホクヨウハダカの発光器　G：ヒカリイシモチの発光器　H：同発光器内の発光バクテリア
1：発音筋　2：鰾　3：擬鎖骨上部　4：肩甲骨　5：鰓蓋　6：発電器　7：後側線神経腹枝（支配域は斜線部分）　8：後側線神経背枝（支配域は点部分）　9：発光細胞　10：レンズ（外層）　11：レンズ（内層）　12：反射層　13：色素層　14：筋肉層　15：発光器　16：腸

ウダイの仲間，ニベの仲間，コトヒキなど）と，筋が完全に鰾壁に付着する内在筋 intrinsic muscle（ガマアンコウの仲間，タラの仲間，マトウダイ，ホウボウの仲間など）の2型に分類される [15]．多くのカサゴの仲間は外在筋を備えるが，ハチは内在筋を備える [5]．発音筋の形態は赤色筋に類似し，赤みを帯びることが多い [12]．

コイチやシログチなど，ニベの仲間は雌雄によって鳴音が異なり，産卵期に最も激しくなるので，生殖行動の活性化と関係があるという [14]．アメリカ東部近海に生息する *Cynocion* に属するニベの仲間では発音筋は雄に発達し（図20・1），鳴音が激しい産卵期に肥大し，産卵期が終わると退縮する [4]．

20・2 発電器

発電器 electric organ を備える発電魚は放電によって捕食，防御，電気的定位 electrolocation，コミュニケーションなどを行う．発電魚の種類は多いとはいえないが，多くの分類群に分散していて，放電の強さによって強電気魚と弱電気魚に大別される（表20・1）．

シビレエイは前者に属し，獲物を捕食する際に放電するとともに，外敵に対する防御行動に際しても放電する [1, 10]．

モルミュルスの仲間やギュムナルクスなどは後者に属し，弱い電気を放つ発電器と，体表に分布する無数の電気受容器を使って，周囲の障害物を探知したり，仲間とのコミュニケーションを行ったりする．

デンキウナギは強電気魚に属し，摂食の際に強い放電を行うが，同時に電気的定位やコミュニケーションを行うために弱い放電をする発電器も備える．

表20・1　主な発電魚と発電器の特徴 [3]

魚　種	分布域	発電器の位置	起電力
シビレエイの仲間　*Torpedo ; Narke*	全世界海	体盤	50〜60V
デンキウナギ　*Electrophorus*	南米淡水	胴部〜尾部	10V ; 500〜600V
デンキナマズ　*Malapterurus*	アフリカ淡水	胴部	300〜450V
ミシマオコゼの仲間　*Astroscopus*	西大西洋	眼後部	5V
ガンギエイの仲間　*Raja*	全世界海	尾部	弱
モルミュルスの仲間　*Gnathonemus* など	アフリカ淡水	尾柄	弱
ギュムナルクス　*Gymnarchus*	アフリカ淡水	尾部	弱
ギュムノートゥス　*Gymonotus*（骨鰾類）	南米淡水	臀鰭基底	弱

ほとんどの発電魚では，発電器は骨格筋の筋繊維から分化した電気細胞electrocyteによって構成される．電気細胞は薄い板状を呈し，その片側に神経終末が分布する．このような電気細胞は結合組織を含むゼラチン質を挟んで1列に並び，1本の電気柱prismを形成する．放電は神経によって支配され，通常，電流は電気細胞の神経面から無神経面側へ流れる．

シビレエイの発電器は体盤の鰓の外縁に左右1対あり，1個の発電器は，背腹方向に並ぶ500～1,000本の電気柱によって構成され，貝柱のような形をしている（図20・1）．各電気柱は数百個の円盤状の電気細胞が1列に積み重なって形成される．神経終末は各電気細胞の腹面に分布し，腹側から背側へ向かって放電する．

弱電気魚のモリュミルスの仲間の発電器は尾柄の左右にそれぞれ2本ずつ並ぶ電気柱からなる．1本の電気柱は100～200個の電気細胞からなる．電気細胞は神経終末の分布様式によって6型に分類され，この仲間の系統との関係が示唆されている[9]．

20・3 発光器

発光器luminescent organを備える魚類は海水魚に限られているが，生息場所は必ずしも深海に限られるわけではなく，タイドプールや内湾にも発光魚は生息する[6]．

魚類の発光の意義については古くから多くの推察がなされているが，発光器がほとんどの魚類で体側から腹側に存在するところから，下方から見上げる捕食者に対して，発光によって身体の影を消す効果が大きいとされている．また，自己の眼の視物質のλmaxに相当する波長の光を放つ深海魚があり，暗黒の環境で仲間の識別やコミュニケーションに活用するという説もある．さらに，外敵に対する威嚇，餌になる動物の誘引，繁殖期の求愛など，さまざまの効用が推察されている．

発光器は多くの場合，体表近くに存在し，体表で発光するが，なかには消化管に付属する発光器があり，半透明の筋肉を通して体表が光る構造になっていることもある．前者は直接型，後者は間接型の発光器と呼ばれる．また，発光機構に基づいて，発光バクテリアの共生によって光る型と，ルシフェリンとルシフェラーゼの化学反応によって光る型とに大別される[8]．

20·3·1　発光バクテリアによる発光

体表や消化管に開口する嚢状または管状の腺構造が発達し，その中に発光バクテリアが繁殖し，発光バクテリアの光よって発光する．この型の発光器は多くの分類群に分散して存在し，発光器の構造も存在部位もさまざまである（表20·2）．これらのうち，多くの発光魚の発光器には偶発的に海洋発光バクテリアが共生するが，ヒカリキンメダイとチョウチンアンコウの仲間の発光器には特定の発光バクテリアが共生する [7]．

表20·2　主な発光バクテリア共生型発光魚類と発光器の開口様式

魚　種	発光器の位置	開口部
ヒカリキンメダイの仲間	眼下	体表
ハリダシエビス	肛門の周囲	体表
マツカサウオ	下顎前端	体表
ヒカリイシモチ	腹腔下端	腸前部
ホタルジャコ	腹部筋肉中	直腸部
ヒイラギの仲間	食道の周辺	食道
ソコダラの仲間	腹部筋肉中	直腸部・体表
アオメエソ	肛門の周囲	体表
チョウチンアンコウの仲間	擬餌状体	体表

20·3·2　化学的発光

皮膚の中に並ぶ球形または卵形のいわゆる直接型の発光器 photophore が一般的であるが，なかには体内に内蔵される間接型や，体表にあって発光物質を放出する腺組織もある．いずれも発光器内にルシフェリンを含有する．

ハダカイワシの仲間やヨコエソの仲間など，海洋の比較的深層に生息する発光魚にみられる発光器は，その多くが球形または卵形で，体側から腹側にかけて多数分布する．その形，数，配列様式などは重要な分類形質となる．軟骨魚類の代表的な発光魚，カラスザメやカスミザメの発光器はきわめて小さく，構造も単純であるが，真骨類のハダカイワシの仲間やガマアンコウの仲間 *Porichthys* の発光器は精巧な構造になっている（図20·1）．

ツマグロイシモチやキンメモドキなどは間接型の発光器を備える．ツマグロイシモチの発光器は腸管前部から突出する盲嚢と，肛門直前の直腸部と連絡する左右1対の豆状嚢の計3個からなる．キンメモドキの発光器は胸部筋肉中にあるY字状の腺と，肛門直前の筋肉中にあるI字状の腺とからなり，前者は1対の細管によって幽門垂と連絡する．両種はともに餌として摂取したウミホタ

ル由来のルシフェリンにルシフェラーゼを反応させて発光する．

　アメリカ太平洋側の沿岸海域に分布するガマアンコウの仲間 *Porichthys notatus* は直接型の発光器を備えるが，ルシフェリンは餌として摂取するウミホタルに由来することが明らかにされている [16]．すなわち，サンフランシスコ付近以南の個体群はすべて発光するが，ワシントン州沿岸の個体群は発光しない．これは餌となるウミホタルが北部海域に分布しないためで，ウミホタルのルシフェリンを経口投与，あるいは注射によって投与すると北部の個体群の発光器は光るようになるという．

文　　献

1) Belbenoit, P. 1986. Fine analysis of predatory and defensive motor events in *Torpedo marmorata* (Pisces). *J. Exp. Biol.*, **121**: 197-226.
2) Bell, C.C. and C.J. Russell. 1978. Termination of electroreceptor and mechanical lateral line afferents in the mormyrid acoustcolateral area. *J. Comp. Neurol.*, **182**: 367-382.
3) Bennett, M.V.L. 1971. Electric organs. *In* "W.S.Hoar and D.J. Randall, eds. Fish physiology. Vol.5. Sensory systems and electric organs." pp.347-491. Academic press, New York.
4) Connaughton, M.A., M.L. Fine, and M.H. Taylor. 1997. The effects of seasonal hypertrophy and atrophy on fiber morphology, metabolic substrate concentration and sound characteristics of the weakfish sonic muscle. *J. Exp. Biol.*, **200**: 2449-2457.
5) Hallacher, L.E. 1974. The comparative morphology of extrinsic gasbladder musculature in the scorpionfish genus *Sebastes* (Pisces: Scorpaenidae). *Proc. Calif. Acad. Sci., 4th Ser.*, **40**: 59-86.
6) 羽根田弥太．1985．発光生物．318pp．恒星社厚生閣，東京．
7) Haygood, M.G. 1993. Light organ symbioses in fishes. *Critical Rev. Microbiol.*, **19**: 191-216.
8) Herring, P. J. 1982. Aspects of the bioluminesce of fishes. *Oceanogr. Mar. Biol. Ann. Rev.*, **20**: 415-470.
9) Hopkins, C.D. 1999. Design features for electric communication. *J. Exp. Biol.*, **202**: 1217-1228.
10) Lowe, C.G., R.N. Bray, and D.R. Nelson. 1994. Feeding and associated electrical behavior of the Pacific electric ray *Torpedo californica* in the field. *Mar. Biol.*, **120**: 161-169.
11) Salmon, M. 1967. Acoustical behavior of the menpachi, *Myripristis berndti*, in Hawaii. *Pacific Sci.*, **21**: 364-381.
12) Schneider, H. 1967. Morphology and physiology of sound-producing mechanisms in teleost fishes. *In* "W.N. Tavolga, ed. Marine bio-acoustics. Vol. 2." pp.135-158. Pergamon Press, Oxford.
13) 宗宮弘明．2002．魚類発音システムの多様性とその神経生物学．"植松一眞・岡　良隆・伊藤博信（編）．魚類のニューロサイエンス．" pp. 38-57．恒星社厚生閣，東京．
14) Takemura, A., T. Takita, and K. Mizue. 1978. Studies on the underwater sound-Ⅶ. Underwater calls of the Japanese marine drum fishes (Sciaenidae). *Bull. Jpn. Soc. Sci. Fish.*, **44**: 121-125.
15) Tavolga, W.N. 1971. Sound production and detection. *In* "W.S. Hoar and D.J. Randall, eds. Fish

physiology, Vol. 5. Sensory systems and electric organs." pp.135-205. Academic Press, New York.
16) Thompson, E. M., Y. Toya, B.G. Nafpaktitis, T. Goto, and F. I. Tsuji. 1988. Induction of bioluminescence capability in the marine fish, *Porichthys notatus*, by *Vargula* (Crustacean) [^{14}C] luciferin and unlabelled analogues. *J. Exp. Biol.*, **137**: 39-51.

第21章
内分泌系

　魚類は高等脊椎動物にみられる主な内分泌器官 endocrine organ のほとんどを備える（図21·1）．各内分泌器官で産生された各種のホルモンは，血液中に放出されて標的器官あるいは細胞に作用して生体機能を調節する．ただ，分類群によって内分泌器官の発達状態に相違があるし，また，スタニウス小体や尾部下垂体など，魚類特有の内分泌器官も存在する．

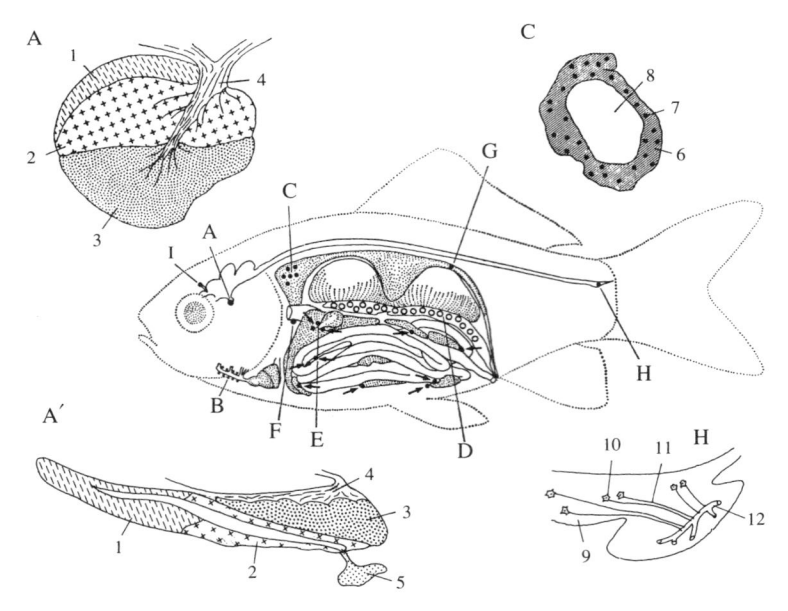

図21·1　真骨類の内分泌器官（A〜H）とサメの仲間の脳下垂体（A´）[2, 4, 5, 8, 10]を一部改変
A：脳下垂体[5]　B：甲状腺　C：副腎[11]　D：生殖腺　E：膵島（矢印すべて）　F：鰓後腺
G：スタニウス小体　H：尾部下垂体　I：松果体
1：主葉前部　2：主葉後部　3：中葉　4：神経葉　5：腹葉　6：間腎腺　7：クロム親和細胞
8：後主静脈　9：脊髄　10：神経分泌細胞　11：軸索　12：血管

21・1　脳下垂体；下垂体

　脳下垂体 hypophysis; pituitary gland は内分泌系の中枢となる重要な器官で，これを摘除すると動物の生存にさまざまの障害が生じる．きわめて小さい器官で，間脳の視床下部の腹側に位置し，間脳底が突出して形成される神経下垂体 neurohypophysis の部分と，口蓋上皮が背側方向へ陥入して形成される腺下垂体 adenohypophysis の部分とによって構成される（図21・1A）．神経下垂体の後部は神経葉 pars nervosa と呼ばれる．腺下垂体は主葉前部（前葉端部）rostral pars distalis，主葉後部（前葉主部）proximal pars distalis，および中葉 pars intermedia の3部に区分される [8]．

　ヌタウナギの仲間では腺下垂体は神経下垂体腹側の結合組織中にあるが，各葉は未分化である．ヤツメウナギの仲間では腺下垂体は一応3部に分化している．サメ・エイの仲間では脳下垂体の主葉は背葉と，そこから下方へ垂下する腹葉とに別れ，背葉は前部と後部に区分される（図21・1A′）．真骨類では種によって内部各葉の形状に多少の違いはあるが，基本構造に差はない．

21・1・1　脳下垂体主葉・中葉ホルモン

　脳下垂体の各部では特定の細胞によって種々のホルモンが産生される．脳下垂体の主葉からは主として次のようなホルモンが分泌される．

　(1) **プロラクチン** prolactin（PRL）．主葉前部のPRL産生細胞によって産生される．プロラクチンは真骨類では淡水生活に不可欠のホルモンで，鰓における水の透過を抑制，腸管上皮の水とNaClの吸収抑制，腎臓の糸球体濾過量の増進，表皮の粘液分泌の促進など，淡水中に生存する魚類の浸透調節機能に深くかかわる．

　(2) **副腎皮質刺激ホルモン** adrenocorticotropic hormone（ACTH）．主葉前部のACTH産生細胞によって産生される．このホルモンは間腎腺を標的にして，コルチゾルやコルチゾンなど，副腎皮質ホルモンの分泌を促す．

　(3) **甲状腺刺激ホルモン** thyroid-stimulating hormone（TSH）．主として主葉後部のTSH産生細胞で産生され，甲状腺を標的として甲状腺ホルモンの分泌を促す．

　(4) **生殖腺刺激ホルモン** gonadotropic hormon（GTH）．主葉後部のGTH産生細胞によって産生される．このホルモンには濾胞刺激ホルモン follicle-stimulating hormone（FSH）と黄体形成ホルモン luteinizing hormone（LH）とがあり，両者は生殖腺の成熟を促す．

(5) 成長ホルモン growth hormone（GH）; somatotropic hormone（STH）. 主葉後部のGH産生細胞によって産生される．このホルモンは魚体の成長を促進する．また，サケの仲間では銀化した個体の血中のGH濃度が高くなり，海水中における浸透調節機能が高くなる[9].

(6) 黒色素胞刺激ホルモン melanophore-stimulating hormone（MSH）. 腺下垂体の中葉で産生される．このホルモンは黒色素胞に作用してメラノソームを拡散させ，体色の黒化をひき起こす．なお，体色変化には視床下部から分泌されるメラニン凝集ホルモン，松果体から分泌されるメラトニン，自律神経系も関与する．

(7) ソマトラクチン somatolactin（SL）. 脳下垂体中葉で産生される．血液の酸・塩基調節，体色変化などにかかわるといわれる．

21・1・2 視床下部・神経分泌系

視床下部の神経分泌細胞からは種々の神経ホルモンが分泌される．ここから分泌され，神経下垂体を経て腺下垂体のホルモン産生細胞に作用してその分泌を調節する視床下部ホルモンには，生殖腺刺激ホルモン放出ホルモン gonadotropin-releasing hormone（GnRH），甲状腺刺激ホルモン放出ホルモン，成長ホルモン放出ホルモン，ソマトスタチン somatostatin，副腎皮質刺激ホルモン放出ホルモン，メラニン凝集ホルモン melanin-concentrating hormon（MCH）などがある．

ソマトスタチンは脳のほかに膵臓や腸管でも産生され，GHの分泌を抑制する作用がある．GnRHには複数の型があり，視床下部のほか，嗅球，終神経，終脳腹側部，中脳被蓋などでも検出される．MCHは色素胞のメラノソームを凝集させ，体色の明化をひき起こす

神経下垂体の神経葉から分泌されるホルモンには血圧上昇作用，腎臓の糸球体濾過量増大作用などをもつアルギニンバソトシン arginine vasotocin（AVT）などが知られている．

21・2 その他の内分泌器官

魚類でも内分泌器官は高等脊椎動物と同様に，魚体内に広く分散して存在する（図21・1）.

21・2・1 甲状腺

魚類の甲状腺 thyroid gland は腹大動脈から鰓へ向かって入鰓動脈が分岐する

部位にあり，単層立方上皮に包まれ，コロイド状物質を内蔵する小さい濾胞 follicle の集合体である．

ヤツメウナギの仲間では甲状腺は幼生期には存在しないが咽頭床部の内柱にヨードを取り込む細胞があり，変態後はこの部位の結合組織内に濾胞群が形成される．軟骨魚類では濾胞群は集合して，まとまった構造になっている．多くの真骨類では濾胞群は第1～第3入鰓動脈の分岐部周辺に散在するが，ブリ，カツオ，クロマグロなどでは濾胞群は1～2個の塊にまとまっている [4]．それぞれの濾胞にはコロイド状物質が含まれ，甲状腺の機能亢進時には上皮細胞の高さが増し，濾胞の内腔は狭くなる．

甲状腺で産生されるホルモンはチロキシン thyroxine; tetraiodothyronine (T_4) と，トリヨードチロニン triiodothyronine (T_3) とがあるが，量的には前者が多い．甲状腺ホルモンは一部の魚類ではでは銀化 silvering をひき起こすことが知られている [9]．サケの仲間では卵黄吸収時，スモルト期，および成熟期に血中のT_4濃度は顕著に高くなる [3]．また，ヒラメ・カレイの仲間では仔魚の変態・着底時にT_4とT_3の濃度が高くなるし，未受精卵中に卵巣由来の甲状腺ホルモンが含まれていて孵化後の生存率向上にかかわることが示唆されている [11]．一方，ヤツメウナギの仲間では，変態開始時に血液中の甲状腺ホルモンは劇的に減少するという [12]．

21・2・2　副　　腎

魚類では副腎 adrenal gland そのものは存在しないが，皮質に相当する間腎腺 interrenal gland と，髄質に相当するクロム親和細胞 chromaffin cell の集団とが存在する．

サメ・エイの仲間では間腎腺は左右の腎臓の間を縦走し，クロム親和細胞はいくつかの小体に分かれて，脊柱両側に鎖状に並ぶ交感神経節に沿って並ぶ．真骨類では間腎腺もクロム親和細胞群も頭腎中に存在する（図 21・1C）．間腎腺は頭腎中の後主静脈およびその分枝に沿って分布する．クロム親和細胞群も間腎腺内あるいはその付近に存在するが，その分布様式は種によって異なる [10]．

間腎腺ではコルチゾル cortisol やコルチゾン cortisone などが産生される．これらのホルモンは糖代謝や電解質代謝に関与する．ストレスを与えられた魚類ではコルチゾルの分泌によって糖新生が促進される．また，ウナギが降河回遊をする時にはコルチゾルの作用によって鰓のNa^+排出機能や腸管上皮の水の吸

収機能が活発になり，海水魚型の浸透調節が始まる．
　クロム親和細胞からはカテコールアミン（アドレナリン，ノルアドレナインの総称）が分泌され，交感神経の支配下にある器官の生体機能を調節する．

21・2・3　レニン・アンギオテンシン系

　腎臓の傍糸球体細胞（図17・1）から分泌されるレニンは，肝臓から血液中へ分泌されるアンギオテンシノゲンに作用してアンギオテンシンⅠを経てアンギオテンシンⅡをつくる．アンギオテンシンⅡは魚類では抗利尿作用があり，浸透調節に関与する．

21・2・4　胃腸膵管系

　膵臓や消化管などには，物質代謝の調節などにかかわる種々のホルモンを分泌する内分泌細胞が広く分布し，これらは胃腸膵管内分泌系 gastro-entero-pancreatic-endocrine system（GEP system）と総称される．

　なかでも膵臓中に存在する膵島 pancreatic islet（ランゲルハンス島 islet of Langerhans）は内分泌器官としてよく知られている．真骨類では膵島は膵臓中だけでなく，結合組織に包まれた小体として胆嚢付近にも存在し，ブロックマン小体 Brockmann body とも呼ばれる．

　膵島にはA細胞，B細胞，D細胞，PP細胞などの内分泌細胞が存在し，D細胞とPP細胞は腸管上皮中にも点在する．内分泌細胞の発達程度は分類群によって異なる[13]．すなわち，ヌタウナギの仲間と，ヤツメウナギの仲間の幼生では膵島は腸管周辺の結合組織中にあり，前者はB細胞とごくわずかのD細胞を含み，後者はB細胞のみを含む．ヤツメウナギの仲間の成魚になると，膵島は腸管に隣接し，B細胞，D細胞，およびPP細胞を含む．軟骨魚類と真骨類の膵島にはA細胞，B細胞，D細胞およびPP細胞が含まれる．

　B細胞は血糖降下作用のあるインスリン insulin を，A細胞はインスリンに対して拮抗的に作用するグルカゴン glucagon を，D細胞は成長ホルモン放出抑制，胃腸ホルモン分泌抑制などにかかわるソマトスタチンを，PP細胞は膵臓ポリペプチド pancreatic polypeptide を分泌する．

　そのほか，消化管には胃や腸管の運動や消化液の分泌を調節するホルモンなどを産生する細胞が存在する．

21・2・5　鰓後腺とスタニウス小体

　鰓後腺 ultimobranchial gland は魚類の咽頭部または食道近くに位置する．鰓後腺から分泌されるホルモンはカルシトニン calcitonin と呼ばれ，血液中のカル

シウム濃度を低下させる作用がある．

スタニウス小体Stannius corpuscleはアミアと真骨類に存在し，腎臓や輸尿管に付着している（図21・1）．この小体は2種類の腺細胞によって構成される小葉の集合体で，血液中のカルシウム濃度を低下させる作用があるスタニオカルシンstanniocalcinを分泌する[7]．また，スタニウス小体からはレニンも分泌されるという[1]．

21・2・6　生殖腺

生殖腺では脳下垂体から分泌されるGTHの作用によってステロイドホルモンの産生が活発になって卵巣や精巣の成熟が進む．

卵巣では雌性ホルモン（エストロゲンestrogen）のエストラジオール-17β（E_2）が産生される．このホルモンは肝細胞に作用し，肝臓で卵黄の前駆体ビテロゲニンvitellogeninの合成が促進される．また，雌性ホルモン（プロゲスチンprogestin）の17,20β-ジヒドロキシ-4-プレグネン-3-オン（17,20β-P）などが分泌され，卵の最終成熟や排卵を誘起する．

精巣では雄性ホルモン（アンドロゲンandrogen）の11-ケトテストステロン（11-KT）などが産生され，精子形成を促進する．また，17,20β-Pも産生され，排精時には血液中の濃度が高くなる．

21・2・7　尾部下垂体

尾部下垂体urophysisは真骨類特有の器官で，脊髄後端腹側に付属し，脊髄末端部の神経分泌細胞が分泌する物質を受けて血液中へ放出する．軟骨魚類では，尾部下垂体は形成されないが尾部神経分泌は行われる．尾部下垂体からはウロテンシンⅠ（urotencinⅠ；UⅠ）とウロテンシンⅡ（UⅡ）が分泌され，血圧上昇，Na^+濃度の調節，内臓筋の収縮など，種々の生理作用にかかわるという[5]．

21・2・8　松果体

感覚器の項で述べたとおり，松果体は魚類にも存在し，光受容器であると同時に，メラトニンを分泌する内分泌器官でもある．血液中のメラトニンの濃度は夜間に高くなり，昼間に低くなる．メラトニン分泌量は明暗サイクルに同調し，概日リズムが観察されるところから，松果体には生物時計が存在すると考えられている[6]．

文 献

1) Butler, D.G., D.H. Zhang, R. Villadiego, G.Y. Oudit, J.H. Youson, and M.Z.A. Cadinouche. 2003. Response by the corpuscles of Stannius to hypotensive stimuli in three divergent ray-finned fishes (*Amia calva*, *Anguilla rostrata*, and *Catostomus commersoni*): cardiovascular and morphological changes. *Gen. Comp. Endocrinol.*, 132: 198-208.
2) Chavin, W. and J.E. Young. 1970. Effects of alloxan upon goldfish (*Carassius auratus* L.). *Gen. Comp. Endocrinol.*, 14: 438-460.
3) Dickhoff, W.W. and D.S. Darling. 1983. Evolution of thyroid function and its control in lower vertebrates. *Amer. Zool.*, 23: 697-707.
4) 本間義治．1960．日本産魚類および円口類の内分泌腺に関する形態学的ならびに実験学的研究．139pp.
5) Ichikawa, T., D. Pearson, C. Yamada, and H. Kobayashi. 1986. The caudal neurosecretory system of fishes. *Zool. Sci.*, 3: 585-598.
6) 飯郷雅之．2002．魚類松果体の生物時計．"植松一眞・岡　良隆・伊藤博信（編）．魚類のニューロサイエンス．" pp.93-103．恒星社厚生閣，東京．
7) Kaneko, T., S. Harvey, L.W. Kline, and P.K.T. Pang. 1989. Localization of calcium regulatory hormones in fish. *Fish Physiol. Biochem.*, 7: 337-342.
8) 小林英司．1979．下垂体．138 pp．東京大学出版会，東京．
9) 小笠原　強．1987．ホルモンと浸透圧調節．"森沢正昭・会田勝美・平野哲也（編）．回遊魚の生物学．" pp.12-25．学会出版センター，東京．
10) 小栗幹郎．1961．硬骨魚類の副腎－その形態と機能－．生物科学，13：15-20．
11) 田川正明・木村　量．1991．内分泌機能の発現とその役割．"田中　克（編）．魚類の初期発育．水産学シリーズ，(83)．" pp. 47-59．恒星社厚生閣，東京．
12) Youson, J.H. 1997. Is lamprey metamorphosis regulated by thyroid hormons? *Amer. Zool.*, 37: 441-460.
13) Youson, J.H. and A.A. Al-Mahrouki. 1999. Ontogenetic and phylogenetic development of the endocrine pancreas (islet organ) in fishes. *Gen. Comp. Endocrinol.*, 116: 303-335.

第22章
生殖腺と繁殖様式

　多くの魚類は雌雄異体であり，生殖腺 gonad は体腔背部に位置し，雌では卵巣 ovary に，雄では精巣 testis に分化する．しかし，繁殖様式は多種多様で，卵生，胎生，体外受精，体内受精，性転換など，種によっていろいろの特徴があるし，生殖行動，卵および仔稚魚の保護方法なども一様ではない．

22・1　雌と雄
　魚類の生殖様式は多様であるが，基本的には有性生殖を行い，雌雄性は確立している．

22・1・1　雌雄の生殖腺
　生殖腺の分化の過程は軟骨魚類と真骨類とでは大きく異なる（図22・1）．軟骨魚類の生殖腺は体腔上皮由来の皮層と腎臓由来の髄質とによって形成される．そして中腎の分化に当たって前腎管は縦に二分され，ウォルフ管 Wolffian duct とミュラー管 Müllerian duct とに分かれる．雌では前者は中腎管すなわち輸尿管となって機能し，後者は輸卵管 oviduct になる．雄では前者は精巣と連絡して主として輸精管 spermatic duct として機能し，後者は退化する．輸尿管は別に形成される．したがって雌雄性は発生の初期より明確である．

　真骨類では生殖腺は腎臓とは無関係に，体腔上皮から分化する．輸卵管も輸精管も生殖腺から分化し，中腎管はもっぱら輸尿管として機能するようになる．

　雌雄異体の魚類では，終生雌あるいは雄として生活するのがふつうであるが，真骨類ではかなり多くの分類群で雌雄同体性 hermaphroditism を伴う性転換 sex reverse の現象がみられる．性転換の様式には雌として産卵を経験した後に雄に性転換をする雌性先熟 protogyny（サクラダイ，キンギョハナダイ，キンチャクダイの仲間のレンテンヤッコ，ベラ・ブダイの仲間，タウナギなど）と，雄として成熟して生殖活動に加わった後に雌に性転換をする雄性先熟 protandry（ヨコエソ，クロダイ，クマノミの仲間，コチの仲間など）とがある．さらに，ダルマ

ハゼのように雌から雄にもなるし，雄から雌にもなることが可能な双方向性転換をする種も明らかにされている[19]．

また，雌雄同体の生殖巣の卵巣の部分と精巣の部分が同時に成熟する同時的雌雄同体 synchronous hermaphrodite も知られていて，カダヤシの仲間 *Rivulus marmoratus* は自家受精をするし，ハタの仲間 *Serranus subligarius* は 2 個体で卵と精子を交互に放出する．

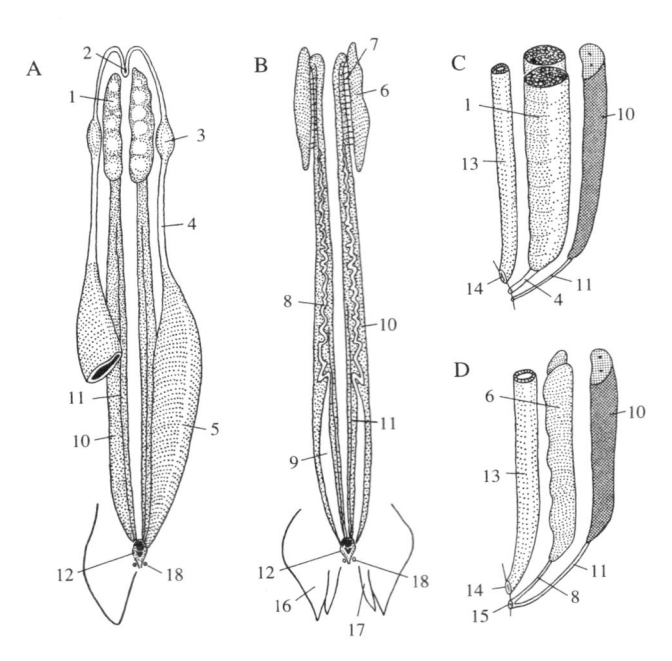

図 22・1　魚類の泌尿生殖系
A：アブラツノザメ雌　B：同雄　C：真骨類雌　D：同雄
1：卵巣　2：受卵口　3：卵殻腺　4：輸卵管　5：同（子宮に変形した部分）　6：精巣
7：輸精小管　8：輸精管　9：貯精嚢　10：腎臓　11：輸尿管　12：総排出腔　13：腸
14：肛門　15：輸尿生殖孔　16：腹鰭　17：交尾器　18：腹孔

22・1・2　二次性徴

魚類の雌雄は生殖腺が成熟する産卵期以外の時期には外見的に判別しにくい．しかし，なかには体に二次性徴 secondary sexual character が現れる魚類もいて，これらの種では生殖腺を詳細に調べなくても雌雄の判別ができる．

二次性徴の出現部位はさまざまであるが，軟骨魚類の雄の腹鰭内縁に付属す

る交尾器や，グッピーなど胎生カダヤシの仲間の雄の臀鰭鰭条が変形した生殖肢などはその顕著な例である．

そのほか，雄の前頭部が張り出すこと（シイラ，コブダイ，アオブダイなど），雄の両眼間隔が著しく広くなること（ダルマガレイの仲間），臀鰭の大きさが雌雄で異なること（シラウオ，オイカワ，ハス，アユなど），背鰭と臀鰭の形態が雌雄で異なること（メダカ），背鰭の形態や斑紋が雌雄で異なること（ネズッポの仲間），体色が雌雄で異なること（ハナダイ，ベラの仲間，ブダイの仲間，トサヤッコなど），雄の尾部腹面に保育嚢が形成されること（タツノオトシゴ，ヨウジウオの仲間），発光器の位置や形態が雌雄で異なること（ハダカイワシの仲間），鼻の嗅房の大きさが雌雄で異なること（オニハダカの仲間），産卵期に歯形が雌雄で異なること（アカエイの仲間）などの例がある．また，雌雄で体の大きさが異なる例も少なくなく，たとえばメダカやグッピーでは雌が雄より大型である．極端な例はチョウチンアンコウの仲間で，雄は小さく，多くの器官も退化し，雌の体の一部に寄生する状態になっている．

なお，産卵期に現れる特徴としては，淡水二枚貝の体内に産卵するタナゴの仲間の著しく長い産卵管ovipositor，カラフトマスなどの雄にみられる上顎の湾曲と背部の張り出し，サケ，タナゴの仲間，オイカワ，ウグイ，イトヨなどの雄に現れる婚姻色などがある．

22・1・3 卵形成

卵巣は通常左右1対あり，卵巣間膜mesovariumによって体腔背壁から垂下するが，その形態は種によって多少違い，大きく分けると，卵巣・輸卵管系は開放的で，成熟卵がいったん体腔に排卵されて輸卵管または生殖孔を経て体外へ産卵される裸状型卵巣gymnovariumと，卵巣は嚢状で，輸卵管を通り，閉鎖的経路によって産卵される嚢状型卵巣cystovariumの2型になる．

多くの軟骨魚類の卵巣はほとんどが裸状型であるが，アオザメやオナガザメの仲間などでは嚢状型である[22]．ツノザメの仲間や卵生のエイの仲間などでは左右の卵巣が機能的であるが，ホシザメの仲間やシュモクザメ仲間など，多くのサメの仲間では右側の卵巣だけが機能的で，エイの仲間では多くの場合，左側の卵巣だけが機能的である．真骨類ではウナギ，マアナゴ，サケ・マスの仲間などの卵巣は裸状型であるが，嚢状型の卵巣が一般的で，この型はさらに卵巣腔の構造などによっていくつかの型に細分される[29]．

卵巣には多数の薄板が並び，この中に多数の卵巣卵濾胞ovarian follicleが形

成される．この卵濾胞は外側の莢膜細胞層と内側の顆粒膜細胞層とからなり，卵母細胞を包む（図22・2）．これら2層は卵形成，排卵，および産卵に関与するホルモンを分泌する重要な部分である．

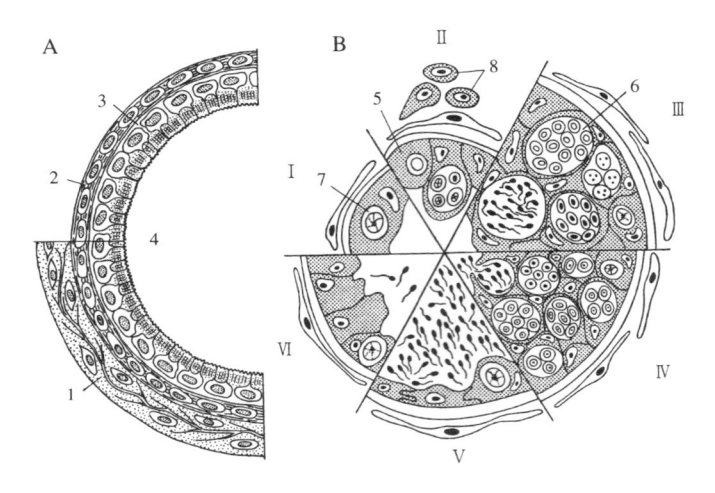

図22・2 真骨類の卵巣卵沪胞組織（A）[15]と精子嚢（B）[2]
Ⅰ：休止期　Ⅱ：精原細胞増殖期　Ⅲ：精子形成期（精小囊肥大）　Ⅳ：精子形成期（排精開始）　Ⅴ：排精期　Ⅵ：排精と吸収による精子消失期
1：卵巣薄板上皮　2：莢膜細胞層　3：顆粒膜細胞層　4：卵黄　5：セルトリ細胞　6：包嚢　7：精原細胞　8：間質細胞

　真骨類の卵形成 oogenesis は増殖期，成長期，および成熟期に分けられる[29]．

　まず卵原細胞 oogonium が有糸分裂によって数を増した後，減数第一分裂を始めるが，やがて休止して卵母細胞 oocyte となり，成長期に入る．

　卵母細胞の成長期は第一次成長期（染色仁期 chromatin-nucleolus stage と周辺仁期 perinucleolus stage）と，第二次成長期（卵黄胞 yolk vesicle が出現する前卵黄形成期 previtellogenic stage，卵黄球 yolk globule が増加する卵黄形成期 vitellogenic stage，種によっては油球期 oil droplet stage を含む）とに分けられ，この間に卵黄の蓄積が進み．卵母細胞は大きさを増して成熟期に入る（図22・3）．

　成熟期になると，核は卵門付近へ移動し，その輪郭が不明瞭になって核崩壊が起こる．この時期は核移動期 migratory nucleus stage と呼ばれる．休止して

いた減数第一分裂は再開され，完了するとやがて減数第二分裂を始める．

この間に卵母細胞の卵黄膜 vitelline membrane の外側に卵膜 chorion が形成される．卵膜には無数の細い管孔が貫通していて，そのために卵膜の断面は放射帯 zona radiata と呼ばれるように細線が並んでみえる（図22・5）．卵母細胞と卵濾胞の顆粒膜細胞はともにこの管孔へ微絨毛を伸長させているが，排卵前には微絨毛は消失し，管孔も退縮する．

卵形成が完成する成熟期 maturation satage に達すると，卵は半透明になり，やがて卵濾胞が裂開して排卵 ovulation が起こる．海産の浮性卵を産む真骨類

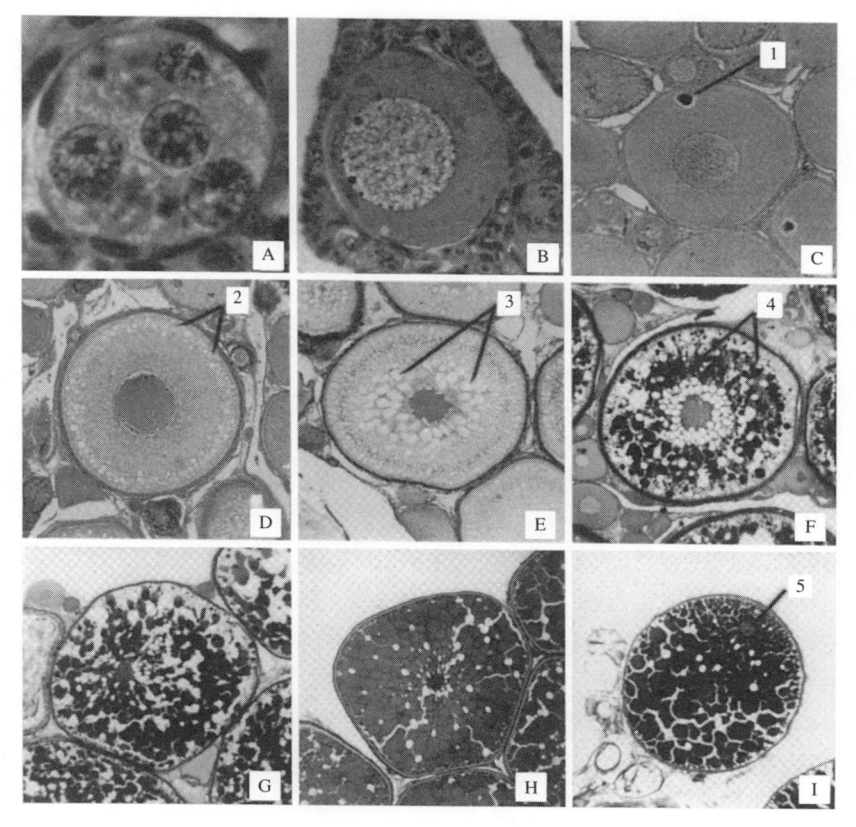

図22・3　ニジマスの卵形成　[33]
A：染色仁期　B：周辺仁前期　C：周辺仁後期　D：卵黄胞期　E：油球期　F：第一次卵黄球期　G：第二次卵黄球期　H：第三次卵黄球期　I：核移動期
1：卵黄核　2：卵黄胞　3：油球　4：卵黄球　5：胚胞（核）

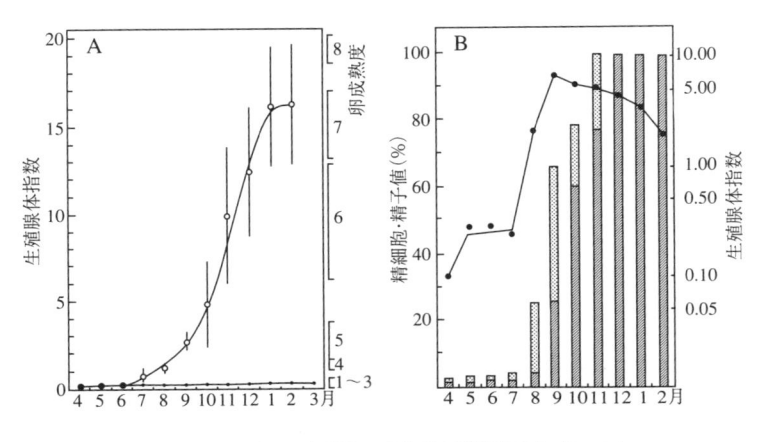

図22・4 ニジマス生殖腺の成熟度の季節的変化 [21, 33]
A：卵巣　B：精巣
1：周辺仁期　3：油球期　4：第一次卵黄期　5：第二次卵黄球期　6：第三次卵黄球期　7：核移動期　8：成熟卵
精細胞・精子値は精巣中の全生殖細胞中で精細胞と精子とが占める百分比で，点影の部分は変異の幅を示す．折線は生殖腺体指数．卵巣の黒丸を結ぶ線は未成魚の値を示す．

では，排卵に先立って卵に顕著な吸水が起こり，産卵後の卵に浮力を与えるという [3]．

軟骨魚類では排卵された成熟卵は体腔前部に開く裂口状の受卵口 ostium に入り，ここから左右の輸卵管へ送られる．輸卵管の前部には卵殻腺 shell gland があり，その内壁上皮からは卵殻成分が分泌される．卵殻腺は卵生種では大きく，胎生種では小さい．輸卵管の後端は総排出腔に開く（図22・1）．卵生の真骨類では成熟卵は輸卵管または体腔内を通って生殖孔から産卵される（図22・1）．

卵形成が進むにしたがって卵径は大きくなり，卵巣も肥大するので，卵巣重量はしばしば魚類の成熟度を知る目安に使われる．生殖腺重量の体重に対する割合（生殖腺重量×100／体重）を生殖腺体重比（生殖腺体指数）gonadosomatic index（GSI）と呼び，この値は卵巣の成熟とともに増大する（図22・4）．

22・1・4　精子形成

魚類の精巣は左右1対あり，多数の精小嚢 seminal lobule と，それらの間にあるライディッヒ細胞 Leydig cell（間質細胞 interstitial cell）とによって構成される．背面は体腔背壁から垂下する精巣間膜 mesorchium によって支えられる．精小嚢の内腔には精原細胞 spermatogonium や精母細胞 spermatocyte を内蔵

するセルトリ細胞Sertoli cellによって構成される多数の包嚢cystが並ぶ（図22·2）．真骨類の精小嚢には内腔の全壁面に包嚢が並ぶlobule型（多くの種）と，包嚢が精小嚢の内腔を埋めるように並ぶtubule型（カダヤシの仲間など）の2型がある[2]．

　精子形成は第一次精原細胞の分裂，増殖によって始まり，第二次精原細胞が形成される．第二次精原細胞は減数第一分裂を始め，第一次精母細胞となる．第一次精母細胞は減数第一分裂を続け，第二次精母細胞となる．これらはさらに減数第二分裂をして精細胞spermatidとなる．精細胞は変態期を経て成熟して鞭毛を備えた精子spermatozoonとなる．魚類では，通常，第二次精原細胞期以降の精子形成過程は包嚢内で進行する[28]．成熟した精子は輸精管へ排精され，生殖孔から放精される．

　精子は頭部head，中片midpiece，および尾部tailの各部に区分されるが，その形態は軟骨魚類と真骨類とでは著しく異なる（図22·5）．真骨類の精子には頭部先端に先体acrosomeがなく，分類群によって精子の形態は著しく異なり，系統分類上の形質になる[8]．また，カジカの仲間では，精液中に正常の精子のほかに鞭毛を欠く異型精子が多数混在するという[9]．

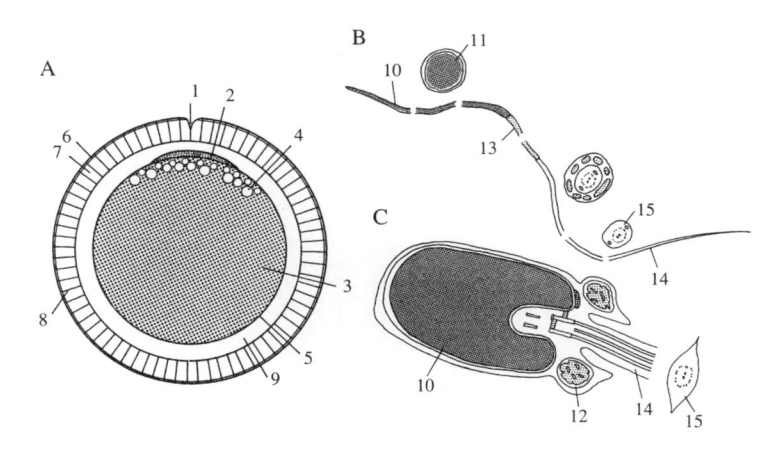

図22·5　魚類の卵と精子
　A：サケの仲間の受精卵[6]　B：サメの精子[8]　C：真骨類の精子[8]
　1：卵門の位置　2：胚盤　3：卵黄　4：油球　5：卵黄膜　6：卵膜外層　7：同内層
　8：卵膜管孔　9：囲卵腔　10：頭部（核）　11：同断面　12：中片部のミトコンドリア
　13：中片部　14：尾部（鞭毛）　15：同断面

精子形成が進むと精巣は肥大するが（図22・4），卵巣ほど顕著ではないので，GSIの値だけでは精巣の成熟度の把握が困難な場合もある．

22・2 産　卵

多くの魚類にはそれぞれの生活様式に適した産卵期があり，それに合わせて生殖腺の成熟が進む．また，成熟した卵は産卵場その他の条件に適した性質をもっている．

表22・1　魚類の卵の特徴と産卵期

魚　種	卵径mm	抱卵数（万粒）	雌の大きさ	卵の特徴	産卵期
ニシン	1.3〜1.6	3〜10		沈性粘着卵	3〜6月
マイワシ	1.23〜1.44	0.4〜6		分離浮性卵	2〜5月
サケ	6.2〜8.8	約0.2〜0.6		沈性卵	9〜12月(北海道)
アユ	0.7〜1.0	1.5 2	60 g 90 g	沈性付着卵	9〜11月 (北早南遅)
コイ	1.5〜1.7	30〜40	55 cm	沈性粘着卵	4〜6月
サヨリ	1.7〜1.9	0.37	27 cm	沈性纏絡卵	4〜7月
マサバ	1.08〜1.15	10〜40 30〜80 60〜120 80〜140	25 cm 30 cm 35 cm 40 cm	分離浮性卵	4〜7月
マアジ	0.81〜0.93	9.6〜29.3 15.4〜49.7 17.7〜56.7 36.2〜56	21〜27cm 27〜31cm 31〜34 cm 34 cm以上	分離浮性卵	1〜8月 (南早北遅)
ブリ	1.18〜1.34	61〜145 98〜145 150〜155	73.5〜78 cm 77.5〜83.5 cm 84.5〜86.0 cm	分離浮性卵	2〜6月
マダイ	0.9〜1.2	30〜40 100 700	1.1 kg 4 kg 6.2 kg	分離浮性卵	2〜8月
イカナゴ	0.85〜0.95	0.2〜0.6		沈性付着卵	12〜2月
アイナメ	1.85〜2.20	0.16〜0.6	17〜29 cm	沈性粘着卵	10〜1月
ヒラメ	0.9〜1.05	14〜40	45〜60 cm	分離浮性卵	2〜7月
イシガレイ	1.03〜1.10	20 80 150	25cm 30cm 35cm	分離浮性卵	12〜5月 (南早北遅)
マコガレイ	0.812〜0.845	15〜30 70 160	20cm 30cm 38cm	沈性付着卵	11〜1月
マダラ	0.8〜1.4	150〜200	65〜100 cm	沈性粘着卵	12〜3月(北海道)
スケトウダラ	1.24〜1.70	23〜145	37.5〜62.5 cm	分離浮性卵	11〜4月
トラフグ	1.2〜1.45	150	54 cm	沈性粘着卵	4〜6月

22・2・1　卵の大きさと卵数

　卵生の魚類では排卵された成熟卵はやがて水中に産卵されるが，成熟卵の大きさと卵数は種によって違う．一般に大型卵を産む魚類の卵数は少なく，小型卵を産む魚類の卵数は多い傾向がある．また，沈性卵を産む淡水魚や，沈性粘着卵を産む海水魚の卵は大きくて数が少なく，海洋の表層で浮性卵を産む魚類の卵は小さくて数が多い．同一種であっても卵径や産卵数は産卵する母体の大きさや生理的条件によって違うので，一概に1回の産卵数を特定することは困難であるが，日本産の主な魚類の卵の卵径，抱卵数，および産卵期の概略は表22・1のとおりである．

22・2・2　卵の形態と性質

　産卵された魚卵は形も大きさも多様であり，それはまた孵化時の仔魚の大きさや，器官形成の発達程度にも影響を及ぼす．

　ヌタウナギの仲間の卵は長楕円体で大きく，両端に付着糸を備える．ヤツメウナギの仲間の卵はほぼ球形で小さい．

　軟骨魚類の卵は一般に大型で，卵生の場合には卵殻に包まれていて，卵殻の形は種によって異なる．ネコザメの卵殻は表面に螺旋状の隆起があり，一端に付属糸を備え，長さ12 cmに達する．ガンギエイの仲間の卵殻は長方形で四隅に角状突起を備え，長さ10 cm以上になるものもある．卵殻は層状に並ぶコラーゲン繊維の網目構造になっていて，発生中の胚を海中の波動や捕食者から保護すると同時に呼吸も可能にしている [13]．

　軟骨魚類と比べると真骨類の卵は相対的に小さく直径1mm前後の球形卵が多い．これらの卵は水に沈むか，浮遊するかによって，沈性卵 demersal egg と，浮性卵 pelagic egg とに大別される．真骨類の卵は，その大きさ，表面の構造，油球の数などに種の特徴が現れている．これらの特徴に基づく卵の分類法の1例をあげると次のようになる [18]．

a^1　沈性卵．
　b^1　不付着卵：サケ・マスの仲間，ゴンズイなど．
　b^2　付着卵．
　　c^1　粘着卵：ニシン，コイ，フナ，フグの仲間，カジカの仲間，ダンゴウオ，アイナメ，ホッケなど．
　　c^2　付着卵：アユ，シシャモ，ハゼの仲間，スズメダイなど．
　b^3　纏絡卵：メダカ，ダツ，サンマ，サヨリ，トビウオなど．

a^2　浮性卵.
　d^1　凝集浮性卵.
　　e^1　卵帯：アンコウ，ハナオコゼなど.
　　e^2　卵嚢：フサカサゴの仲間，カクレウオ，イタチウオなど.
　d^2　分離浮性卵.
　　f^1　油球は1個.
　　　g^1　卵膜に特殊な構造がある：キュウリエソ，メイタガレイなど.
　　　g^2　卵膜に特殊な構造はない.
　　　　h^1　囲卵腔は広い：コノシロ，マイワシ，ヒラ，ウナギの仲間など.
　　　　h^2　囲卵腔は狭い.
　　　　　i^1　卵黄は亀裂する：アジの仲間，シイラ，ヒメジ，キス，イサキ など.
　　　　　i^2　卵黄は亀裂しない：サバの仲間，タイの仲間，ヒラメの仲間 など，その他多数.
　　f^2　油球はない.
　　　j^1　卵膜に特殊な構造がある：エソの仲間，ネズッポの仲間など.
　　　j^2　卵膜に特殊な構造はない.
　　　　k^1　囲卵腔は広い：ホウライエソ，ウナギの仲間など.
　　　　k^2　囲卵腔は狭い.
　　　　　l^1　卵黄は亀裂する：ウルメイワシ，カタクチイワシ，サバヒーなど.
　　　　　l^2　卵黄は亀裂しない：アカヤガラ，オニオコゼ，カレイの仲間，ス ケトウダラなど.
　　f^3　油球は多数.
　　　m^1　卵膜に特殊な構造がある：サイトウ，ミシマオコゼ，シマウシノシ タなど.
　　　m^2　卵膜に特殊な構造はない.
　　　　n^1　囲卵腔は広い：ウナギの仲間，アカガレイなど.
　　　　n^2　囲卵腔は狭い.
　　　　　o^1　卵膜は亀裂する：エツ，ウシノシタの仲間など.
　　　　　o^2　卵膜は亀裂しない：ハリセンボン，ハコフグ，ウシノシタの 仲間など.
　このように互いに近縁種であっても，卵の形態や性質に違いがあることも少

なくない.

　卵膜の表面は滑らかなもの，付属糸があるもの，突起があるもの，亀甲模様などの幾何学的模様の隆起があるものなど，種によって特徴があり，卵の形態は分類形質にもされる．卵膜表面の微細構造は卵の浮遊性と関係するといわれるが[24]，卵膜の強化，捕食者からの防御などの役割もあるといわれる[10].

　卵膜の構造も一様ではなく，通常，薄膜からなる外層と，繊維状の層板からなる内層に分けられるが，微細構造は種によって違う[6]．一般に沈性卵は浮性卵より卵膜が厚く，構造が複雑で，物理的衝撃に対して強い[16].

22・3　胚発生

　受精によって胚発生が始まる．多くの卵生の真骨類では産卵と放精によって，卵は水中で受精する.

　卵は水中に産出されると卵膜の硬化が起こる．精子は魚体から放出されると尾部の鞭毛を波打たせて運動を始めるが，運動は長続きしない．例外的に1～2時間にわたって持続的に運動する例もあるが，多くの魚類では放精後数分で精子の運動は停止する[11].

　通常，産卵と放精は近接してほぼ同調して行われるので，卵と精子は効率よく接触する．精子は卵に近づくと活性が高くなるところから，卵から精子を誘引する物質の放出があると示唆されている．真骨類では卵の動物極 animal pole に漏斗状の卵門 micropyle が開いていて（図22・5），先体を欠く精子はここから卵内へ入って受精が行われる.

　卵が受精すると，卵門は周囲の卵膜に圧迫されて閉鎖する[34]．同時に動物極から反対側の植物極 vegitable pole へ向かって卵の表面に並ぶ表層胞 cortical alveoli の崩壊が起こる．表層胞の崩壊に伴って卵膜が押し上げられ，卵黄膜との間に囲卵腔 perivitelline cavity が形成される（図22・5）.

　受精卵は卵割を始めるが，卵割の方式には全割 holoblastic cleavage と部分割 meroblastic cleavage とがある.

　全割は卵割が卵全体に及び，ヤツメウナギの仲間，チョウザメ，ハイギョなどの卵にみられる[12, 27].

　ヌタウナギの仲間，軟骨魚類，真骨類の受精卵では，細胞質が動物極に集まって胚盤 blastodisc が形成され，卵割は胚盤上で進み，部分割と呼ばれる[1, 25].

　真骨類の部分割卵の卵割はおおよそ次のような順序で進む（図22・6）．第1

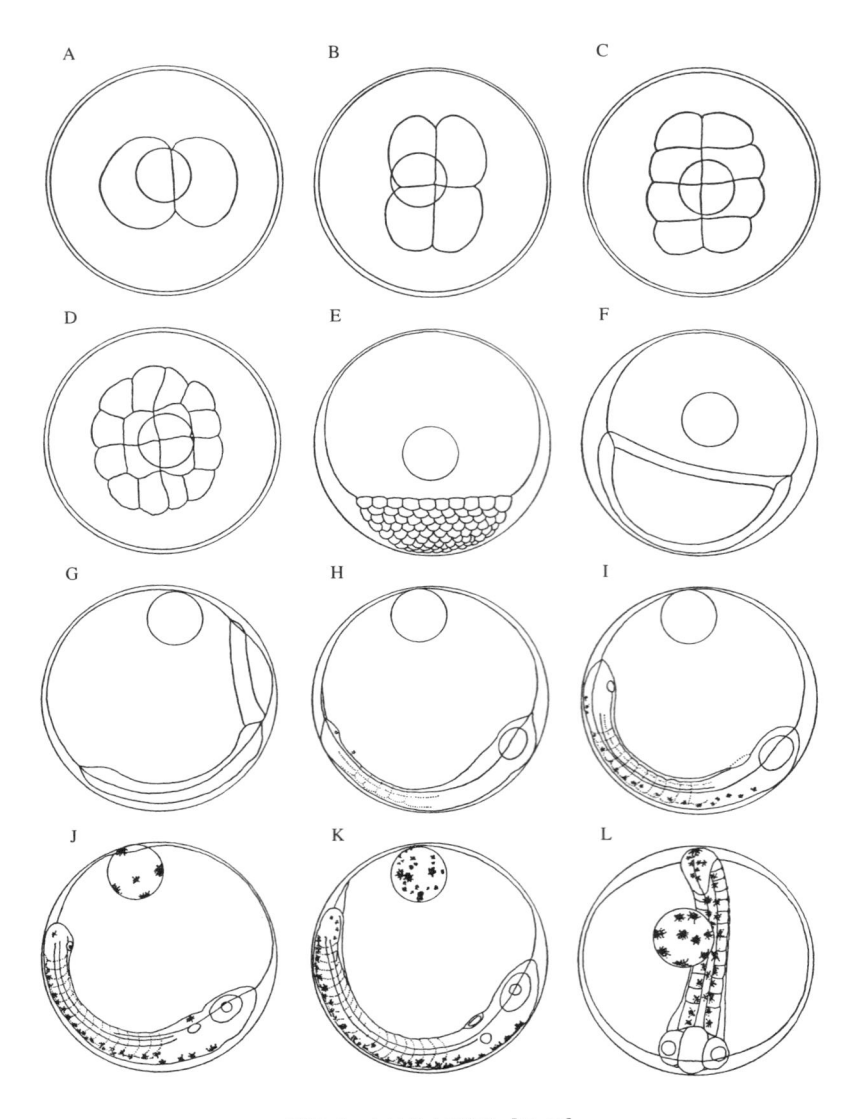

図22・6　クロダイの発生　[17, 26]
A：2細胞期　B：4細胞期　C：8細胞期　D：16細胞期　E：胞胚（桑実期）
F：胞胚　G：胚体形成　H：4体節期（眼胞，クッパー胞）　I：10体節期
（色素胞出現）　J：16体節期（油球上に色素胞出現）　K・L：20体節期

卵割は経割 meridional cleavage で，胚盤の中央付近で鉛直方向に卵割溝ができて2個の割球に分かれる．第2卵割も経割で第1卵割溝に対して直交して起こり，4個の割球ができる．第3卵割は第1卵割溝の両側に平行して起こり，8個の割球ができる．第4卵割は第2卵割溝の両側に平行して起こり，16個の割球ができる．第5卵割以降は経割だけでなく，水平方向に卵割溝ができる緯割 latitudinal cleavage も加わり，割球の並び方も複雑になる．卵割が進むにつれて割球の数は増加して胚盤葉 blastoderm となり，胞胚 blastula と呼ばれる時期になる．

卵割が進んで，さらに多数の細胞に分割されると，胚盤葉は薄くなり，卵黄表面に覆いかぶさるように広がり，その周縁部は多少肥厚して胚環 germ ring が形成される．つづいて胚盾 embryonic shield が出現し，胚葉の分化が進み，胚体が形成される．胚体の表面には体節，眼胞 optic vesicle，耳胞 auditory vesicle が相次いで現れる．この時期に一時的に尾部腹面に真骨類特有のクッパー胞 Kupffer's vesicle が出現する．

卵内で器官形成が進む種では，胚体が成長するにしたがって，体節数は増加し，種の特徴となる定数に近づく．胚体の伸長の度合いは種によって異なり，卵黄一巡に満たないものから，二巡以上に達するものまでいろいろある．色素胞も出現して胚体や卵黄上に広がり，種によっては，その色や分布様式によって種の同定が可能になる．

さらに器官形成が進行し，心臓の拍動が始まり，血液循環が観察されるようになると，胚体は頻繁に動き，孵化が近づく．

22・4 孵 化

ある段階まで発生が進むと胚は卵膜を破って孵出する．真骨類では胚体の運動と，胚体に発達する孵化腺 hatching gland から分泌される孵化酵素 hatching enzyme と呼ばれるタンパク質分解酵素の働きによって卵膜の分解が始まる[32]．

孵化腺の出現部位はニジマスでは体の前半部，ニシンでは頭部・胴部の背側，アユ，シラウオなどでは胴部，キンギョ，ウグイなどでは頭部，胴部前半，卵黄上，メダカでは口腔内面というように，種によって多少違う．孵化腺は楕円体の単細胞の全分泌腺で，表皮中あるいは上皮中にあり，細胞質には分泌顆粒が充満する．この細胞は発生の比較的早い時期に形成され，孵化が近づくと，その数は急速に増加する．

孵化時には腺細胞は大きく膨らみ，膜の一部が開口して顆粒内の孵化酵素が流出し，卵膜の内層を分解する．この化学的作用に胚体の機械的運動が加わって卵膜が破れて孵化が完成する．孵化後の仔魚では孵化腺は消失する．

卵生のトラザメの仲間では胚の循環系が形成される段階で，前頭部に孵化腺が出現し，卵殻内に充満するゼリー状物質を分解し，卵殻の四隅に裂け目が生じ，卵殻内で自由に呼吸ができるようになる．それから3カ月後の卵殻から孵出する前には胚の背面と尾鰭に歯状突起が出現する[1]．ナヌカザメの仲間やギンザメの仲間などでも，孵出時に卵殻開口に関与すると思われる歯状突起が胚の頭部や体の背面に出現し，孵出後には消失する[7]．

孵化時の胚の発育状態は環境水の温度によっても違うが，種によって大きく異なる．真骨類では一般に浮性卵は早期に孵化し，沈性卵は孵化するまでの所要時間が長い．

22・5 卵・仔稚魚の保護

受精卵，とくに海洋で産卵された多くの浮性卵は無防備な状態で発生を続ける．しかし，産卵後，受精卵を保護する魚類も意外に多い．産卵後，卵の見張りをしたり，死卵を除去したり，鰭を使って卵に新鮮な水を送ったり，卵を口あるいは保育嚢に収容したり，体内で保護（胎生）したり，その方法はさまざまである．また，保護する役が雄であったり，雌であったり，あるいは雌雄共同であったり，これも種によってさまざまであるが，保護様式は次のように大別される[14]．

（1）**体内運搬型**．体内受精を行う胎生魚はすべてこの型に属する．多くの軟骨魚類，シーラカンス，フサイタチウオの仲間，胎生カダヤシの仲間，メバルの仲間，ウミタナゴの仲間，ゲンゲの仲間など．

（2）**見張型**．砂礫底，岩，藻類などのような基質に産卵された卵を見張って保護する．アミア（雄），ウンブラの仲間（雄雌），トゲウオの仲間（雄），アイナメの仲間（雄），カワスズメの仲間（雄雌または雌），スズメダイの仲間（雄または雄雌），ゲンゲの仲間（雄雌または雌），アゴアマダイの仲間（雄），イソギンポの仲間（雄），ハゼの仲間（雄または雄雌），タイワンドジョウ（雄雌）モンガラカワハギの仲間（雄雌または雌）など．

（3）**体外運搬型**．受精卵や仔稚魚を口内，鰓腔，腹部の保育嚢などに収容するとか，体表に付着させて持ち運びして保護する．サケスズキの仲間（雌），メ

ダカ（雌），ヨウジウオ・タツノオトシゴの仲間（雄），テンジクダイの仲間（雄），カワスズメの仲間（雄，雄雌または雌），アゴアマダイの仲間（雄），コモリウオの仲間（雄）など．

22・6　体内受精と胎生

魚類の生殖行動は多様で，多くの真骨類は体外受精を行い，多数の雌雄が群れをなして産卵と放精を行う方式，特別な雌雄関係になって産卵と放精を行う方式などが一般的であるが，軟骨魚類，肉鰭類のシーラカンス，一部の真骨類は体内受精を行う．

22・6・1　体内受精

体内受精を行う魚類では，雌の体内へ精子を送り込むために雄に交尾器が発達する．交尾器の発達程度は一様ではなく，簡単な肉質の生殖突起から軟骨魚類の交尾器のように精巧な構造まで，いろいろの種類がある．

軟骨魚類の交尾器は小軟骨が集合した骨組みによって支えられ，関節の部分で先端の向きを変えることができる．基部にはサイフォン嚢が付属し，交尾の際，内腔に満たした海水を噴出させ，その圧力によって精子束を雌の体内に送り込む．雌の体内に入った精子は輸卵管内を前進し，多くの種で卵殻腺まで到達する．

グッピーやカダヤシなどでは，雄の臀鰭鰭条が変形した生殖肢 gonopodium によって精子を雌の体内へ送り込む．

カサゴやメバルの仲間，ウミタナゴの仲間などでは雄に肉質の生殖突起が発達し，体内受精を行う．

体内受精を行う魚類では，雌の体内に入った精子は，雄の卵が成熟するのを待って受精が行われる．サメ・エイの仲間では卵殻腺に入った精子の活性は種によって異なり，1年たっても活性がある例もある．ウミタナゴの仲間でも雄の成熟が先行し，交尾して5～6カ月後に雌の卵濾胞または卵巣腔内で受精が行われる．ホヤの囲鰓腔へ産卵するアナハゼの仲間では，交尾によって雌の体内に入った精子は卵の卵門に付着し，受精は産卵の瞬間に行われるという．

体内受精を行う魚類では雄は交尾の際に，精子塊を束ねて雌の体内へ送り込む例が多い．精子塊は精子が粘着性の基質内に完全に内蔵された精包 spermatophore，または尾部が基質から露出した spermatozeugma と呼ばれる状態にある [4, 20, 23]．

22·6·2 胎　生

　魚類の生殖行動では体外受精が大半で，体内受精を行う魚類でも受精卵を体外へ産出するものがあり，卵生 oviparity が一般的である．しかし，多くの軟骨魚類や，シーラカンス，一部の真骨類にみられるように，受精卵は雌の体内で孵化し，ある程度の大きさに成育するまで保護される例がある．この場合，真の胎盤 placenta は形成されないので卵胎生 ovoviviparity と呼ばれ，胎生とは区別されてきた．しかし，これらの胎仔は何らかの経路で母体から栄養物質の供給を受けるので，すべて胎生として扱う傾向にある [31]．

　サメ・エイの仲間では，卵生種であれば卵殻腺または受卵口付近で受精した卵は強固な卵殻に包まれて体外へ産出される．一方，胎生種の受精卵は薄い卵殻に包まれて，輸卵管が変形した子宮 uterus にとどまって胚発生が進行し，かなり大きく成育した後に産出される．

　真骨類の胎生には，成熟卵が卵濾胞内で受精して胚発生が進む型（グッピー，ソードテイルなど）と，胚発生が卵巣腔内で進む型（グデア科 Goodeidae のカダヤシの仲間，ウミタナゴの仲間，メバルの仲間，ゲンゲの仲間など）とがある．

　胎生の様式は胎仔が受ける栄養源に基づいて，次のように分類される [30, 31]．

A. 偶発胎生 facultative viviparity：通常，卵殻内で孵化した胎仔が母体内で卵殻を破って産出される（ジンベエザメ）．

B. 真正胎生 obligate viviparity．
  1. 卵黄依存型 lecithotrophy：母体内でもっぱら自己の卵黄嚢に依存する（アブラツノザメ，シビレエイ，コモチサヨリの仲間，メバルの仲間など）．
  2. 母体依存型 matrotrophy：卵黄だけでなく母体からも栄養物質を供給される型．
      a. 卵食・共食い型 oophagy and adelphophagy：母体内で孵化し，後から排卵されてきた卵を摂食する（ネズミザメ，アオザメ，オナガザメの仲間など）．2尾の胎仔が約1mになって産出されるシロワニでは，胎仔は子宮内で卵ばかりでなく，胎仔の共食いをして成育するといわれる [5]．
      b. 卵胎盤類似物型 placental analogue：母体と胎仔の間を結ぶ特殊な構造，あるいは母体から栄養物質を吸収できる構造が発達する（アカエイ，グデア科 Goodeidae のカダヤシの仲間，ウミタナゴ，フサイタチウオの仲間など）．

c. 卵黄嚢胎盤型 yolk sac placenta：胚発生の途中で卵黄嚢の先端が分枝して母体の子宮上皮と接着する（クロトガリザメ，ヨシキリザメ，ヒラガシラの仲間，シュモクザメの仲間，トガリアンコウザメなど）．トガリアンコウザメの胎仔は発生初期に胎盤構造が形成され，真の胎生に匹敵すると指摘されている [30]．

胎生の魚類では数万尾以上の胎仔を産出するメバルの仲間を除くと，一腹の胎仔数は多くない．グッピーでは数十尾，ウミタナゴでは3～86尾，ヨシキリザメでは11～50尾，ホシザメでは2～22尾，ネズミザメでは4～5尾といわれる．アオザメやネズミザメのような卵食型の胎仔は出生時には70 cm以上に達し，子宮内に多数の空卵殻が残っているところから，胎仔は多数の卵を摂食すると推察されている．

文　献

1) Ballard, W.W., J. Mellinger, and H. Lechenault. 1993. A series of normal stages for development of *Scyliorhinus canicula*, the lesser spotted dogfish (*Chondrichthyes: Scyliorhinidae*). *J. Exp. Zool.*, 267: 318-336.
2) Billard, R. 1986. Spermatogenesis and spermatology of some teleost fish species. *Reprod. Nutr. Dévelop.*, 26: 877-920.
3) Craik, J.C.A. and S.M. Harvey. 1987. The causes of buoyancy in eggs of marine teleosts. *J. Mar. Biol. Assoc. U.K.*, 67: 169-182.
4) Downing, A.L. and J.R. Burns. 1995. Testis morphology and spermatozeugma formation in three genera of viviparous halfbeaks: *Nomorhamphus, Dermogenys*, and *Hemirhamphodon* (Teleostei: Hemiramphidae). *J. Morphol.*, 225: 329-343.
5) Gilmore, R.G. 1993. Reproductive biology of lamnoid sharks. *Env. Biol. Fish.*, 38: 95-114.
6) Groot, E.P. and D.F. Alderdice. 1985. Fine structure of the external egg membrane of five species of Pacific salmon and steelhead trout. *Can. J. Zool.*, 63: 552-566.
7) Grover, C.A. 1974. Juvenile denticles of the swell shark *Cephaloscyllium ventriosum*: function in hatching. *Can. J. Zool.*, 52: 359-363.
8) Hara, M. and M. Okiyama. 1998. An ultrastructural review of the spermatozoa of Japanese fishes. *Bull. Ocean Res. Inst., Univ. Tokyo*, (33): 1-138.
9) 早川洋一．2003．精子の多型現象と異型精子の機能．"中園明信（編）．水産動物の性と行動生態．水産学シリーズ，(136)."pp.66-88．恒星社厚生閣，東京．
10) 平井明夫．2001．魚卵の世界．"千田哲資・南　卓志・木下　泉（編著）．稚魚の自然史 [千変万化の魚類学]."pp. 43-55．北海道大学図書刊行会，札幌．
11) 岩松鷹司．2004．魚類の受精．195 pp．培風館，東京．
12) Kemp, A. 1982. The embryological development of the Queensland lungfish, *Neoceratodus forsteri* (Krefft). *Mem. Qd. Mus.*, 20: 553-597.
13) Knight, D.P., D. Feng, and M. Stewart. 1996. Structure and function of the selachian egg case.

Biol. Rev., 71: 81-111.
14) 桑村哲生．1988．魚の子育てと社会．136 pp．海鳴社，東京．
15) Lessman, C.A., S. Kavumpurath, and H.R. Habibi. 1985. Removal of follicle wall components from ovarian oocytes of the brook trout, *Salvelinus fontinalis*. *Can. J. Fish. Aquat. Sci.*, 42: 2053-2058.
16) Lønning, S., E. Kjørsvik, and I.-B. Falk-Petersen. 1988. A comparative study of pelagic and demersal eggs from common marine fishes in northern Norway. *Sarsia*, 73: 49-60.
17) 水戸　敏．1963．日本近海に出現する浮游性魚卵－Ⅲスズキ目．魚類学雑誌，11：39-64．
18) 水戸　敏．1979．魚卵．月刊海洋科学，11：126-130．
19) 中嶋康裕．1997．雌雄同体の進化．"桑村哲生・中嶋康裕（編）．魚類の繁殖戦略．2."pp.1-36. 海游舎，東京．
20) Nielsen, J. G., Å. Jespersen, and O. Munk. 1968. Spermatophores in Ophidioidea (Pisces, Percomorphi). *Galathea Rep.*, 9: 239-254.
21) 大田　勲・山本喜一郎・高野和則・坂口任一．1965．ニジマスの成熟に関する研究－Ⅱ．1年魚の精巣の発達について．日本水産学会誌，31：597-605．
22) Pratt, H.L. 1988. Elasmobranch gonad structure; a description and survey. *Copeia*, 1988: 719-729.
23) Pratt, H.L. and S. Tanaka. 1994. Sperm storage in male elasmobranchs: a description and survey. *J. Morphol.*, 219: 297-308.
24) Robertson, D.A. 1981. Possible functions of surface structure and size in some planktonic eggs of marine fishes. *N. Z. J. Mar. Freshwater. Res.*, 15: 147-153.
25) 佐藤矩行・影山哲夫．1989．魚類．"岡田節人（編）．脊椎動物の発生［上］."pp. 249-282. 培風館，東京．
26) 妹尾秀實．1912．クロダヒの發生．動物学雑誌，24：195-197．
27) 田原　胖．1989．円口類．"岡田節人（編）．脊椎動物の発生［上］."pp. 215-247. 培風館，東京．
28) 高橋裕哉．1989．精巣の構造と配偶子形成．"隆島史夫・羽生　功（編）．水族繁殖学."pp.35-64. 緑書房，東京．
29) 高野和則．1989．卵巣の構造と配偶子形成．"隆島史夫・羽生　功（編）．水族繁殖学."pp.3-34. 緑書房，東京．
30) 谷内　透．1997．サメの自然史．270 pp．東京大学出版会，東京．
31) Wourms, J. P., B. D. Grove, and J. Lombardi. 1988. The maternal-embryonic relationship in viviparous fishes. *In* "W.S. Hoar and D.J. Randall, eds. Fish physiology. Vol. 11. The physiology of developing fish. Pt. B. Viviparity and posthatching juveniles." pp.1-134. Academic Press, San Diego.
32) Yamagami, K. 1988. Mechanisms of hatching in fish. *In* "W.S. Hoar and D.J. Randall, eds. Fish physiology. Vol. 11. The physiology of developing fish. Pt. A. Eggs and larvae." pp. 447-499. Academic Press, San Diego.
33) 山本喜一郎・大田　勲・高野和則・石川徹二．1965．ニジマスの成熟に関する研究－Ⅰ．1年魚の卵巣の発達について．日本水産学会誌，31：123-132．
34) Yamamoto, T.S. and W. Kobayashi. 1992. Closure of the micropyle during embryonic development of some pelagic fish eggs. *J. Fish Biol.*, 40: 225-241.

第23章
仔魚・稚魚

　孵化時の胚の発育状態は種によってかなり違う（図23・1）．このことは孵化後の仔魚の発育にも大きく影響し，仔魚，ひいては稚魚の生活様式にも影響を及ぼす．

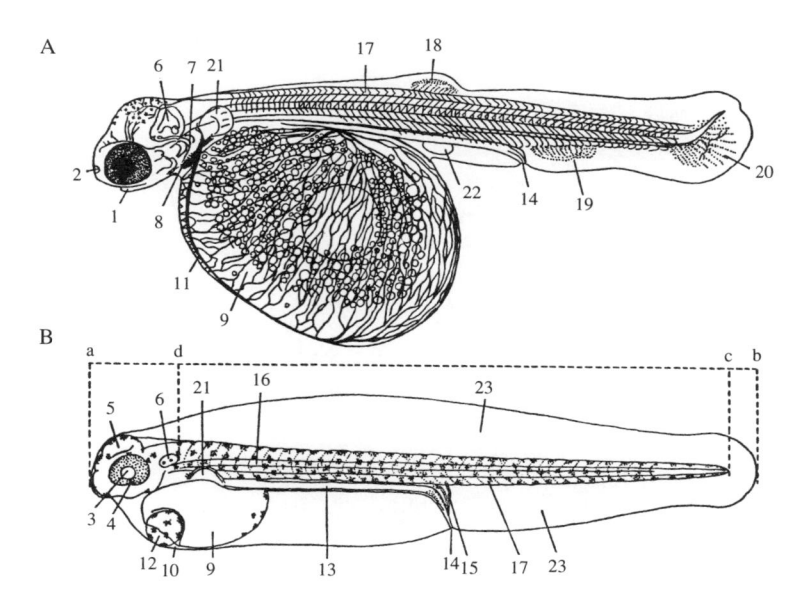

図23・1　孵化直前のサケの胚（A）[4]と孵化後1日のスズキ仔魚（B）[7]
1：下顎　2：鼻　3：眼　4：眼裂　5：脳　6：耳胞　7：鰓　8：心臓　9：卵黄嚢　10：卵黄嚢洞　11：卵黄静脈　12：油球　13：消化管　14：肛門　15：輸尿管　16：脊索　17：筋節　18：背鰭原基　19：臀鰭原基　20：尾鰭原基　21：胸鰭（原基）　22：腹鰭原基　23：膜鰭
a-b：全長　a-c：脊索長または体長　a-d：頭長

23・1 発育段階の区分

　発育段階は種の生活過程と密接に関連するので，外部形態に基づいて発育段階を区分することは適切とはいえないが，便宜上，外部形態の発育状態を重視して区分することが多い．従来，日本では真骨類の発育段階を次のように区分する方法が広く使われてきた[20, 22]．
1. 仔魚または幼生 larva（図23・2）．

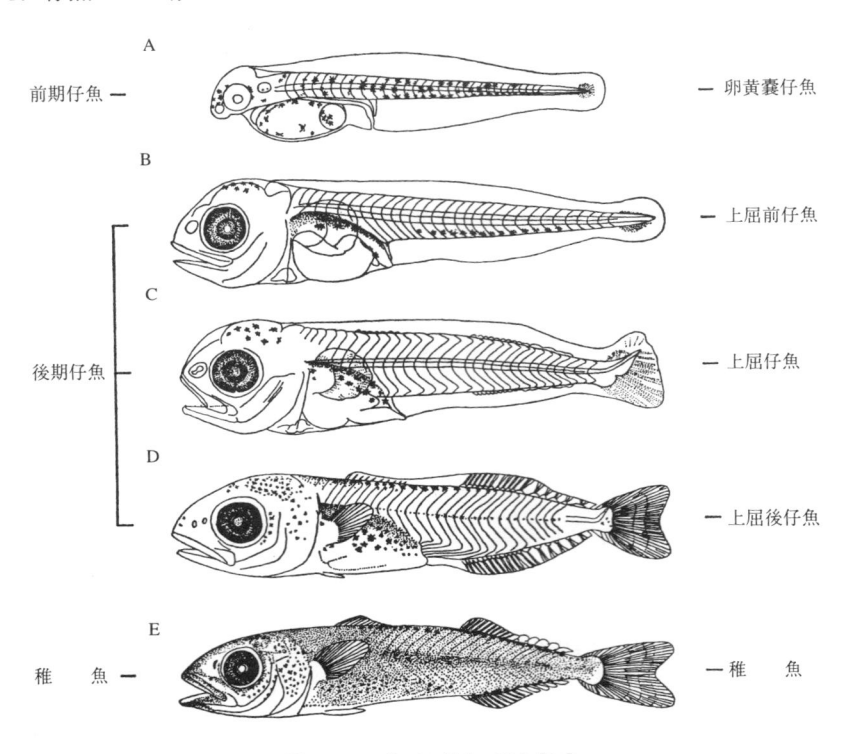

```
A  前期仔魚 — ...  — 卵黄囊仔魚
B              — 上屈前仔魚
C  後期仔魚    — 上屈仔魚
D              — 上屈後仔魚
E  稚　魚     — 稚　魚
```

図23・2　マサバの仔魚・稚魚 [21]
A : 3.5 mm　B : 5.1 mm　C : 7.2 mm　D : 12.8 mm　E : 23.5 mm

(1) 前期仔魚 prelarva；prolarva. 孵化直後から卵黄を吸収し尽くすまでの仔魚．
(2) 後期仔魚 postlarva. 卵黄を吸収し尽くしてから各鰭の鰭条が定数になるまでの仔魚．

2. 稚魚 juvenile. 形態はほぼ種の特徴を表しているが，体の各部の特徴は発現

初期の状態である（図23・2）．

3. 若魚 adolescent；young．体の形態的諸特徴は発達中であり，成長が盛んである．種の特徴は現れているが，体各部の相対比は成魚と異なる．二次性徴はふつう現れていない．
4. 未成魚 immature．体の形態的諸特徴は十分に発達し，大きさも成魚に近いが，性的には未成熟で，生殖能力は十分に発達していない．
5. 成魚 adult．体の大きさも形態的諸特徴も十分に発達し，生殖能力も完全に備えている．
6. 老魚 senescent．生活機能も生殖能力も衰え，形態的にも老年変形が現れる．

　これらの各発育段階を明確に区分できない例外はしばしばあり，仔魚期と稚魚期をさらに細かく分ける研究者も少なくない．

　一方，尾鰭と尾骨の形成過程を重視して仔・稚魚期の発育段階を次のように区分する方法があり[6, 11]，近年，この区分法はしだいに広まっている．
1. 卵黄囊仔魚 yolk sac larva．孵化直後から卵黄を吸収し尽くすまでの仔魚．
2. 上屈前仔魚 preflexion larva．卵黄を吸収し尽くした後，脊索後端が直線状の仔魚．
3. 上屈仔魚 flexion larva．脊索後端が背方へ曲がっている仔魚．
4. 上屈後仔魚 postflexion larva．下尾骨が完成し，尾鰭条が形成された仔魚．
5. 稚魚 juvenile．各鰭は完成し，鱗の形成が始まり，仔魚の特徴が消失する．

　なお，仔魚から変態をして稚魚になる種の場合には上屈仔魚と稚魚の間に変態仔魚 transformation larva の段階が設定してある．

　また，水産資源，サケ・マス養殖の関係者は，器官形成がかなり進んだ段階で，大きな卵黄囊をつけて孵化するサケ・マスの仲間の発育段階を，卵黄囊をつけていて遊泳力が弱い alevin，卵黄を吸収して摂食活動を始めた fry，体側にパー・マーク parr mark がある parr，銀化が起こって回遊開始時のスモルト smolt，回遊生活約1年の whitling というようなに区分する．卵黄を吸収してから1年未満の時期を fingerling と呼ぶこともある．

　発育段階のこのような区分法に対して，個体発生の開始から死にいたるまでを，5期 period，8相 phase に区分する方式も提案されている（表23・1）．この区分法では孵化は人為的な事象として扱われている．いずれにしても，魚類の初期生活史において孵化は仔魚が環境の劇的な変化に直面する重大なできごと

である.

　このように,仔魚や稚魚の時期には個体維持の面でも,それに必要な器官形成の面でも変化が激しく,これらの変化がすべて魚体の外部形態に反映されるとは限らない.したがって形態的な発育段階の区分を画一的に当てはめることには無理がある.

表23・1　発育段階の期・相区分[1]　訳語は沖山[11]による

期 period	相 phase	
胚 embryonic	卵割卵 cleavage egg	発生開始から器官形成開始まで
	胚体 embryo	器官形成開始から孵化まで
	遊在胚体 eleutheroembryo	孵化から摂食開始まで
仔魚 larval	原担鰭仔魚 protopterygiolarva	摂食開始から背鰭・臀鰭の分化開始まで
	担鰭仔魚 pterygiolarva	不対鰭の分化から膜鰭の消失まで
稚魚 juvenile	稚魚 juvenile	各鰭の完成
成魚 adult	成魚 adult	配偶子の成熟
老成魚 senescent	老成魚 senescent	配偶子の形成能低下または形成停止

23・2　仔魚の形態の多様性

　卵生の魚類では,卵から孵化した仔魚は細長い形,体高の高い形,透明な体,色素胞の多い体など,形態的な特徴は種によって多種多様であるし(図23・5),器官の発達程度もまた種によって異なる.

23・2・1　孵化時の器官形成

　器官形成は胚の時期から進むが,孵化時の器官の完成度は種によってかなり違う(図23・1).その相違は浮性卵から孵化した仔魚と沈性卵から孵化した仔魚との間に大きく現れることが多い.多くの浮性卵は浮遊性を維持する方向に適応して器官形成が不十分なまま早期に孵化する.一方,水流などの影響を受けやすい場所で発生が進む沈性卵は,孵化時の生活力を高める方向に適応して器官形成が進んだ状態で孵化する傾向にある.

　マイワシ,カタクチイワシ,スズキ,ブリ,マサバ,ヒラメなど,浮性卵から孵化する仔魚は孵化時の器官形成が十分でなく,網膜の色素上皮は未発達で,体側筋の層も薄い.膜鰭は相対的に大きく,皮膚と筋肉層の間には皮下腔 subdermal space が発達し(図23・3),浮遊生活に適した体構造になっている.これらの仔魚の多くは卵黄上に大きな油球を備え,腹側を上にして浮遊し,体側筋を使う遊泳はほとんどしない.摂食を始めるのは卵黄がなくなる直前で,

その時期には消化系も筋肉系も発達してくる.

　サケ・マスの仲間, コイ, フナ, サヨリ, マハゼ, アイナメなど, 沈性卵から孵化する仔魚では, 種によって多少の違いはあるが, 孵化時には器官形成はある程度進んでいて, 網膜の色素上皮は形成され, 消化系もほぼ整っている. 皮下腔は形成されず (図23・3), 体側筋は比較的発達していて, 孵化後短時間のうちに摂食活動を開始する.

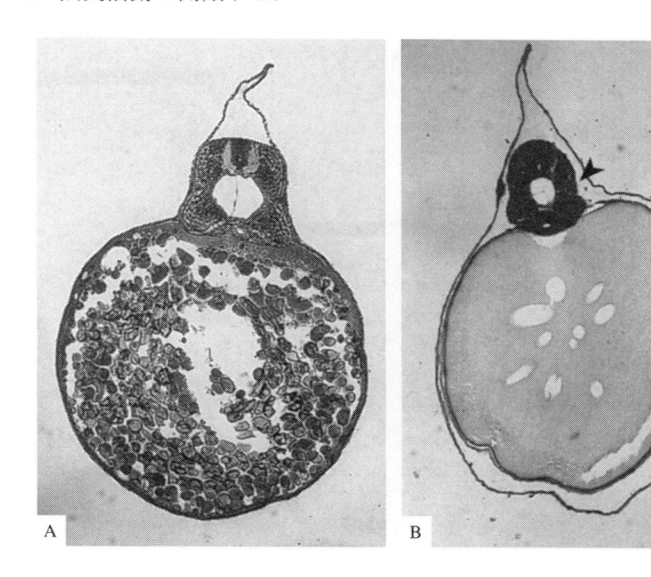

図23・3　コイ仔魚 (A) とクロダイ仔魚 (B) の卵黄嚢部の横断面　矢印は皮下腔を示す

　魚類が自力で生活するためには, それが可能な器官を備え, かつ, それらが機能しなければならない. 成魚と比較すれば完全とはいえないにしても, 摂食開始時の仔魚は機能的な諸器官を備えている. 消化管は単純で胃は未分化であっても, 腸管の上皮細胞は成魚のそれと同じ基本構造を示し, 消化・吸収の機能も認められる. しかし, 消化・吸収機構の発達程度は種によって違う [5]. 感覚器も光受容器や内耳・側線系, 化学受容器などは比較的初期から機能する. 体側筋もこの時期には急速に増加し, 赤色筋も加わり, 持続的な遊泳が可能になる. そのほかに, 呼吸器, 循環系, 浸透調節に関与する塩類細胞, 内分泌系などの役割も確認されている.

　仔魚期の後期になると遊泳力は一段と強くなり, 口裂の拡大に伴って摂食す

る餌も大きくなり，摂食量も顕著に増加する．消化管では胃が形成される．

　感覚器では眼の発達が著しく，網膜に錐体と桿体が出揃い，網膜運動反応が認められることなど，体内の諸器官の構造と機能は急速に発達するとともに，行動も複雑化し，稚魚期への転機を迎える（図23・4）．

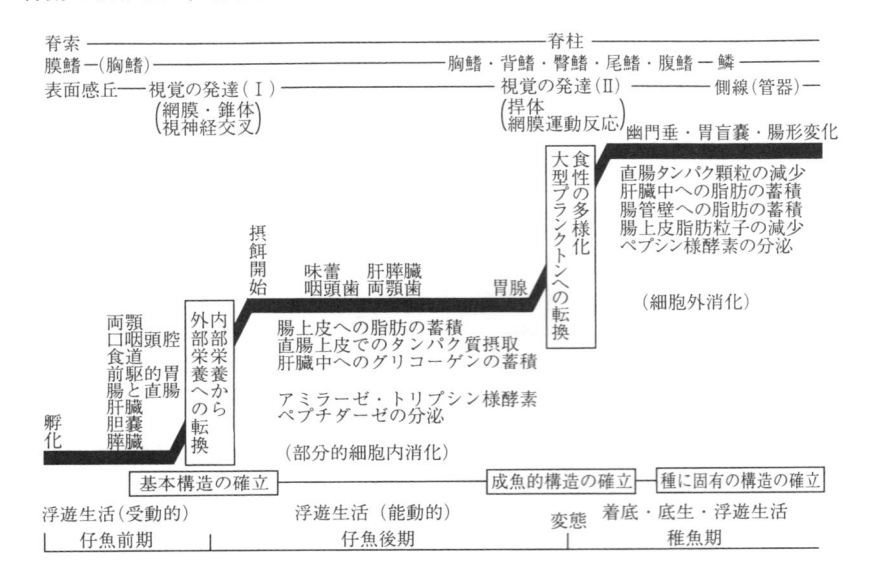

図23・4　仔・稚魚の消化系の段階的発達を示す模式図［16］を一部改変

　同じ浮遊性の仔魚でもイワシの仲間とサバの仲間では体形も口の大きさも大きく異なり，小型プランクトン食性の前者に比べて後者は早くから大型の餌を捕食して急速に成長する［14］．一般にサバ・マグロの仲間の稚魚はよく成長するが，とくにサワラの仔・稚魚の成長率は著しく高いという［17］．しかし，口が大きくて活動的な仔魚でも，成魚と比較すると遊泳能力は十分とはいえず，マグロの仲間の仔魚は，摂食活動に有利な遊泳能力を備えているとはいえ，尾鰭は未完成でアスペクト比も成魚と比べるとはるかに小さい［23］．

23・2・2　浮遊仔稚魚の形態的適応

　海産の真骨類では浮性卵から孵化した仔魚だけでなく，沈性卵から孵化して浮遊生活をする仔魚もいる．遊泳力が弱い仔・稚魚が浮遊するには体重の軽減が必要であろうが，浮遊生活に形態的に適応したといわれる数々の事例が古くから次のように整理され，また，補足が行われている［8, 19］．

A．体の比重の減少による浮力の増大．
  1．比重の大きな物質の節減．骨化の遅延．
  2．水分蓄積による比重の低下．
    a．組織内における蓄積．ウナギの仲間やカライワシの仲間のレプトセファルス幼生，イワシの仲間のシラスなど．
    b．蓄積器官内の蓄積．浮遊仔魚の皮下腔，ハダカイワシの仲間の鰭膜内腔など．
  3．水より比重の小さい物質の蓄積．
    a．脂油その他の蓄積．浮遊期の仔魚の卵黄囊の油球など．仔魚は卵黄囊の油球面を上にして仰臥姿勢や倒立姿勢で浮遊する．
    b．気体の蓄積．ハゼの仲間の多くは，仔魚期には鰾を備え，浮遊するが，着底後の成魚では鰾は消失する．
B．体表面積の相対的に大きいこと，および外形の特殊化による沈下に対する抵抗の増大．
  4．体が小さいこと．
  5．体の全形の特殊化．
    a．扁平化．アジの仲間やダルマガレイの仲間などは稚魚期に側扁化が著しい．
    b．細長化．ニシンの仲間，エソの仲間，ヨウジウオの仲間，ダツなどの稚魚は細長化が顕著である．
  6．体表面よりの突出物の発達．
    a．膜質平面の発達．アンコウの仲間やオニオコゼ仔魚の大型胸鰭など．
    b．隆起脈の発達．ヒシダイ，サギフエなどの稚魚の頭部骨質隆起脈．
    c．糸状物の発達．アンコウ，フリソデウオ，ヒラメなどの仔魚，稚魚の鰭条など．
    d．棘状物の発達．イットウダイの仲間，ヒシダイ，カジキの仲間などの稚魚にみられる頭部棘状突起．ハタの仲間，アイゴ，ニザダイの仲間などの稚魚の異常に長い背鰭棘など．
    e．その他の突出物．ホテイエソの仲間の仔魚の脱腸，ミツマタヤリウオ仔魚の眼柄など．

　これらの特徴は必ずしも個別に生じているのではなく，複数の特徴が関連して現れることが多い．たとえば，レプトセファルス幼生では水分の蓄積，脊柱

周囲のゼラチン質組織,骨化の遅延が並存する.中深層に生息する深海魚には,皮下に多量の水分とグルコサミノグリカン glycosaminoglycan を含むゼラチン質層を備え,浮力を増大させている種があるといわれ[24],レプトセファルス幼生のゼラチン質層も同様の役割を果たす可能性がある.アンコウの仲間の仔魚では水分の蓄積,鰭の糸状鰭条,胸鰭の大型化が並存する.

なお,ハタの仲間などの著しく長い棘は比重が大きいので,浮力維持より被捕食防御の役割を重視する見方もある[10].

23・3 変 態

前項で紹介した例を含め,仔魚から成魚に成長する過程で大なり小なり形態的な変化が生じる.とくに仔魚期に成魚とは異なる形態的特徴を示した後,稚魚になる過程で形態が劇的に変化してその種の特徴を表すようになる形態変化は変態 metamorphosis と呼ばれ,古くから多くの研究者の関心の的となってきた.変態は多様で,その定義についてはいろいろの説があるが,魚類の発育段階と変態に関する諸定義の解説と,Youson[25]の定義が提起されるまでの経緯は,沖山[12, 13]の総説に詳しい.

形態変化が著しいことでは,ヤツメウナギの仲間,ウナギの仲間,カライワシの仲間,ヒラメ・カレイの仲間などの変態はとくに有名である.

ヤツメウナギの仲間の生活史はかなり特異的で,孵化するとアンモシーテス幼生となり,川底の砂泥中にもぐって生活する.変態を行うまで,摂食機構,呼吸器,眼など,体の構造は成魚とは著しく異なるが,変態によってこれらの特徴は劇的に変化する.

ウナギの仲間やソトイワシの仲間はレプトセファルス leptocephalus 幼生期を経て変態する.レプトセファルス幼生は体が透明で葉状を呈し,両顎に鋭い歯が並ぶ.脊柱の周囲をゼラチン質層が囲み,体内に多量の水分を含有することによって浮力が増し,浮遊生活に適応している.変態時には水分を放出して体は収縮し,体長は一時的に小さくなる.ムツゴロウなどでも浮遊仔魚は鰾を備え,水分含量が多いが,着底時には鰾は消失し,体長も一時的に収縮する.

ヒラメ・カレイの仲間の仔魚は左右対称の体形であるが,着底して底生生活を始める時期に,片側の眼が頭部の反対側へ移動し,両眼が頭部の片側に並び,稚魚期へ移行する(図23・6).その際,頭蓋骨を始めとし,体の随所で左右非対称性が顕著になる.眼の移動期には頭蓋骨では副蝶形骨以外の骨は未骨

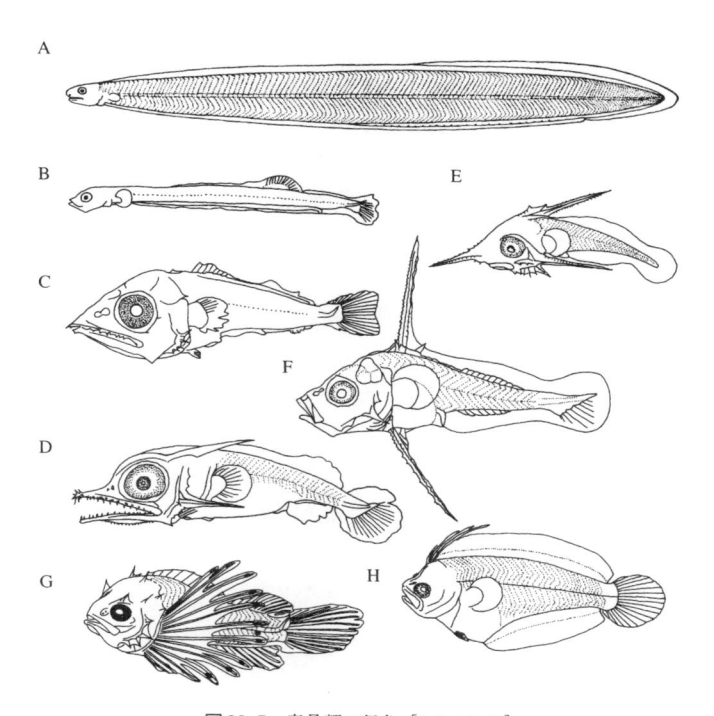

図23・5 真骨類の仔魚 [8, 9, 15, 19]
A：マアナゴ　B：マイワシ　C：カツオ　D：バショウカジキ　E：イットウダイ　F：キジハタ　G：ミノカサゴ　H：ヒラメ

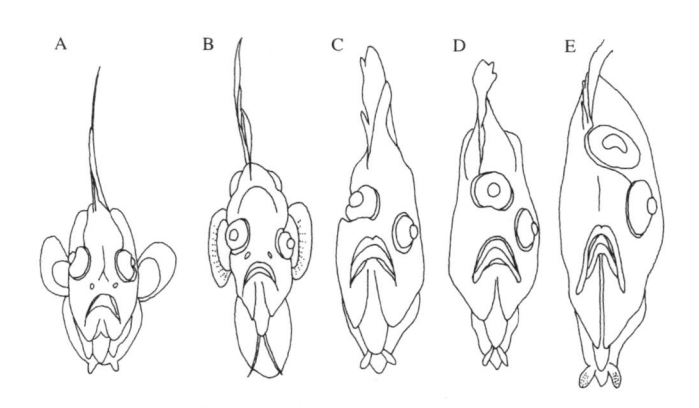

図23・6 ヒラメ仔魚の右眼の移動 [3]
A：8.3 mm　B：10.6 mm　C：12.6 mm　D：12.7 mm　E：13.7 mm

第23章 仔魚・稚魚

化の状態で，眼の移動後に前頭骨は前方から後方へ向かって骨化する[2]．

そのほか，成魚とは形態の違う仔稚魚期を経る魚類は多く，イットウダイの仲間のrhynchichthys幼生，ホシセミホウボウのcephalacanthus幼生，チョウチョウウオの仲間のtholichthys幼生など，特定の名称をもつ幼生がかなり多く知られている．これらの幼生名には当初，独立した種または属と誤認され，命名された学名を受け継いでいる例が多い．

23・4　初期減耗

魚類，とくに真骨類の初期生活史で注目されるのは仔魚の死亡率がきわめて高いことで，なかでも海洋で浮性卵から孵化する仔魚にその傾向が顕著である．この現象は初期減耗あるいは稚仔減損と呼ばれ，卵黄を消費して摂食開始時に大量斃死が起こりやすいところから，仔魚の摂食の不成功による餓死がその主因とされ，この時期はcritical periodとして古くから注目されてきた．

このような現象は飼育条件下でも生じ，種苗生産の現場でも大きな課題となっていたが，飼育用水の改善と，飼育技術の飛躍的な進歩，初期餌料の開発と改良などによって，飼育仔魚の生残率は著しく高くなった．こうした事実も初期餌料の量と質が初期減耗に影響するという説を肯定する一因になっている．しかし，十分に管理された飼育仔魚と自然界の仔魚とでは生活環境は大きく違うはずである．

海洋で孵化した仔魚の初期減耗の原因としては，卵質，飢餓，被捕食，疾病などにあるといわれる．これらのうち，摂食の不成功に起因する飢餓は確かに大きな原因となる．自然界の仔魚の栄養状態は，体の計測，組織学的検査，生化学的検査などによって知ることが可能である．飢餓による体重や体高の減少，肝臓や消化管上皮の細胞の変化，RNA/DNA比の低下などはその目安となり，仔魚の組織学的検査は飢餓による死亡率の推定に応用されている[18]．

自然界では仔魚の周辺に存在するのは餌生物だけではなく，捕食者もつねに仔魚とともに生活している．種々の魚類やプランクトン性の無脊椎動物によって魚卵や仔稚魚が捕食されるという報告は多数ある．これを裏付けるように孵化前の魚卵や卵黄吸収前の仔魚の被捕食による死亡率は高い値を示す．したがって自然界では飢餓と被捕食が初期減耗の大きな原因になるといわれる．一般に，初期減耗が顕著に起こる種の産卵数は多い．

文献

1) Balon, E.K. 1975. Terminology of intervals in fish development. *J. Fish. Res. Board Can.*, **32**: 1663-1670.
2) Brewster, B. 1987. Eye migration and cranial development during flatfish metamorphosis: a reappraisal (Teleostei: Pleuronectiformes). *J. Fish Biol.*, **31**: 805-833.
3) Chang, H.-W., G.-P.Xo, and X-S. Sha. 1965. A description of the important morphological characters of the eggs and larvae of two flat fishes, *Paralichthys olivaceus* (T. & S.) and *Zebrias zebra* (Broch). *Oceanol. Limnol. Sinica*, 7: 158-174.
4) Disler, N.N. 1957. Development of the chum salmon of the Amur River *Oncorhynchus keta* (Walb.). *Trud. Inst. Morfol. Zhivotn. Akad. Nauk SSSR*, (20): 3-70. (in Russian)
5) Govoni, J. J., G.W. Boehlert, and Y. Watanabe. 1986. The physiology of digestion in fish larvae. *Env. Biol. Fish.*, **16**: 59-77.
6) Kendall, A.W., E.H. Ahlstrom, and H.G. Moser. 1984. Early life history stages of fishes and their characters. *In* "H.G. Moser, W.J. Richards, D.M. Cohen, M.P. Fahay, A.W. Kendall, and S.L. Richardson, eds. Ontogeny and systematics of fishes." pp. 11-22. Amer. Soc. Ichthyol. Herpetol. Special Publ. No. 1. Allen Press, Lawrence.
7) 水戸　敏. 1963. 日本近海に出現する浮游性魚卵－Ⅲスズキ目. 魚類学雑誌, 11：39-64.
8) 水戸　敏. 1967. プランクトン期における仔稚魚の生態. 日本プランクトン研究連絡会報, (14)：33-49.
9) 水戸　敏. 1975. 浮游性魚卵および仔稚魚の生態. 海洋科学, 7：38-43.
10) Moser, H.G. 1981. Morphological and functional aspects of marine fish larvae. *In* "R. Lasker, ed. Marine fish larvae. Morphology, ecology, and relation to fisheries." pp. 89-131. Univ. Washington Press, Seattle.
11) 沖山宗雄. 1979. 稚魚分類学入門①. 稚魚の定義と型分け. 海洋と生物, 1：54-59.
12) 沖山宗雄. 1991. 変態の多様性とその意義. "田中　克 (編). 魚類の初期発育. 水産学シリーズ, (83)." pp.36-46. 恒星社厚生閣, 東京.
13) 沖山宗雄. 2001. 前稚魚の意味論：稚魚研究をはじめる人に. "千田哲資・南　卓志・木下　泉 (編著). 稚魚の自然史［千変万化の魚類学］." pp. 241-257. 北海道大学図書刊行会, 札幌.
14) O'Connell, C.P. 1981. Development of organ systems in the northern anchovy, *Engraulis mordax*, and other teleosts. *Amer. Zool.*, 21: 429-446.
15) 高井　徹. 1959. 日本産重要ウナギ目魚類の形態, 生態および増殖に関する研究. 水産講習所研究報告, 8：209-555.
16) 田中　克. 1975. 消化器官. "日本水産学会 (編). 稚魚の摂餌と発育. 水産学シリーズ, (8)." pp. 7-23. 恒星社厚生閣, 東京.
17) Tanaka, M., T.Kaji, Y.Nakamura, and Y.Takahashi. 1996. Developmental strategy of scombrid larvae: high growth potential related to food habits and precocious digestve system development. *In* "Y.Watanabe, Y.Yamashita, and Y.Oozeki, eds. Survival strategies in early life stages of marine resources" pp.125-139. A.A.Balkema, Rotterdam.
18) Theilacker, G.H. 1978. Effect of starvation on the histological and morphological characteristics of jack mackerel, *Trachurus symmetricus*, larvae. *Fish. Bull.*, *U.S.*, 76: 403-414.
19) 内田恵太郎. 1937. 魚類の浮游幼期に見られる浮泛機構に就て (Ⅰ), (Ⅱ). 科学, 7：540-546；591-595.

20) 内田恵太郎・道津喜衛. 1958. 対馬暖流水域の表層に現われる魚卵・稚魚概説. "水産庁. 対馬暖流開発調査報告書. 第2輯（卵・稚魚・プランクトン篇）." pp.3-60.
21) 渡部泰輔. 1970. マサバの発育初期における形態・生態ならびに資源変動に関する研究. 東海水研研究報告, (62): 1-283.
22) 渡部泰輔・服部茂昌. 1971. 魚類の発育段階の形態区分とそれらの生態的特徴. さかな, (7): 54-59.
23) Webb, P.W. and D. Weihs. 1986. Functional locomotor morphology of early life history stages of fishes. *Trans. Amer. Fish. Soc.*, **115**: 115-127.
24) Yancey, P.H., R.Lawrence-Berry, and M.D. Douglas. 1989. Adaptations in mesopelagic fishes. I. Buoyant glycosaminoglycan layers in species without diel vertical migrations *Mar. Biol.*, **103**: 453-459.
25) Youson, J.H. 1988. First metamorphosis. *In* "W.S. Hoar and D.J. Randall, eds. Fish physiology. Vol. 11. The physiology of developing fish. Pt. B. Viviparity and posthatching juveniles." pp. 135-196. Academic Press, San Diego.

索　引

〈あ行〉

アスペクト比　70
アミア目　25
アロワナの仲間　28
アンモシーテス　10, 210
アンモニア排出動物　140
胃　111
囲心腔　131
胃腺　112
異尾　68
咽頭顎　43
咽頭歯　107
ウェバー器官　121
鰾　118
ウナギ形　69
鱗　76
エナメル質　106
エピゴナル器官　138
鰓　123
　──面積　125
円口類　7
延髄　150
円錐歯　107
円鱗　76
塩類細胞　144
横紋筋　85

〈か行〉

ガー目　24
回遊　60
顎弓　94
角質歯　106
角質鰭条　68
ガス腺　120
下尾骨　97
カライワシの仲間　29

カレイ目　46
眼下骨　97
眼下骨棚　39
感丘　165
間腎腺　181
換水機構　126
肝膵臓　115
桿体　160
間脳　149
顔面葉　150
肝門脈　134
擬鰓　129
気道　118
奇網　134
嗅覚器　155
嗅球　147
球形嚢　162
嗅索　149
休止帯　77
球状形　69
嗅板　155
嗅房　155
胸腺　137
橋尾　69
棘鰭上目　37
棘魚類　4
筋節　85
筋節中隔　85
空気呼吸　118
クッパー胞　197
クロマトソーム　80
クロム親和細胞　181
系群　58
計数形質　71
警報フェロモン　74
結節型器　167

肩帯	98	色素胞	80
原尾	68	糸球体	141
口蓋器官	158	仔魚	203
口蓋方形軟骨	96	視軸	161
孔器	165	視床下部	149
口腔腺	9	歯髄	106
硬骨魚類	4	耳石	163
溝条	77	櫛状歯	107
甲状腺	181	櫛鱗	76
交尾器	199	雌雄同体性	185
硬鱗	76	終脳	147
呼吸孔	124	縦扁形	69
――器	166	主上顎骨	96
コズミン鱗	76	楯鱗	76
骨格筋	83	消化管	110
骨鰾上目	30	松果体	162
婚姻色	78	条鰭類	5, 23
棍棒状細胞	74	上鰓器官	46
		小脳	150
〈さ行〉		条紋縁	113
		初期減耗	212
鰓隔膜	124	植物食性	102
鰓管	9	食性	102
鰓弓	96	食道	111
鰓後腺	182	深海魚	59
細長形	69	新鰭亜綱	24
細尿管	141	新鰭類	5
鰓耙	108	心筋	83
鰓弁	123	神経頭蓋	91, 93
鰓裂	123	真骨類	24
鰓籠	92	腎小体	141
索傍軟骨	91	心臓	131
サケ属	32	心臓球	131
雑食性	102	浸透調節	143
サバ亜目	45	真皮	74
酸素消費量	127	腎門脈	134
産卵数	193	膵臓	115
GSI	190	錐体	160
シーラカンス	4, 19	膵島	182
視蓋	149	水平中隔	85
紫外色	162		

スズキ亜目　*40*
スズキ目　*40*
スタニウス小体　*182*
精子　*191*
　——形成　*190*
精小嚢　*190*
生殖肢　*199*
生殖腺　*183*
　——体指数　*190*
　——体重比　*190*
成長帯　*77*
正尾　*68*
脊索　*90*
赤色筋　*83*
脊髄　*151*
　——神経　*152*
脊柱　*97*
脊椎骨　*97*
舌弓　*96*
赤血球　*136*
舌接型　*96*
セルトリ細胞　*191*
全割　*195*
全骨類　*24*
全鰓　*124*
前上顎骨　*27, 96*
線状鰭条　*68*
全接型　*96*
全頭類　*12*
総鰭類　*68*
象牙質　*106*
造血器官　*137*
草食性　*102*
双錐体　*160*
総胆管　*115*
側棘鰭上目　*33*
側線器　*165*
側線葉　*150*
側線鱗数　*71*
側扁形　*69*

〈た行〉

体形　*69*
胎生　*200*
体側筋　*85*
体内受精　*199*
胎盤　*200*
タペータム　*160*
担鰭骨　*100*
淡水魚類相　*51*
単錐体　*160*
胆嚢　*115*
稚魚　*203*
中間筋　*83*
中軸骨格　*90*
中腎　*140*
中枢神経系　*147*
中脳　*149*
腸　*112*
直腸腺　*112, 144*
沈性卵　*193*
対鰭　*66*
椎体　*97*
壷　*162*
テーチス海　*55*
電気細胞　*174*
電気受容器　*167*
頭鰭　*16*
頭腎　*140*
動物食性　*102*
動脈球　*131*
毒腺　*80*

〈な行〉

内臓筋　*83*
内臓骨　*91*
内臓頭蓋　*94*
軟骨魚類　*4, 12*
軟骨性硬骨　*90*
軟質類　*5, 23*
肉鰭類　*4, 19*

肉食性　102
二次性徴　186
ニシンの仲間　30
尿素浸透性動物　140
ネフロン　141
粘液細胞　74
粘液糸　9
粘液腺　9
年輪　77
脳下垂体　179
脳神経　151

〈は行〉

ハイギョ　4, 20
胚盾　197
杯状細胞　113
背側筋　85
胚盤　195
胚盤葉　197
排卵　189
発育段階　204
発音筋　171
発光器　174
発光バクテリア　174
白色筋　83
発電器　173
半規管　162
板状鱗　77
板鰓類　13
板皮類　2
比肝重値　114
尾鰭　68
尾骨　97
皮歯　76
微絨毛　113
脾臓　138
ビテロゲニン　114
皮膚　74
尾部下垂体　183
表皮　74

表面感丘　165
孵化　197
孵化腺　197
フグ形　69
腹鰭　27
副腎　181
複錐体　160
腹側筋　85
腹大動脈　131
フグ目　47
浮性卵　193
付属骨格　91
不対鰭　66
不凍物質　59
部分割　195
噴水孔　124
閉顎筋　87
平滑筋　83
平衡砂　164
ベラ亜目　43
片鰓　124
変態　210
傍糸球体細胞　143
紡錘形　69

〈ま行〉

マウスナー細胞　151
膜骨　90
末梢神経系　151
味覚器　157
無胃魚　112
無気管鰾　118
無糸球体腎　141
眼　159
迷走葉　150
メダカ　38
メッケル軟骨　94
メラノソーム　80
網膜　159
　——運動反応　161

〈や行〉

有気管鰾　　118
幽門垂　　114
遊離感丘　　165
輸精管　　185
葉状鱗　　77
腰帯　　99

〈ら行〉

ライディヒ器官　　138
螺旋弁　　112
卵黄嚢胎盤　　201
卵黄膜　　189
卵形成　　187
卵形嚢　　162

ランゲルハンス島　　182
卵胎生　　200
卵膜　　189
卵門　　195
略式異尾　　68
隆起線　　77
両接型　　96
梁軟骨　　91
両尾　　68
鱗状鰭条　　68
鱗紋　　77
涙骨　　97
レプトセファルス　　29, 210
ロレンチニ瓶器　　167

岩井　保　1929年生．京都大学大学院農学研究科博士課程修了．京都大学農学部教授を経て，現在，京都大学名誉教授．主な著書『水産脊椎動物Ⅱ　魚類』(恒星社厚生閣)，『検索入門　釣りの魚』(保育社)，『魚の事典』(分担執筆，東京堂出版)，『旬の魚はなぜうまい』(岩波書店) など．

魚学入門
<small>ぎょ がく にゅう もん</small>

2005年3月25日　初版1刷発行
2022年3月1日　第7刷発行

岩井　保　著
<small>いわい　たもつ</small>

発　行　者　　片　岡　一　成
印刷所・製本所　㈱シ ナ ノ
発　行　所　　㈱恒星社厚生閣

〒160-0008　東京都新宿区四谷三栄町3-14
TEL：03(3359)7371 (代)
FAX：03(3359)7375
http://www.kouseisha.com/

© Tamotsu Iwai, 2005
(定価はカバーに表示)

ISBN978-4-7699-1012-1　C3045

JCOPY ＜(社)出版者著作権管理機構　委託出版物＞

本書の無断複写は著作権法上での例外を除き禁じられています．複写される場合は，その都度事前に，(社)出版者著作権管理機構(電話03-5244-5088，FAX03-5244-5089，e-mail:info@jcopy.or.jp)の許諾を得て下さい．

好評既刊本

地球の魚地図
－多様な生活と適応戦略

岩井　保 著

地球の隅々に分布、適応する魚の多様な生活様式をわかりやすく解説する。
●A5判・192頁・定価（本体2,600円＋税）

魚類学

矢部　衞・桑村哲生・都木靖彰 編

魚類研究の基本的な事柄を一冊に凝縮。『魚学入門』に続く魚類学の教科書。
●A5判・388頁・定価（本体4,500円＋税）

魚類生態学の基礎

塚本勝巳 編

幅広い魚類生態学を概論、方法論、各論に分けて解説。大学等のテキストに最適。
●B5判・320頁・定価（本体4,500円＋税）

増補改訂版
魚類生理学の基礎

会田勝美・金子豊二 編

進展著しい魚類生理学の新知見をもとに大改訂。大学等のテキストとして最適。
●B5判・260頁・定価（本体3,800円＋税）

魚類発生学の基礎

大久保範聡・吉崎悟朗・越田澄夫 編

日本初の魚類を中心にした発生学の入門書。水産増養殖技術の基礎にも活用。
●B5判・212頁・定価（本体3,800円＋税）

あぁ，そうなんだ！魚講座
－通になれる100の質問

亀井まさのり 著

魚について100の疑問をQ&A形式で解説。意外と知らない魚の雑学が満載。
●A5判・162頁・定価（本体2,300円＋税）

恒星社厚生閣